应用型本科理工类基础课程规划教材

概率论、随机过程与数理统计学习指导

汪彩云 主 编

北京邮电大学出版社
www. buptpress. com

内 容 简 介

本书共分3篇．第一篇为概率论，第二篇为随机过程，第三篇为数理统计．第一篇共4章，第三篇共3章，每一章内容有内容提要、基本要求、A类例题和习题、B类例题和习题、习题答案；第二篇共3章，每一章内容有内容提要、基本要求、例题和习题、习题答案．

本书适合学生学习概率论、随机过程与数理统计课程时同步使用，还可作为总复习的参考书以及准备考研的学生使用．

图书在版编目(CIP)数据

概率论、随机过程与数理统计学习指导 /汪彩云主编 .--北京：北京邮电大学出版社，2011.6(2017.12重印)

ISBN 978-7-5635-2608-6

Ⅰ.①概… Ⅱ.①汪… Ⅲ.①概率论—高等学校—教学参考资料②随机过程—高等学校—教学参考资料③数理统计—高等学校—教学参考资料 Ⅳ.①O21

中国版本图书馆CIP数据核字(2011)第048229号

书　　名：概率论、随机过程与数理统计学习指导
主　　编：汪彩云
责任编辑：王丹丹
出版发行：北京邮电大学出版社
社　　址：北京市海淀区西土城路10号(邮编：100876)
发 行 部：电话：010-62282185　传真：010-62283578
E-mail：publish@bupt.edu.cn
经　　销：各地新华书店
印　　刷：北京九州迅驰传媒文化有限公司
开　　本：787 mm×960 mm　1/16
印　　张：15.25
字　　数：329千字
版　　次：2011年6月第1版　2017年12月第4次印刷

ISBN 978-7-5635-2608-6　　定　价：28.00元

· 如有印装质量问题，请与北京邮电大学出版社发行部联系 ·

前　　言

本书是与北京邮电大学世纪学院基础教学部编《概率论、随机过程与数理统计》第2版(由北京邮电大学出版社出版)相配套的学习辅导书,主要面向使用该教材的学生和复习考研的学生,也可供教师作为教学参考书.

本书按照教材的各章顺序编排,以便与教学需求保持同步.各章按内容提要、基本要求、例题与习题、习题答案编写.核心部分是例题与习题,为适应不同层次学生的需求,第一篇概率论和第三篇数理统计的例题与习题分为A,B两类:A类例题和习题为基本题,B类例题和习题为综合提高题.具体如下:

一、内容提要

提纲挈领地归纳本章的主要内容,并列出了具体的概念、定理、性质、公式等供读者复习回顾.

二、基本要求

主要根据教育部高等学校非数学类专业数学基础课程教学指导分委员会指定的工科类本科数学基础课程教学基本要求确定.应当指出,这个教学基本要求是所有本科生应达到的合格要求.读者应当根据本人及所在院校的具体情况确定自己的学习目标,但不能低于基本要求.

三、A类例题和习题

为帮助学生熟练掌握本章的内容,巩固基础知识,从而达到基本要求而配置的大量典型例题.例题种类丰富,涵盖了各种常见的概率模型,使学生扩大视野,提高解决问题的能力.习题的类型和难度与例题相似,以使学生通过练习掌握这些基本类型题目的求解方法,并检验自己掌握的程度.

四、B类例题和习题

为准备考研或准备进一步提高的学生熟练技巧,提高综合能力而配置的例题和习题.部分例题是教材综合练习题中的计算题或证明题,每一道例题都有详细的分析与解答过程.能启发学生的思路,使学生通过对解题思想、方法和技巧的思考与消化,把解决问题的能力提高到一个新的台阶.

五、习题答案

除证明题外，其余每一道习题都给出了答案，有些题还给出了提示.

本书的编写得到了北京邮电大学世纪学院领导的关心，北京邮电大学出版社领导和编辑的支持，在此表示诚挚的谢意.

参与本书编写工作的有汪彩云、王玉孝、柳金甫、姜炳麟. 在编写过程中，力求把错误减到最少，但不妥之处难以避免，望读者指正.

编　者

目　　录

第一篇　概率论

第 1 章　概率论的基本概念 …… 3

1.1　内容提要 …… 3

1.1.1　随机事件及其运算 …… 3

1.1.2　事件的概率及其性质 …… 5

1.1.3　条件概率及其性质 …… 7

1.1.4　事件的独立性 …… 8

1.2　要求 …… 9

1.3　A 类例题和习题 …… 10

1.3.1　例题 …… 10

1.3.2　习题 …… 24

1.4　B 类例题和习题 …… 29

1.4.1　例题 …… 29

1.4.2　习题 …… 37

1.5　习题答案 …… 38

1.5.1　A 类习题答案 …… 38

1.5.2　B 类习题答案 …… 39

第 2 章　随机变量及其分布 …… 40

2.1　内容提要 …… 40

2.1.1　随机变量及其分布函数 …… 40

2.1.2　离散型随机变量 …… 41

2.1.3 连续型随机变量…… 42
2.1.4 随机变量函数的分布…… 43
2.2 要求…… 44
2.3 A类例题和习题 …… 44
2.3.1 例题…… 44
2.3.2 习题…… 54
2.4 B类例题和习题…… 59
2.4.1 例题…… 59
2.4.2 习题…… 65
2.5 习题答案…… 66
2.5.1 A类习题答案 …… 66
2.5.2 B类习题答案…… 67

第3章 多维随机变量及其分布 …… 68

3.1 内容提要…… 68
3.1.1 多维随机变量及其分布函数…… 68
3.1.2 多维离散型随机变量及其分布律…… 70
3.1.3 多维连续型随机变量及其概率密度…… 71
3.1.4 边缘分布和随机变量的独立性…… 72
3.1.5 条件分布简介…… 75
3.1.6 二维随机变量函数的分布…… 76
3.2 要求…… 78
3.3 A类例题和习题 …… 79
3.3.1 例题…… 79
3.3.2 习题…… 92
3.4 B类例题和习题…… 97
3.4.1 例题…… 97
3.4.2 习题 …… 106
3.5 习题答案 …… 108
3.5.1 A类习题答案 …… 108
3.5.2 B类习题答案 …… 109

第4章 随机变量的数字特征…… 110

4.1 内容提要 …… 110
4.1.1 数学期望 …… 110

4.1.2 方差 …… 111
4.1.3 常用分布的数学期望和方差 …… 112
4.1.4 协方差 …… 113
4.1.5 相关系数 …… 113
4.1.6 随机变量的矩 …… 114
4.1.7 多维随机变量的数字特征 …… 115
4.1.8 多维正态分布 …… 115
4.1.9 大数定律和中心极限定理 …… 116
4.2 要求 …… 117
4.3 A类例题和习题 …… 117
4.3.1 例题 …… 117
4.3.2 习题 …… 128
4.4 B类例题和习题 …… 131
4.4.1 例题 …… 131
4.4.2 习题 …… 141
4.5 习题答案 …… 141
4.5.1 A类习题答案 …… 141
4.5.2 B类习题答案 …… 142

第二篇 随机过程

第5章 随机过程的概念 …… 145

5.1 内容提要 …… 145
5.2 例题与习题 …… 147
5.2.1 例题 …… 147
5.2.2 习题 …… 147
5.3 习题答案 …… 148

第6章 马尔可夫链 …… 149

6.1 内容提要 …… 149
6.2 基本要求 …… 149
6.3 例题与习题 …… 149
6.3.1 例题 …… 149

6.3.2 习题 …… 159
6.4 习题答案 …… 162

第7章 平稳过程 …… 163

7.1 内容提要 …… 163
7.2 基本要求 …… 163
7.3 例题与习题 …… 163
7.3.1 例题 …… 163
7.3.2 习题 …… 172
7.4 习题答案 …… 173

第三篇 数理统计

第8章 数理统计的基本概念与采样分布 …… 177

8.1 内容提要 …… 177
8.2 基本要求 …… 178
8.3 A类例题与习题 …… 179
8.3.1 例题 …… 179
8.3.2 习题 …… 182
8.4 B类例题与习题 …… 184
8.4.1 例题 …… 184
8.4.2 习题 …… 189
8.5 习题答案 …… 190
8.5.1 A类习题答案 …… 190
8.5.2 B类习题答案 …… 191

第9章 参数估计 …… 192

9.1 内容提要 …… 192
9.1.1 点估计 …… 192
9.1.2 区间估计 …… 193
9.2 基本要求 …… 193
9.3 A类例题与习题 …… 193
9.3.1 例题 …… 193

9.3.2 习题 …… 203
9.4 B类例题与习题 …… 207
9.4.1 例题 …… 207
9.4.2 习题 …… 212
9.5 习题答案与提示 …… 214
9.5.1 A类习题答案 …… 214
9.5.2 B类习题答案 …… 214

第10章 假设检验 …… 216

10.1 内容提要 …… 216
10.2 基本要求 …… 218
10.3 A类例题与习题 …… 218
10.3.1 例题 …… 218
10.3.2 习题 …… 221
10.4 B类例题与习题 …… 224
10.4.1 例题 …… 224
10.4.2 习题 …… 229
10.5 习题答案 …… 230
10.5.1 A类习题答案 …… 230
10.5.2 B类习题答案 …… 231

第一篇

概 率 论

第1章　概率论的基本概念

1.1　内容提要

1.1.1　随机事件及其运算

(1) 随机试验

随机试验具有如下特征：

① 可重复性——在相同的条件下，可以重复进行；

② 一次试验结果的随机性——在一次试验中可能出现这一结果，也可能出现那一结果，预先无法断定；

③ 所有结果的确定性——所有可能的结果预先是可知的.

通常用 E(可以带下标)表示随机试验.

(2) 样本点和样本空间

一随机试验 E 的每一个可能的(不可分解的)结果，称为 E 的样本点，记为 e.

一试验 E 的所有样本点组成的集合，称为 E 的样本空间，记为 S.

(3) 随机事件、基本事件、必然事件和不可能事件

对于一个随机试验，在一次试验中，可能发生也可能不发生的事件，称为该试验的随机事件，记为 $A,B,\cdots$(可以带下标).

通常一随机试验的随机事件可以表示为它的一些样本点组成的集合. 对于一随机试验的一个随机事件，当且仅当它所包含的任一样本点在一次试验中出现，称它在这一次试验中出现.

只包含一个样本点的事件称为基本事件.

在任何一次试验中都出现的事件，称为必然事件，它就是 S 所表示的事件，因而用 S 表示必然事件.

在任何一次试验中都不出现的事件，称为不可能事件，它就是 $\varnothing$ 所表示的事件，因而用 $\varnothing$ 表示不可能事件.

下面在叙述事件的关系和运算时，常常省略了“在一次试验中”. 例如，说“A 发生必有 B 发生”，就是说“在一次试验中，A 发生必有 B 发生”. 说“A 发生或 B 发生”，就是说“在一次试验中，A 发生或 B 发生”，等.

(4) 事件之间的关系和运算

① 包含关系

设 A,B 为二事件，若“A 发生必有 B 发生”，称“A 包含在 B 中”或“B 包含 A”，记为 $A \subset B$ 或 $B \supset A$.

$$A \subset B \Leftrightarrow \text{任意 } e \in A, \text{必有 } e \in B.$$

包含关系的几何表示如图 1.1 所示.

② 相等关系

设 A,B 为二事件，若 $A \subset B, B \subset A$，称“A,B 相等”，记为 $A=B$.

$$A=B \Leftrightarrow A \subset B \text{ 且 } B \subset A.$$

相等关系的几何表示如图 1.2 所示.

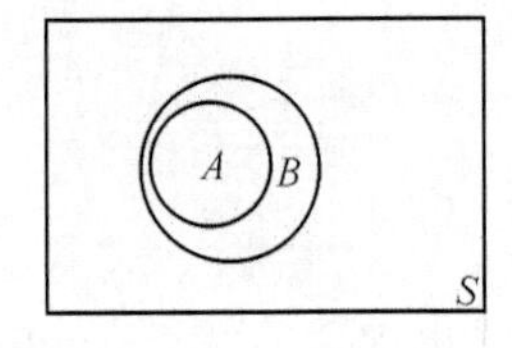

图 1.1

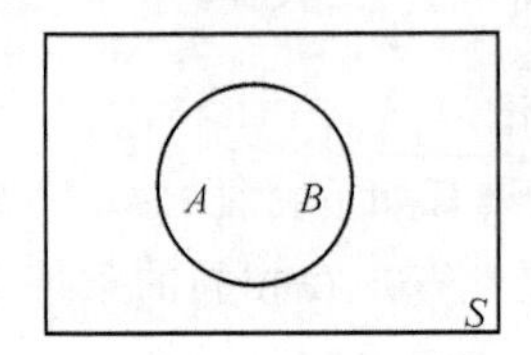

图 1.2

③ 事件的并

设 A,B 为二事件，称事件“A,B 至少一个发生”(“A 发生或 B 发生”)为 A,B 的并，记为 $A \cup B$.

$$A \cup B=\{e \mid e \in A \text{ 或 } e \in B\}.$$

事件的并的几何表示如图 1.3 所示.

④ 事件的交

设 A,B 为二事件，称事件“A,B 同时发生”(“A 发生而且 B 发生”)为 A,B 的交，记为 $A \cap B$ 或 AB.

$$AB=\{e \mid e \in A \text{ 且 } e \in B\}.$$

事件的交的几何表示如图 1.4 所示.

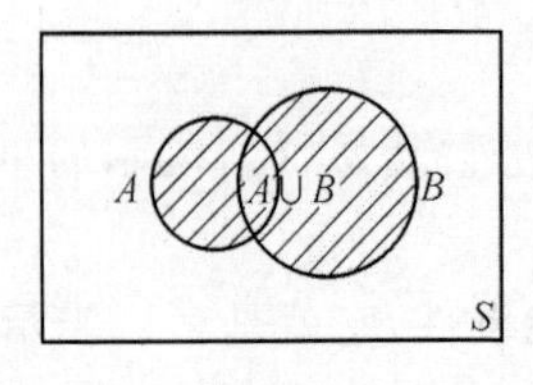

图 1.3

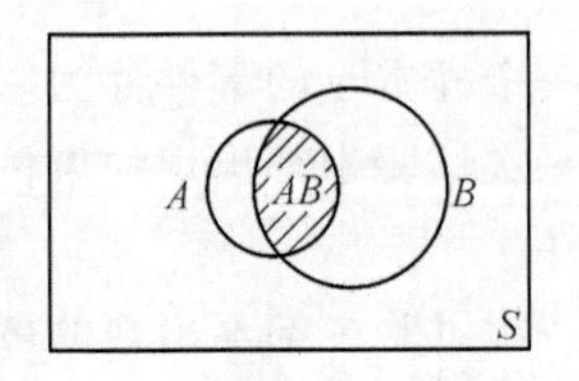

图 1.4

⑤ 事件的差

设 A,B 为二事件，称事件"A 发生而 B 不发生"为 A 减去 B 的差，记为 $A-B$.

$$A-B=\{e|e\in A 而 e\notin B\}.$$

事件的差的几何表示如图 1.5 所示.

⑥ 互不相容关系

设 A,B 为二事件，若"A,B 不能同时发生"，称 A,B 互不相容或互斥，记为 $AB=\varnothing$.

$$A,B 互不相容 AB=\varnothing.$$

事件的互不相容关系的几何表示如图 1.6 所示.

⑦ 事件的余和对立事件

设 A 为一事件. 称事件"A 不发生"为 A 的余事件或 A 的对立事件，记为 $\overline{A}$.

$$\overline{A}=S-A.$$

事件的余和对立事件的几何表示如图 1.7 所示.

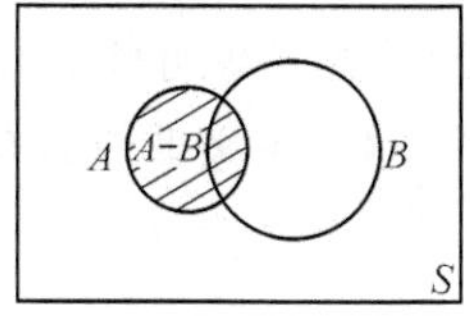

图 1.5

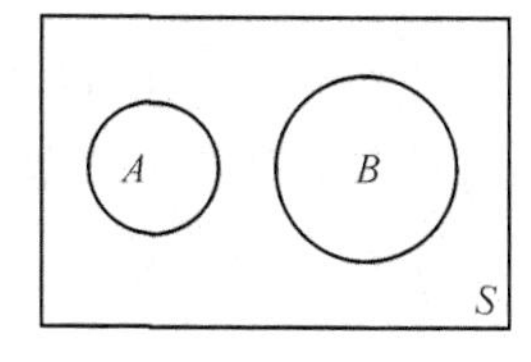

图 1.6

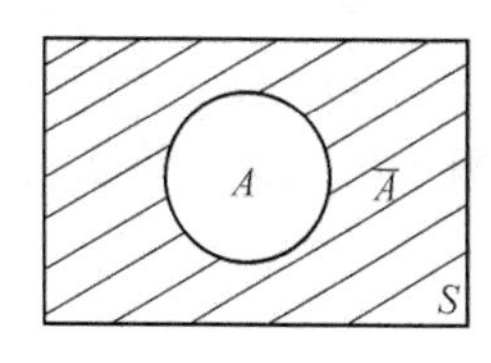

图 1.7

(5) 事件的运算法则

① 交换律　$A\cup B=B\cup A, AB=BA$.

② 结合律　$A\cup B\cup C=(A\cup B)\cup C=A\cup(B\cup C)$，$ABC=(AB)C=A(BC)$.

③ 分配律　$(A\cup B)C=AC\cup BC, (A\cap B)\cup C=(A\cup C)\cap(B\cup C)$.

④ 对偶律　$\overline{\bigcup\limits_k A_k}=\bigcap\limits_k \overline{A}_k, \overline{\bigcap\limits_k A_k}=\bigcup\limits_k \overline{A}_k$.

下列关系和运算要熟记：

$\varnothing\subset A\subset S$；$A\subset A\cup B$；$B\subset A\cup B$；$A\subset B\Rightarrow A\cup B=B$；$AB\subset A$；$AB\subset B$；$A\subset B\Rightarrow AB=A$；$A-B\subset A$；$A\subset B\Rightarrow A-B=\varnothing$；$\varnothing A=\varnothing$；$\overline{S}=\varnothing$；$\overline{\varnothing}=S$；$A\subset B\Rightarrow\overline{A}\supset\overline{B}$；$A-B=A\overline{B}=A-AB$；$A\cup B=A\cup\overline{A}B$；$A\cup B\cup C=A\cup\overline{A}B\cup\overline{AB}C$.

1.1.2　事件的概率及其性质

1. 事件概率的定义

(1) 古典概型

满足下列条件的随机试验，称为古典概型：

① 有限性——样本点的总数是有限的；

② 等可能性——所有基本事件是等可能的.

概率的定义　设 E 为古典概型，样本空间为 $S=\{e_1,e_2,\cdots,e_n\}$，A 是 E 的一个事件，

$A=\{e_{i_1},\cdots,e_{i_r}\}$,定义事件 A 的概率

$$P(A)=\frac{r}{n}=\frac{A\text{ 所包含的基本事件数}}{\text{基本事件总数}} \tag{1.1}$$

概率的性质 对于古典概型,事件的概率具有下列性质:

① $0\leqslant P(A)\leqslant 1$;

② $P(S)=1$;

③ 有限可加性:若 $A_1,\cdots,A_m$ 互不相容,则

$$P\left(\bigcup_{k=1}^{m} A_k\right)=\sum_{k=1}^{m} P(A_k).$$

(2) 几何概型

满足下列条件的随机试验,称为几何概型:

① 有限性——样本空间是直线、二维或三维空间中测度(长度、面积或体积)有限的区间或区域;

② 均匀性——样本点在样本空间上是均匀分布的(可通俗地称为是等可能的).

概率的定义 设 E 为几何概型,样本空间为 S,A 是 E 的一个事件,定义事件 A 的概率

$$P(A)=\frac{L(A)}{L(S)}, \tag{1.2}$$

其中 $L(A)$,$L(S)$分别是 A,S 的测度.

概率的性质 对于几何概型,事件的概率具有下列性质:

① $0\leqslant P(A)\leqslant 1$;

② $P(S)=1$;

③ 可列可加性:若 $A_1,\cdots,A_n,\cdots$互不相容,则

$$P\left(\bigcup_{n=1}^{\infty} A_n\right)=\sum_{n=1}^{\infty} P(A_n).$$

(3) 事件的频率及性质

2. 概率的统计定义

事件的频率 将试验 E 重复独立地进行 n 次,若其中事件 A 发生了 n_A 次,则称 n_A 为 A 在这 n 次试验中出现的频数,称比值 n_A/n 为 A 在这 n 次试验中出现的频率,记为 $f_n(A)$,即 $f_n(A)=n_A/n$.

频率的性质 事件的频率有下列性质:

① $0\leqslant f_n(A)\leqslant 1$;

② $f_n(S)=1$;

③ 若 $A_1,\cdots,A_m$ 互不相容,则

$$f_n\left(\bigcup_{k=1}^{m} A_k\right)=\sum_{k=1}^{m} f_n(A_k).$$

概率的统计定义 当 n 充分大,频率 $f_n(A)$稳定在某个数 p 的附近摆动,定义事件 A

的概率为 $P(A)=p$.

(4) 概率的公理化定义及性质

设随机试验 E 的样本空间为 S,若对 E 的任一事件 A,有一实数与之对应,记为 $P(A)$,且满足:

① $0\leqslant P(A)\leqslant 1$;

② $P(S)=1$;

③ 可列可加性:若 $A_1,\cdots,A_n,\cdots$ 互不相容,则

$$P\left(\bigcup_{n=1}^{\infty}A_n\right)=\sum_{n=1}^{\infty}P(A_n).$$

称 $P(A)$ 为 A 的概率.

概率 P 具有下列性质:

① $P(\varnothing)=0$.

② 有限可加性:如果 $A_k.\ k=1,\cdots,n$,满足 $A_iA_j=\varnothing,i\neq j$,则

$$P\left(\bigcup_{k=1}^{n}A_k\right)=\sum_{k=1}^{n}P(A_k).$$

③ 可减性:如果 A,B 满足 $A\subset B$,则 $P(B-A)=P(B)-P(A)$.

④ 逆事件的概率:对任意的 A,有 $P(A)=1-P(\overline{A})$.

⑤ 一般加法公式:如果 $A_i,i=1,\cdots,n$ 为事件,则

$$P\left(\bigcup_{i=1}^{n}A_i\right)=\sum_{i=1}^{n}P(A_i)-\sum_{1\leqslant i<j\leqslant n}P(A_iA_j)+\sum_{1\leqslant i<j<k\leqslant n}P(A_iA_jA_k)-\cdots+(-1)^{n-1}P(A_1A_2\cdots A_n).$$

⑥* 上、下连续性:如果 $\{A_n\}$ 满足 $A_1\supset A_2\supset\cdots$,则

$$P\left(\bigcap_{n=1}^{\infty}A_n\right)=\lim_{n\to\infty}P(A_n).$$

如果 $\{A_n\}$ 满足 $A_1\subset A_2\subset\cdots$,则

$$P\left(\bigcup_{n=1}^{\infty}A_n\right)=\lim_{n\to\infty}P(A_n).$$

1.1.3 条件概率及其性质

1. 条件概率的定义和性质

(1) **条件概率的定义** 设 A,B 为二事件,且 $P(A)>0$,则称

$$P(B|A)\triangleq\frac{P(AB)}{P(A)}\tag{1.3}$$

为在事件 A 发生的条件下 B 的条件概率.

(2) **条件概率的性质** 条件概率满足:

① $0\leqslant P(B|A)\leqslant 1$;

② $P(S|A)=1$;

③ 若 $B_n, n=1,2,\cdots$,满足 $B_iB_j=\varnothing, i\neq j$,则

$$P\left(\bigcup_{n=1}^{\infty} B_n \mid A\right) = \sum_{n=1}^{\infty} P(B_n \mid A).$$

可见,条件概率具有无条件概率的其他性质①~⑥.

2. 关于条件概率的 3 个定理

(1) **乘法公式** 若 $P(A)>0$,则

$$P(AB)=P(A)P(B|A). \tag{1.4}$$

推广:若 $P(A_1A_2\cdots A_{n-1})>0$,则

$$P(A_1A_2\cdots A_n)=P(A_1)P(A_2|A_1)\cdots P(A_n|A_1A_2\cdots A_{n-1}). \tag{1.5}$$

(2) **全概率公式** 设 $A_i, i=1,2,\cdots,n$,满足

① $A_iA_j=\varnothing, i\neq j$,

② $\bigcup\limits_{i=1}^{n} A_i=S$,

且 $P(A_i)>0, i=1,2,\cdots,n$,则对任意 B,有

$$P(B) = \sum_{i=1}^{n} P(A_i)P(B \mid A_i). \tag{1.6}$$

(3) **贝叶斯公式** 设 $A_i, i=1,2,\cdots,n$,满足

① $A_iA_j=\varnothing, i\neq j$,

② $\bigcup\limits_{i=1}^{n} A_i=S$,

且 $P(A_i)>0, i=1,2,\cdots,n$,则对任意 B,若 $P(B)>0$,则有

$$P(A_i \mid B) = \frac{P(A_i)P(B \mid A_i)}{\sum\limits_{j=1}^{n} P(A_j)P(B \mid A_j)}, i = 1,2,\cdots,n. \tag{1.7}$$

1.1.4 事件的独立性

1. 二事件的独立性

定义 设 A,B 为二事件,若 $P(AB)=P(A)P(B)$,则称 A,B 相互独立.

性质 (1) 若 $P(A)>0$,则 A,B 独立的充要条件是 $P(B|A)=P(B)$;

(2) 若 A,B 独立,则 A 与 $\overline{B}$、$\overline{A}$ 与 B、$\overline{A}$ 与 $\overline{B}$ 均独立;

(3) 若 $P(A)=0$(或 1),则 A 与任一事件 B 独立.

2. 三个或三个以上事件的独立性

定义 设 A,B,C 为三事件,若满足

$$P(AB)=P(A)P(B),$$
$$P(AC)=P(A)P(C),$$
$$P(BC)=P(B)P(C),$$
$$P(ABC)=P(A)P(B)P(C),$$

则称 A,B,C 相互独立.

若只满足上面的前三个式子,称 A,B,C 两两独立. A,B,C 两两独立,未必相互独立.

一般地,如果 n 个事件 $A_1,A_2,\cdots,A_n$ 满足

$$P(A_iA_j)=P(A_i)P(A_j),1\leqslant i<j\leqslant n,$$
$$P(A_iA_jA_k)=P(A_i)P(A_j)P(A_k),1\leqslant i<j<k\leqslant n,$$
$$\vdots$$
$$P(A_1A_2\cdots A_n)=P(A_1)P(A_2)\cdots P(A_n),$$

则称 $A_1,A_2,\cdots,A_n$ 相互独立.

性质 (1)如果 $A_1,A_2,\cdots,A_n(n\geqslant 2)$ 独立,则其中任意 $k(2\leqslant k\leqslant n)$ 个事件也独立;

(2) 如果 $A_1,A_2,\cdots,A_n(n\geqslant 2)$ 独立,则把其中任意 $m(1\leqslant m\leqslant n)$ 个事件换成各自的对立事件所构成的 n 个事件也独立.

在实际问题中,常常由试验的独立性来判定事件的独立性,再由事件的独立性来计算交事件的概率.

3. 独立试验序列概型

贝努利试验 对一试验 E,如果只考虑两个结果 A 和 $\overline{A}$,且 $P(A)=p,0<p<1$,称 E 为贝努利试验.

***n* 重贝努利试验** 将贝努利试验 E 重复独立地做 n 次,称为 n 重贝努利试验.

二项概率公式 在 n 重贝努利试验中,若用 D_n^k 表示在 n 次试验中 A 出现 k 次,则

$$P(D_n^k)=\mathrm{C}_n^k p^k q^{n-k},k=0,1,\cdots,n,\quad q=1-p. \tag{1.8}$$

泊松定理 设 $\lambda>0$ 为常数,n 为任意正整数,且 $np_n=\lambda$,则对任一取定的非负整数 k,有

$$\lim_{n\to\infty}\mathrm{C}_n^k p_n^k(1-p_n)^{n-k}=\frac{\lambda^k}{k!}\mathrm{e}^{-\lambda}.$$

由泊松定理,当 n 很大、p 很小时,有近似公式

$$\mathrm{C}_n^k p^k(1-p)^{n-k}\approx\frac{\lambda^k}{k!}\mathrm{e}^{-\lambda},k=0,1,2,\cdots,\lambda=np. \tag{1.9}$$

一般当 $n\geqslant 20,p\leqslant 0.05$,可用上面的近似公式. 在用此近似公式时,要注意 $\sum\limits_{k=0}^{\infty}\frac{\lambda^k}{k!}\mathrm{e}^{-\lambda}=1$.

1.2 要 求

1. 理解随机试验的特征. 对于一个具体的试验要弄清试验方式:什么是它的一次试验? 观察什么?

2. 会用样本点表达随机事件. 理解什么叫一个随机事件在一次试验中出现了.

3. 熟练掌握事件的 4 种基本关系(包含关系、相等关系、互不相容关系和对立关系)和 4

种基本运算(并、交、差、余),以及4种基本运算律(结合律、交换律、分配律,对偶律).

4. 理解事件概率的含义,以及概率的统计定义方法和依据.掌握概率的古典定义和几何定义方法和适用范围,并能计算基本的古典概型和几何概型的概率问题.会利用概率的性质,主要是加法公式和逆事件概率的计算公式计算相关事件的概率.

5. 理解条件概率的含义,会利用乘法公式、全概率公式、贝叶斯公式计算概率.

6. 理解事件的独立性的概念,会利用事件的独立性和二项概率公式计算概率.

1.3 A类例题和习题

1.3.1 例题

例1 袋中有2个白球及3个黑球(一般假定个体可辨,以后不再注明).写出下列随机试验的样本空间并计算样本点总数:

(1) 从袋中任取3个球.记录取球的结果;

(2) 从袋中不放回地接连取出3个球,记录取球的结果;

(3) 从袋中有放回地接连取出3个球,记录取球的结果;

(4) 从袋中不放回地一个一个地取球,直到取得白球为止,记录取球的结果.

解:设将袋中的5个球分别标号1,2,3,4,5,其中1,2号球为白球,4,5,6号球为黑球.

(1) 若用(1,2,3)表示一次取出的3个球是1,2,3号球,(2,4,5)表示一次取出的球是2,4,5号球等,其他类似.该试验的样本空间为

$$S_1=\{(1,2,3),(1,2,4),(1,2,5),(1,3,4),(1,3,5),(1,4,5),(2,3,4),(2,3,5),(2,4,5),(3,4,5)\}$$

共包含$C_5^3=10$个样本点.

(2) 若用(1,2,3)表示取出的3个球依次为1,2,3号球,(2,4,5)表示取出的球依次为2,4,5号球等,其他类似.该试验的样本空间为

$$\begin{aligned}S_2=\{&(1,2,3),(1,3,2),(2,1,3),(2,3,1),(3,1,2),(3,2,1),\\&(1,2,4),(1,4,2),(2,1,4),(2,4,1),(4,1,2),(4,2,1),\cdots,\\&(3,4,5),(3,5,4),(4,3,5),(4,5,3),(5,3,4),(5,4,3)\}\end{aligned}$$

共包含$P_5^3=60$个样本点.

(3) 若用(1,1,1)表示3次取出的球都是1号球,(1,1,2)表示前两次取出的球都是1号球最后取出的是2号球等,其他类似.该试验的样本空间为

$$\begin{aligned}S_3=\{&(1,1,1),(1,1,2),(1,1,3),(1,1,4),(1,1,5),\\&(1,2,1),(1,2,2),(1,2,3),(1,2,4),(1,2,5),\cdots,\\&(5,5,1),(5,5,2),(5,5,3),(5,5,4),(5,5,5)\}\end{aligned}$$

共包含$5^3=125$个样本点.

(4) 若用(1)、(2)分别表示第一次取得1号球、2号球,(3,4,2)表示依次取得3号球、4号球、2号球等,其他类似.该试验的样本空间为

$$
\begin{aligned}
S_4=\{&(1),(2),(3,1),(3,2),(4,1),(4,2),(5,1),(5,2),\\
&(3,4,1),(3,4,2),(3,5,1),(3,5,2),(4,3,1),(4,3,2),\\
&(4,5,1),(4,5,2),(5,3,1),(5,3,2),(5,4,1),(5,4,2),\\
&(3,4,5,1),(3,4,5,2),(3,5,4,1),(3,5,4,2),(4,3,5,1),(4,3,5,2),\\
&(4,5,3,1),(4,5,3,2),(5,3,4,1),(5,3,4,2),(5,4,3,1),(5,4,3,2)\}
\end{aligned}
$$

共 $\mathrm{C}_2^1+\mathrm{C}_3^1\mathrm{C}_2^1+\mathrm{P}_3^2\mathrm{C}_2^1+\mathrm{P}_3^3\mathrm{C}_2^1=32$ 个样本点.

例2 今有3个球、4个盒子,写出下列随机试验的样本空间并计算样本点总数:

(1) 将3个球任意地放入4个盒子中去,每个盒子放入的球数不限,记录放球的结果;

(2) 将3个球放入4个盒子中去,每个盒子至多放入一个球数,记录放球的结果.

解:将3个球编号1、2、3,将4个盒子编号Ⅰ、Ⅱ、Ⅲ、Ⅳ.

(1) 若用(Ⅰ,Ⅰ,Ⅰ)表示将3个球都放入Ⅰ号盒子,(Ⅰ,Ⅱ,Ⅲ)表示将1,2,3号球分别放入Ⅰ,Ⅱ,Ⅲ号盒子等,其他类似,该试验的样本空间可表为

$$
\begin{aligned}
S_1=\{&(\mathrm{I},\mathrm{I},\mathrm{I}),(\mathrm{I},\mathrm{I},\mathrm{II}),(\mathrm{I},\mathrm{I},\mathrm{III}),(\mathrm{I},\mathrm{I},\mathrm{IV}),\\
&(\mathrm{I},\mathrm{II},\mathrm{I}),(\mathrm{I},\mathrm{II},\mathrm{II}),(\mathrm{I},\mathrm{II},\mathrm{III}),(\mathrm{I},\mathrm{II},\mathrm{IV}),\\
&\cdots\\
&(\mathrm{IV},\mathrm{IV},\mathrm{I}),(\mathrm{IV},\mathrm{IV},\mathrm{II}),(\mathrm{IV},\mathrm{IV},\mathrm{III}),(\mathrm{IV},\mathrm{IV},\mathrm{IV})\}
\end{aligned}
$$

共包含 $4^3=64$ 个样本点.

(2) 若用(Ⅰ,Ⅱ,Ⅲ)表示将1,2,3号球分别放入Ⅰ,Ⅱ,Ⅲ号盒子,(Ⅳ,Ⅰ,Ⅱ)表示将1,2,3号球分别放入Ⅳ,Ⅰ,Ⅱ号盒子等,其他类似,该试验的样本空间为

$$
\begin{aligned}
S_2=\{&(\mathrm{I},\mathrm{II},\mathrm{III}),(\mathrm{I},\mathrm{II},\mathrm{IV}),(\mathrm{I},\mathrm{III},\mathrm{II}),(\mathrm{I},\mathrm{III},\mathrm{IV}),(\mathrm{I},\mathrm{IV},\mathrm{II}),(\mathrm{I},\mathrm{IV},\mathrm{III})\\
&(\mathrm{II},\mathrm{I},\mathrm{III}),(\mathrm{II},\mathrm{I},\mathrm{IV}),(\mathrm{II},\mathrm{III},\mathrm{I}),(\mathrm{II},\mathrm{III},\mathrm{IV}),(\mathrm{II},\mathrm{IV},\mathrm{I}),(\mathrm{II},\mathrm{IV},\mathrm{III})\\
&(\mathrm{III},\mathrm{I},\mathrm{II}),(\mathrm{III},\mathrm{I},\mathrm{IV}),(\mathrm{III},\mathrm{II},\mathrm{I}),(\mathrm{III},\mathrm{II},\mathrm{IV}),(\mathrm{III},\mathrm{IV},\mathrm{I}),(\mathrm{III},\mathrm{IV},\mathrm{II})\\
&(\mathrm{IV},\mathrm{I},\mathrm{II}),(\mathrm{IV},\mathrm{I},\mathrm{III}),(\mathrm{IV},\mathrm{II},\mathrm{I}),(\mathrm{IV},\mathrm{II},\mathrm{III}),(\mathrm{IV},\mathrm{III},\mathrm{I}),(\mathrm{IV},\mathrm{III},\mathrm{II})\}
\end{aligned}
$$

共包含 $\mathrm{P}_4^3=24$ 个样本点.

例3 写出下列随机试验的样本空间并画出其图形:

(1) 在(0,1)上任取一点,记录其坐标;

(2) 将一尺之棰折成三段,记录三段的长度;

(3) 在(0,1)任取三点,记录三点的坐标.

解:(1) 样本空间 $S_1=\{e|0<e<1)$ 或 $S_1=(0,1)$.

(2) 样本空间 $S_2=\{(x,y,z)|0<x,y,z<1,x+y+z=1)$,如图1.8所示.

(3) 样本空间 $S_3=\{(x,y,z)|0<x,y,z<1)$,如图1.9所示.

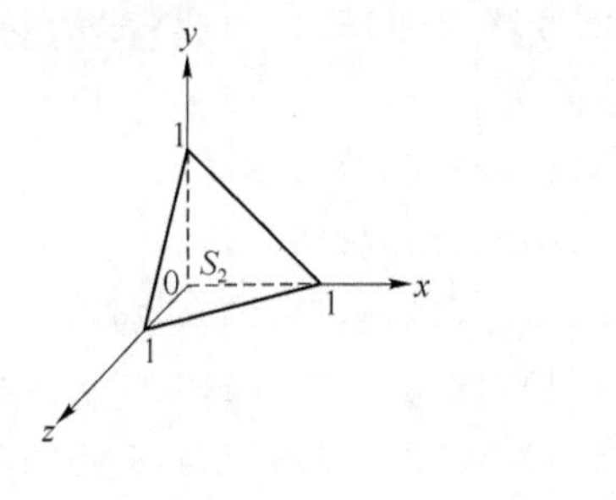

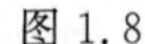
图 1.8

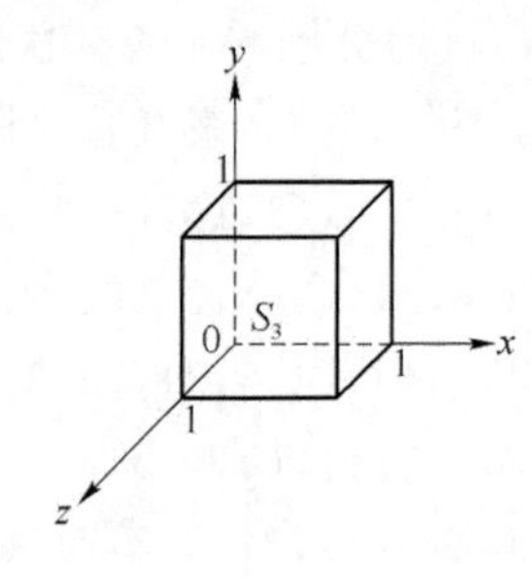

图 1.9

例 4 写出下列随机试验的样本空间，用样本点的集合表示所述事件，并讨论它们之间的相互关系：

(1) 袋中有 3 个白球和 2 个黑球，从其中任取 2 个球，令 A 表示“取出的全是白球”，B 表示“取出的全是黑球”，C 表示“取出的球颜色相同”，$A_i(i=1,2)$ 表示“取出的 2 个球中恰有 i 个白球”，D 表示“取出的 2 个球中至少有 1 个白球”；

(2) 袋中有 2 个正品和 2 个次品，从其中有放回地接连抽取产品 3 次，每次任取 1 件，令 $A_i(i=1,2,3)$ 表示“第 i 次取出的是正品”，B 表示“3 次都取得正品”；

(3) 从 1,2,3,4 这 4 个数字中，任取一数，取后放回，然后再任取一数，先后取了 3 次，令 A 表示“3 次取出的数不超过 3”，B 表示“3 次取出的数不超过 2”，C 表示“3 次取出的数的最大者为 3”；

(4) 将 3 个球放入 4 个盒子中去，令 A 表示“恰有 3 个盒子中各有 1 球”，B 表示“至少有 2 个球放入同一个盒子中”.

解：(1) 将 3 个白球和 2 个黑球分别编号 1,2,3 和 4,5，则样本空间

$$S_1=\{(1,2),\cdots,(4,5)\},$$

事件

$$A=\{(1,2),(1,3),(2,3)\},$$

事件

$$B=\{(4,5)\},$$

事件

$$C=\{(1,2),(1,3),(2,3),(4,5)\},$$

可见 $A\subset C$，$B\subset C$，且 $AB=\varnothing$，$C=A\cup B$.

事件

$$A_1=\{(1,4),(1,5),(2,4),(2,5),(3,4),(3,5)\},$$

事件 $A_2=A$，事件

$$D=\{(1,4),(1,5),(2,4),(2,5),(3,4),(3,5),(1,2),(1,3),(2,3)\},$$

可见 $A_1\subset D$，$A_2\subset D$，$A_1A_2=\varnothing$，且 $D=A_1\cup A_2$.

(2) 将 2 个正品和 2 个次品分别编号 1,2 和 3,4,则样本空间

$$S_2=\{(1,1,1),(1,1,2),\cdots,(4,4,4)\},$$

事件 A_1,可表示为

$$\{(1,1,1),(1,1,2),(1,1,3),(1,1,4),\cdots,(1,4,4),$$
$$(2,1,1),(2,1,2),(2,1,3),(2,1,4),\cdots,(2,4,4)\},$$

事件 A_2 可表示为

$$\{(1,1,1),(1,1,2),(1,1,3),(1,1,4),\cdots,(4,1,4),$$
$$(1,2,1),(1,2,2),(1,2,3),(1,2,4),\cdots,(4,2,4)\},$$

事件 A_3 可表示为

$$\{(1,1,1),(1,2,1),(1,3,1),(1,4,1),\cdots,(4,4,1),$$
$$(1,1,2),(1,2,2),(1,3,2),(1,4,2),\cdots,(4,4,2)\}$$

事件 B 可表示为

$$\{(1,1,1),(1,1,2),\cdots,(2,2,2)\},$$

可见 $B\subset A_i(i=1,2,3)$,且 $B=A_1A_2A_3$.

(3) 样本空间同(2),事件 A 可表为

$$\{(1,1,1),(1,1,2),\cdots,(3,3,3)\},$$

事件 B 可表示为

$$\{(1,1,1),(1,1,2),(1,2,1),\cdots,(2,2,2)\},$$

事件 C 可表示为

$$\{(1,1,3),(1,2,3),(1,3,3),\cdots,(3,3,3)\},$$

可见 $B\subset A$,$C\subset A$,且 $C=A-B$.

(4) 样本空间的写法可参照例 2,样本空间可写为

$$\{(\text{I},\text{I},\text{I}),(\text{I},\text{I},\text{II}),(\text{I},\text{I},\text{III}),(\text{I},\text{I},\text{IV}),(\text{I},\text{II},\text{I}),$$
$$(\text{I},\text{II},\text{II}),(\text{I},\text{II},\text{III}),(\text{I},\text{II},\text{IV}),\cdots,,(\text{IV},\text{IV},\text{IV})\},$$

事件 A 可表示为

$$\{(\text{I},\text{II},\text{III}),(\text{I},\text{II},\text{IV}),(\text{I},\text{III},\text{IV}),\cdots,(\text{IV},\text{III},\text{II})\},$$

事件 B 可表示为

$$\{(\text{I},\text{I},\text{I}),(\text{I},\text{I},\text{II}),(\text{I},\text{I},\text{III}),(\text{I},\text{I},\text{IV}),(\text{I},\text{II},\text{I}),$$
$$(\text{I},\text{II},\text{II}),(\text{I},\text{III},\text{I}),(\text{I},\text{III},\text{III}),\cdots,(\text{IV},\text{IV},\text{IV})\},$$

可见 $AB=\varnothing$,且 $A=\overline{B}$.

例 5 表示下列随机试验的随机事件,并分析它们之间的相互关系:

(1) 掷一颗骰子,记录掷得的点数,考虑事件:“掷得的点数不超过 2”,“掷得的点数不超过 3”,“掷得的点数不小于 4”及“掷得奇数点”.

(2) 从一批灯泡中任取一只,测试它的寿命. 考虑事件:“测得寿命大于 1 000 小时”,“测得寿命大于 1 500 小时”及“测得寿命不小于 1 000 小时”.

解:(1) 样本空间为 $S=\{1,2,3,4,5,6\}$. 若用 A,B,C,D 依次表示题中的四个事件，则它们的表示方法为 $A=\{1,2\}$, $B=\{1,2,3\}$, $C=\{4,5,6\}$, $D=\{1,3,5\}$.

由于 A 发生必有 B 发生，因此，$A\subset B$. B 与 C, A 与 C 不可能同时发生，因此 $BC=\varnothing$, $AC=\varnothing$. 在一次试验中，B,C 中必有一个发生，因此 B,C 互余，即有 $C=\overline{B}$, $B=\overline{C}$.

(2) 样本空间为 $S=\{t:t\geqslant 0\}$. A,B,C 依次表示题中的三个事件，则它们的表示方法为 $A=\{t:t>1\ 000\}$, $B=\{t:t>1\ 500\}$, $C=\{t:t\geqslant 1\ 000\}$. 显然有 $B\subset A$, $B\subset C$, 而且 $A\subset C$.

例 6 设 A,B,C 为三事件，试用 A,B,C 表示下列事件：

(1) A,B,C 至少有一个发生；

(2) A,B,C 都不发生；

(3) A,B,C 不都发生；

(4) A,B,C 不多于一个发生.

解:(1) 由事件并的定义，该事件可表示为 $A\cup B\cup C$.

(2) 该事件可用两种方法表示. 方法(Ⅰ)直译(换句话说)，该事件即是事件“A 不发生而且 B 不发生而且 C 不发生”，故可表为 $\overline{A}\,\overline{B}\,\overline{C}$；方法(Ⅱ)反译取余，该事件的余是“$A$、$B$、$C$ 中至少有一个发生”，$A\cup B\cup C$，故它可表示为 $\overline{A\cup B\cup C}$. 由事件的运算法则知，两种表示法是一样的.

(3) 该事件可用三种方法表示. 方法(Ⅰ)直译，该事件即是事件“A,B,C 中至少有一个不发生”. 故可表示为 $\overline{A}\cup\overline{B}\cup\overline{C}$；方法(Ⅱ)反译取余，该事件的余是“$A,B,C$ 都发生”，故它可表为 $\overline{ABC}$；方法(Ⅲ)分解作并，该事件可分解为下列 3 种情况：①“A,B,C 中恰有一个不发生”，可表示为 $\overline{A}BC\cup A\overline{B}C\cup AB\overline{C}$. ②“$A,B,C$ 中恰有两个不发生”，可表示为 $\overline{A}\,\overline{B}C\cup\overline{A}B\overline{C}\cup A\overline{B}\,\overline{C}$. ③“$A,B,C$ 都不发生”，它可表示为 $\overline{A}\,\overline{B}\,\overline{C}$，而该事件是它们的并；因而(3)可表示为

$$\overline{A}BC\cup A\overline{B}C\cup AB\overline{C}\cup\overline{A}\,\overline{B}C\cup A\overline{B}\,\overline{C}\cup\overline{A}B\overline{C}\cup\overline{A}\,\overline{B}\,\overline{C}.$$

利用事件的运算法则，可以证明，上述 3 种表示法彼此相等.

(4) 该事件可用 3 种方法表示. 方法(Ⅰ)直译，该事件即是事件“A,B,C 中至少有 2 个不发生”. 故可表示为 $\overline{A}\,\overline{B}\cup\overline{A}\,\overline{C}\cup\overline{B}\,\overline{C}$；方法(Ⅱ)反译取余，该事件的余是“$A,B,C$ 中至少有 2 个发生”，$AB\cup AC\cup BC$，故它可表示为 $\overline{AB\cup AC\cup BC}$；方法(Ⅲ)该事件可分解为下列 2 种情况：①“$A,B,C$ 中只有一个发生”，可表示为 $\overline{A}\,\overline{B}C\cup\overline{A}B\overline{C}\cup A\overline{B}\,\overline{C}$. ②“$A,B,C$ 都不发生”，可表示为 $\overline{A}\,\overline{B}\,\overline{C}$，而该事件是它们的并；因而(4)可表为

$$\overline{A}\,\overline{B}C\cup\overline{A}B\overline{C}\cup A\overline{B}\,\overline{C}\cup\overline{A}\,\overline{B}\,\overline{C}.$$

利用事件的运算法则，可以证明，上述 3 种表示法彼此相等.

例 7 一部有四分册的文集按任意的次序放到书架上，问各分册自右向左或自左向右恰成 1,2,3,4 的顺序的概率等于多少？

解:四分册书自左到右的一种排列方式为一个样本点，因此样本点总数为 $\mathrm{P}_4^4=4!=24$.

设 A 表示“各分册自右向左或自左向右恰成 1,2,3,4 的顺序”，则 A 只包含两个样本

点，于是由(1.1)式有

$$P(A)=\frac{2}{24}=\frac{1}{12}.$$

例 8　一盒中有 10 个产品，其中有 4 个次品，6 个正品，随机地抽取一个测试，测试后不放回，直到次品都找到. 求最后一个次品在下列情况发现的概率：

(1) 在第 5 次测试时发现；

(2) 在第 10 次测试时发现.

解：(1) 由于一个样本点是由 5 个不同产品组成的一个排列，故样本点总数为 $P_{10}^5=\frac{10!}{5!}$.

设 A 表示"在第 5 次测试时找到最后 1 个次品". 为计算 A 所包含的样本点的个数，可考虑通过两步来完成：首先在前四次测试中有 3 个次品，1 个正品，共有 $C_4^3C_6^1$ 种不同的取法，其次这 4 个产品有测试顺序的不同，共有 $4!$ 种不同的排列方式，两步搭配知 A 所包含的样本点的个数为 $C_4^3C_6^1 4!$. 于是由(1.1)式有

$$P(A)=\frac{C_4^3C_6^1 4!}{P_{10}^5}=\frac{5!\ \times 4\times 6\times 4!}{10!}=\frac{2}{105}.$$

(2) 由与(1)相同的分析知样本点总数为 $P_{10}^{10}=10!$.

设 B 表示"在第 10 次测试时找到最后一个次品"，A 所包含的样本点的个数为 $C_4^3 9!$，于是得

$$P(B)=\frac{C_4^3\times 9!}{10!}=\frac{2}{5}.$$

例 9　同时掷两颗骰子，观察它们出现的点数，求两颗骰子掷得点数不同的概率.

解：一个样本点是由两个数字组成的排列(i,j)，$i,j=1,2,3,4,5,6$，而 i,j 可以重复，由可重复排列的计算方法，知样本点总数为 6^2.

令 A 表示"两颗骰子掷得的点数不同"，A 所包含的样本点是 $i\neq j$ 的排列方式数，于是得 A 所包含的样本点的个数为 P_6^2，由(1.1)式有

$$P(A)=\frac{P_6^2}{6^2}=\frac{5}{6}.$$

此题还可用另一方法解. 显然 $\overline{A}$ 所包含的样本点的个数为 6，于是由概率的性质④有

$$P(A)=1-P(\overline{A})=1-\frac{6}{6^2}=\frac{5}{6}.$$

例 10　将 n 个球随机地放入 n 个盒子中去(即每个球放入哪一个盒子是任意的)，试求：

(1) 每个盒子都有一个球的概率；

(2) 至少有一个盒子空着的概率.

解：一个样本点对应一个排列方式$(i_1,i_2,\cdots,i_n)$，它表示第 $1,2,\cdots,n$ 号球，分别被放入第 $i_1,i_2,\cdots,i_n$ 号盒子中. 由于放入是任意的，排列是可重复的，于是由可重复排列的计算方法，共有 n^n 个样本点.

(1) 设 A 表示“每个盒子都有一个球”，A 所包含的样本点是全不相同的排列方式 $(i_1,i_2,\cdots,i_n)$，因此共包含 $P_n^n=n!$ 个样本点，由(1.1)式有

$$P(A)=\frac{n!}{n^n}.$$

(2) 设 B 表示“至少有一个盒子空着”，由于 $\overline{B}=A$，故由概率的性质④有

$$P(B)=1-P(A)=1-\frac{n!}{n^n}.$$

例 11 某地的电话号码由 4 个数字组成，每个数字可以从 0,1,2,3,…,9 这 10 个数字中任取，假定该地的电话号码已经饱和，求从该地的电话号码簿中任选一个号码的前两位数字恰为 12 的概率.

解: 一个样本点是一个可重复排列 (i_1,i_2,i_3,i_4)，共有 10^4 个样本点.

设 A 表示“任选的电话号码的前两位数字恰为 12，由于后两数字可以任意，这样的样本点共有 10^2 个，于是由(1.1)式有

$$P(A)=\frac{10^2}{10^4}=\frac{1}{100}.$$

例 12 从一副扑克 52 张(王牌除外)中，任意取出两张，求它们都是黑桃的概率.

解: 两张牌的一个抽取方式对应一个样本点，但两张牌是没有顺序的，由组合的计算方法知共有 C_{52}^2 个样本点.

设 A 表示“取到的两张牌全是黑桃”，52 张牌中有 13 张黑桃，因此 A 所包含的样本点数为 C_{13}^2，由(1.1)式有

$$P(A)=\frac{C_{13}^2}{C_{52}^2}=\frac{1}{17}.$$

例 13 某产品共 40 件，其中有次品 3 件. 从中任取 3 件，求下列事件的概率：

(1) 3 件中恰有 1 件次品；

(2) 3 件中恰有 2 件次品；

(3) 3 件全是次品；

(4) 3 件全是正品；

(5) 3 件中至少有 1 件次品.

解: 抽到的 3 件产品构成一样本点，因为它们没有顺序的区别，故样本点总数为 C_{40}^3.

(1) 令 A_1 表示“3 件中恰有 1 件次品”. 其中的一件次品可以在 3 件次品中任取 1 件，有 C_3^1 种取法，另外 2 件正品可从 37 件正品中任取，共有 C_{37}^2，二者搭配共有 $C_3^1C_{37}^2$ 种取法，因此 A_1 所包含的样本点数为 $C_3^1C_{37}^2$，由(1.1)式有

$$P(A_1)=\frac{C_3^1C_{37}^2}{C_{40}^3}=\frac{999}{4\,940}\approx 0.202\,2.$$

(2) 令 A_2 表示“3 件中恰有 2 件次品”，由(1)中的分析方法知 A_2 所包含的样本点数为 $C_3^2C_{37}^1$，故

$$P(A_2)=\frac{C_3^2C_{37}^1}{C_{40}^3}=\frac{111}{9\ 880}\approx0.011\ 2.$$

(3) 令 A_3 表示“3 件全是次品”,则 A_3 所包含的样本点数为 C_3^3,于是

$$P(A_3)=\frac{C_3^3}{C_{40}^3}=\frac{1}{9\ 880}\approx0.000\ 1.$$

(4) 令 A_4 表示“3 件全是正品”,A_4 所包含的样本点数为 C_{37}^3,于是

$$P(A_4)=\frac{C_{37}^3}{C_{40}^3}=\frac{777}{988}\approx0.786\ 4.$$

(5) 令 A_5 表示“3 件中至少有 1 件次品”. 由于 $\overline{A}_5=A_4$,于是由概率的性质④,

$$P(A_5)=1-P(\overline{A}_5)=1-P(A_4)\approx0.213\ 6.$$

例 14 从 5 双不同尺码的鞋子中任取 4 只,4 只鞋子至少有 2 只配成一双的概率是多少?

解:从 10 只鞋子中任意取出 4 只构成一样本点,它们没有顺序,故样本点总数为 C_{10}^4.

令 A 表示“取出的 4 只鞋子中至少有 2 只配成一双”. A 所包含的样本点有两种情况:一是“恰有 2 只配成一双”,共有 $C_5^1C_4^2\cdot2^2$ 个. 这是由于配成一双的有 C_5^1 种取法,其余配不成双的 2 只可以从其余的四双中任两双中各取 1 只,共有 $C_4^2\cdot2^2$ 种取法,搭配共有 $C_5^1C_4^2\cdot2^2$ 种取法. 另一情况是“4 只配成两双”,这样的取法共有 C_5^2 种. 于是 A 所包含的样本点数为 $C_5^1C_4^2\cdot2^2+C_5^2$,

$$P(A)=\frac{C_5^1C_4^2\times2^2+C_5^2}{C_{10}^4}=\frac{130}{210}=\frac{13}{21}.$$

此题的另一解法:$\overline{A}$ 表示“4 只没有 2 只可配成一双”,类似上面的分析知 $\overline{A}$ 所包含的样本点数为 $C_5^4\cdot2^4$,于是有

$$P(A)=1-P(\overline{A})=1-\frac{C_5^4\times2^4}{C_{10}^4}=1-\frac{8}{21}=\frac{13}{21}.$$

例 15 设有某种产品 40 件,其中有 10 件次品. 从中任意取 5 件,求取出的 5 件中至少有 4 件次品的概率.

解:样本点总数为 C_{40}^5.

令 A 表示“取出的 5 件中恰有 4 件次品”,B 表示“取出的 5 件全是次品”,C 表示“取出的 5 件至少有 4 件次品”,则 $C=A\cup B$,且 A,B 互不相容,于是由概率的性质②有 $P(C)=P(A)+P(B)$.

A 所包含的样本点数为 $C_{10}^4C_{30}^1$,B 所包含的样本点数为 C_{10}^5,于是有

$$P(C)=P(A)+P(B)=\frac{C_{10}^4C_{30}^1}{C_{40}^5}+\frac{C_{10}^5}{C_{40}^5}=\frac{175}{18\ 278}+\frac{7}{18\ 278}=\frac{182}{18\ 278}\approx0.010\ 0.$$

例 16 设只有一个泊位的码头有甲、乙两艘船停靠,二船各自可能在一昼夜的任何时刻到达. 设两艘船停靠的时间分别为 1 小时和 2 小时,求下列事件的概率:

A_1:码头空闲超过两小时;

A_2:一艘船要停靠必须等待一段时间.

解:设 x,y 分别表示甲、乙船到达码头的时间,则该试验的样本空间为 $\Omega=\{(x,y)\mid 0\leqslant x,y\leqslant 24\}$(以小时为单位),$\Omega$ 的面积 $L(\Omega)=24^2$.

事件 $A_1=\{(x,y)\mid(x,y)\in\Omega,y-x>3$ 或 $x-y>4)\}$(如图 1.10 所示).因此 A_1 的面积 $L(A_1)=\frac{21^2}{2}+\frac{20^2}{2}$,于是

$$P(A_1)=\frac{L(A_1)}{L(\Omega)}=\frac{21^2+20^2}{2\times 24^2}\approx 0.730\,0.$$

事件 $A_2=\{(x,y)\mid(x,y)\in\Omega,0\leqslant y-x<1$ 或 $0\leqslant x-y<2\}$(如图 1.11 所示).因此 A_2 的面积 $L(A_2)=24^2-\frac{23^2}{2}-\frac{22^2}{2}$,于是

$$P(A_2)=\frac{L(A_2)}{L(\Omega)}=1-\frac{23^2+22^2}{2\times 24^2}\approx 0.120\,7.$$

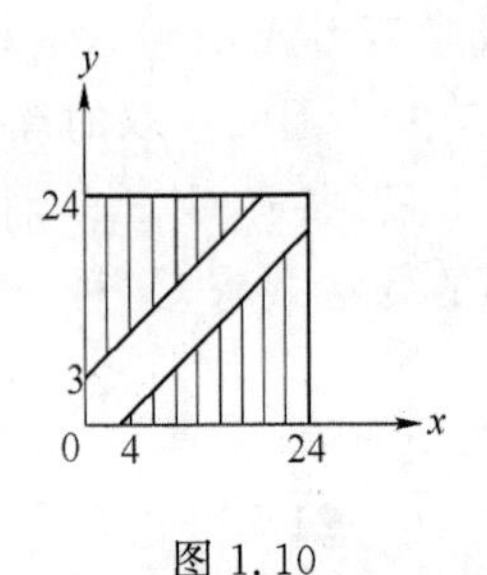

图 1.10

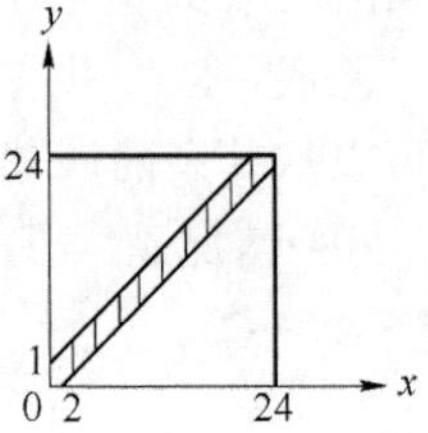

图 1.11

例 17 在线段 AC 上任取 3 个点 A_1,A_2,A_3,求下列事件的概率:

B_1:A_3 位于 A_1 与 A_2 之间;

B_2:AA_1,AA_2,AA_3 能构成一个三角形.

解:设线段 AC 的长为 l,样本空间为 $\Omega=\{(x,y,z)\mid 0\leqslant x,y,z\leqslant l\}$,其中 x,y,z 分别表示线段 AA_1,AA_2,AA_3 的长度,Ω 的体积 $L(\Omega)=l^3$.

事件 B_1 可表为 $B_1=\{(x,y,z)\mid(x,y,z)\in\Omega,0\leqslant x<y<z\leqslant l$ 或 $0\leqslant z<y<x\leqslant l\}$.
B_1 的体积 $L(B_1)=2\times\frac{1}{6}l^3=\frac{1}{3}l^3$(如图 1.12 所示).因此

$$P(B_1)=\frac{L(B_1)}{L(\Omega)}=\frac{1}{3}.$$

事件 B_2 可表为 $B_2=\{(x,y,z)\mid(x,y,z)\in\Omega,0<x<y+z$ 且 $0<y<x+z$ 且 $0<z<x+y\}$.B_2 的体积 $L(B_2)=l^3-3\times\frac{1}{6}l^3=\frac{1}{2}l^3$(如图 1.13 所示).因此

$$P(B_2)=\frac{L(B_2)}{L(\Omega)}=\frac{1}{2}.$$

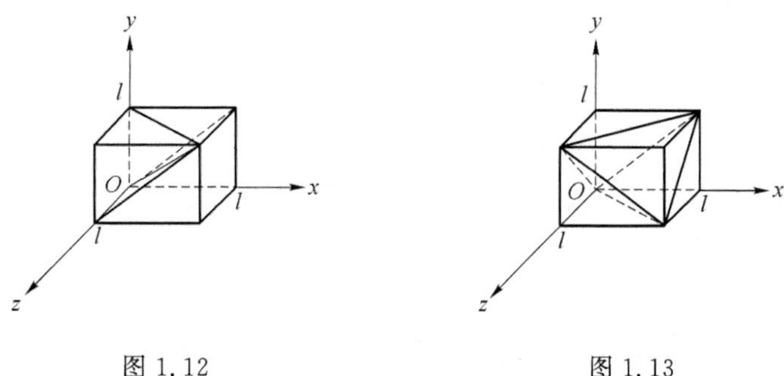

图 1.12　　　　图 1.13

例 18　一盒中有 4 件次品和 6 件正品. 在其中取 2 次，每次取 1 件作不放回抽取，若取得的第 1 件是正品，求第 2 件也是正品的概率.

解:这是求条件概率的问题. 设 $A_i(i=1,2)$ 表示第 i 取得正品，要求 $P(A_2|A_1)$.

方法 1:利用定义(1.3)式计算，因为是不放回地取两次，样本点总数为 P_{10}^2. A_1 所包含的样本点数为 6×9，A_1A_2 所包含的样本点数为 P_6^2，于是由古典概型概率的计算方法和(1.3)式有

$$P(A_2|A_1)=\frac{P(A_1A_2)}{P(A_1)}=\frac{\frac{\mathrm{P}_6^2}{\mathrm{P}_{10}^2}}{\frac{6\times9}{\mathrm{P}_{10}^2}}=\frac{30}{54}=\frac{5}{9}.$$

方法 2:在等可能试验中，当 A_1 发生后，在变化了的样本空间直接计算. 当 A_1 发生后，盒中还剩 9 件产品，其中 5 件正品，于是再取一件为正品的概率为$\frac{5}{9}$，即

$$P(A_2|A_1)=\frac{5}{9}.$$

例 19　设某种动物活到 10 岁的概率为 0.7，活到 20 岁的概率为 0.3. 若已知一该种动物活到了 10 岁，求活到 20 岁的概率.

解:这是求条件概率的问题. 设 A,B 分别表示该种动物活到 10 岁，活到 20 岁，要求 $P(B|A)$.

利用定义计算，$P(A)=0.7$，$B\subset A$，$P(AB)=P(B)=0.3$，于是由(1.3)式得

$$P(B|A)=\frac{P(AB)}{P(A)}=\frac{0.3}{0.7}=\frac{3}{7}.$$

例 20　在例 18 中，求下列事件的概率:(1)"取出的 2 件都是正品";(2)"取出的 2 件都是次品".

解:这是用乘法公式计算的问题.

(1) 设 $A_i(i=1,2)$ 表示第 i 件取得正品，要求 $P(A_1A_2)$. 容易算得

$$P(A_1)=\frac{3}{5},P(A_2|A_1)=\frac{5}{9},$$

于是由(1.4)式得

$$P(A_1A_2)=P(A_1)P(A_2|A_1)=\frac{3}{5}\times\frac{5}{9}=\frac{1}{3}.$$

(2) 要求 $P(\overline{A}_1\overline{A}_2)$，容易算得

$$P(\overline{A}_1)=\frac{2}{5},P(\overline{A}_2|\overline{A}_1)=\frac{1}{3},$$

于是由(1.4)式得

$$P(\overline{A}_1\overline{A}_2)=P(\overline{A}_1)P(\overline{A}_2|\overline{A}_1)=\frac{2}{5}\times\frac{1}{3}=\frac{2}{15}.$$

例 21 在某工厂中有甲、乙、丙三台机器生产同样的产品，它们的产量各占 25%、35%、40%，并且在各自的产品中，废品各占 5%、4%、2%，从产品中任取一件，求它是废品的概率. 若取出的是废品，分别求它是由甲、乙、丙机器生产的概率.

解: 令 A_1,A_2,A_3 分别表示"在产品中任取一件是甲、乙、丙生产的产品"，B 表示"在产品中任取一件为废品"，则由题设

$$P(A_1)=0.25,\quad P(A_2)=0.35,\quad P(A_3)=0.4,$$
$$P(B|A_1)=0.05,\quad P(B|A_2)=0.04,\quad P(B|A_3)=0.02,$$

由全概率公式((1.6)式)

$$P(B)=\sum_{k=1}^{3}P(A_k)P(B\mid A_k)=0.034\,5.$$

再由贝叶斯公式((1.7)式)

$$P(A_1|B)=\frac{P(A_1)P(B|A_1)}{P(B)}=\frac{25}{69},$$

$$P(A_2|B)=\frac{P(A_2)P(B|A_2)}{P(B)}=\frac{28}{69},$$

$$P(A_3|B)=\frac{P(A_3)P(B|A_3)}{P(B)}=\frac{16}{69}.$$

例 22 乒乓球盒中有 12 个球，其中 9 个是新球. 第一次比赛时任取 3 个使用，用后放回. 第二次比赛时再任取 3 个球，求此 3 个球全是新球的概率. 若第二次取出的 3 个球全是新球，求第一次取出使用的 3 个球也是新球的概率.

解: 令 A_i 表示"第一次取出的 3 个球中恰有 i 个新球，$i=0,1,2,3$，B 表示"第二次取出的 3 个球全是新球"，则

$$P(A_i)=\frac{C_9^iC_3^{3-i}}{C_{12}^3},i=0,1,2,3,$$

$$P(B|A_i)=\frac{C_{9-i}^3}{C_{12}^3},i=0,1,2,3,$$

由全概率公式

$$P(B)=\sum_{i=0}^{3}P(A_i)P(B\mid A_i)=\frac{\sum\limits_{i=0}^{3}C_9^iC_3^{3-i}C_{9-i}^3}{(C_{12}^3)^2}\approx 0.1458.$$

由贝叶斯公式

$$P(A_3\mid B)=\frac{P(A_3)P(B\mid A_3)}{P(B)}=\frac{5}{21}.$$

例 23 设有 5 个乒乓球,其中 3 个旧球,2 个新球.在其中有放回地取两次球,求下列事件的概率:

(1) 两次都取到新球;

(2) 第一次取到新球,第二次取到旧球;

(3) 至少有一次取到新球.

解:设 A_1,A_2 分别表示第 1,2 次取到新球.

(1) 要计算 $P(A_1A_2)$,可以直接算得

$$P(A_1)=\frac{2}{5},P(A_2)=\frac{2}{5},$$

由于是有放回地取两次球,两次取球相互独立,因而 A_1,A_2 独立,于是

$$P(A_1A_2)=P(A_1)P(A_2)=\frac{4}{25}.$$

(2) 要求 $P(A_1\overline{A_2})$,可以直接算得

$$P(A_1)=\frac{2}{5},\quad P(\overline{A_2})=\frac{3}{5},$$

又 $A_1,\overline{A_2}$ 独立,有

$$P(A_1\overline{A_2})=P(A_1)P(\overline{A_2})=\frac{6}{25}.$$

(3) 要求 $P(A_1\cup A_2)$.由于$\overline{A_1\cup A_2}=\overline{A_1}\,\overline{A_2}$,而$\overline{A_1},\overline{A_2}$ 独立,于是有

$$P(A_1\cup A_2)=1-P(\overline{A_1\cup A_2})=1-P(\overline{A_1})P(\overline{A_2})=1-\frac{3}{5}\times\frac{3}{5}=\frac{16}{25}.$$

例 24 一个工人看管三台机床,在一小时内,它们不需要工人照管的概率:第一台是 0.9,第二台是 0.8,第三台是 0.7,且各台机床是否需要工人照管是相互独立的,求在一小时内最多有一台机床需要工人照管的概率.

解:设 $A_i(i=1,2,3)$表示"第 i 台机床需要工人照管",B 表示"至多有一台机床需要工人照管",则有

$$B=\overline{A_1}\,\overline{A_2}\,\overline{A_3}\cup A_1\overline{A_2}\,\overline{A_3}\cup\overline{A_1}A_2\overline{A_3}\cup\overline{A_1}\,\overline{A_2}A_3,$$

且上面并中诸事件互不相容.

由题设

$$P(\overline{A_1})=0.9,\quad P(A_1)=0.1,$$

$$P(\overline{A_2})=0.8,\quad P(A_2)=0.2,$$

$$P(\overline{A}_3)=0.7, \quad P(A_3)=0.3,$$

由于$\overline{A}_1,\overline{A}_2,\overline{A}_3$相互独立，代入上面的概率值，有

$$\begin{aligned}P(B)&=P(\overline{A}_1\,\overline{A}_2\,\overline{A}_3)+P(A_1\,\overline{A}_2\,\overline{A}_3)+P(\overline{A}_1A_2\,\overline{A}_3)+P(\overline{A}_1\,\overline{A}_2A_3)\\&=P(\overline{A}_1)P(\overline{A}_2)P(\overline{A}_3)+P(A_1)P(\overline{A}_2)P(\overline{A}_3)+\\&\quad P(\overline{A}_1)\,P(A_2)P(\overline{A}_3)+P(\overline{A}_1)\,P(\overline{A}_2)P(A_3)=0.902.\end{aligned}$$

例 25 设有两门高射炮，每一门击中飞机的概率都是 0.6，求同时射击一发炮弹能击中飞机的概率. 若欲以 99%的概率击中飞机，问至少需要多少门高射炮同时射击？

解：令 A_i 表示“第 i 门炮击中飞机，$i=1,2,A$ 表示“飞机被击中”，则

$$P(A_1)=P(A_2)=0.6,$$

由一般加法公式和独立性得

$$\begin{aligned}P(A)&=P(A_1\cup A_2)=P(A_1)+P(A_2)-P(A_1\,A_2)\\&=P(A_1)+P(A_2)-P(A_1)P(A_2)=0.84.\end{aligned}$$

设有 n 门炮同时射击，令 A_i 表示“第 i 门炮击中”，$i=1,2,\cdots,n$，则飞机被击中的概率

$$\begin{aligned}P(A)&=1-P(\overline{A})=1-P(\overline{A}_1\overline{A}_2\cdots\overline{A}_n)\\&=1-P(\overline{A}_1)P(\overline{A}_2)\cdots P(\overline{A}_n)=1-0.6^n=0.99,\end{aligned}$$

解得 $n=9.02$，取整即得至少需要 10 门炮射击，才能以 99%的概率击中飞机.

例 26 设图 1.14 和图 1.15 中 A,B,C,D,E 表示继电器接点，假设每一继电器接点闭合的概率为 r，且各个继电器闭合与否相互独立，分别求下列二图中 L 至 R 为通路的概率.

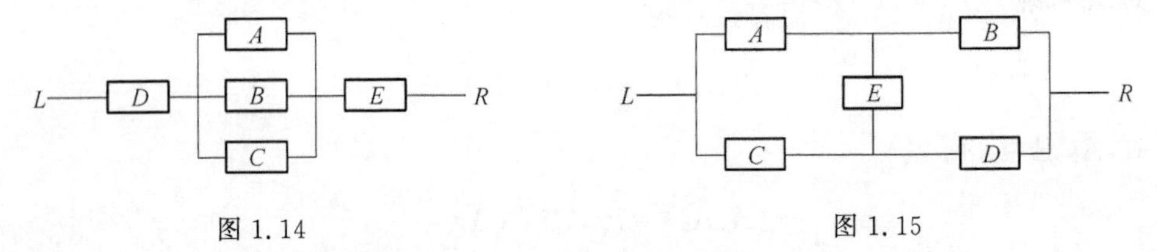

图 1.14　　　　图 1.15

解：设 A,B,C,D,E 分别表示相应继电器闭合，F 表示“L 至 R 为通路”. 如图 1.14 所示，

$$\begin{aligned}P(F)&=P[D(A\cup B\cup C)E]=P(ADE\cup BDE\cup CDE)\\&=P(ADE)+P(BDE)+P(CDE)-P(ABDE)-\\&\quad P(ACDE)-P(BCDE)+P(ABCDE)\\&=P(A)P(D)P(E)+P(B)P(D)P(E)+P(C)P(D)P(E)-P(A)P(B)P(D)P(E)-\\&\quad P(A)P(C)P(D)P(E)-P(B)P(C)P(D)P(E)+P(A)P(B)P(C)P(D)P(E)\\&=3r^3-3r^4+r^5.\end{aligned}$$

如图 1.15 所示，

$$\begin{aligned}P(F)&=P(AB\cup CD\cup AED\cup CEB)\\&=P(AB)+P(CD)+P(AED)+P(CEB)-\\&\quad P(ABCD)-P(ABDE)-P(ABCE)-P(ACDE)-P(BCDE)-\\&\quad P(ABCDE)+4P(ABCDE)-P(ABCDE)\\&=2r^2+2r^3-5r^4+2r^5.\end{aligned}$$

例 27 检查产品质量时，从其中连续抽查若干件.如果废品不超过 2 件，则认为这批产品合格而被接收.现有一大批产品，其废品率为 0.1.

(1) 若连续抽查 10 件，求这批产品被接收的概率；

(2) 为使这批产品被接收的概率不超过 0.9，应至少抽查多少件产品？

解：(1)在一大批产品中连续抽查 10 件，抽查一件只考虑是正品还是废品，可看成是 10 重贝努利试验.令 A 表示"抽到废品"，则 $P(A)=0.1$. B 表示"这批产品被接收"，由二项概率公式：

$$P(B)=\sum_{k=0}^{2}\mathrm{C}_{10}^{k}0.1^{k}0.9^{10-k}\approx 0.9298.$$

(2) 设连续抽查 n 件，问题化为求最小的 n，使得

$$P(B)=\sum_{k=0}^{2}\mathrm{C}_{n}^{k}0.1^{k}0.9^{n-k}\leqslant 0.9,$$

可以算得

$$\sum_{k=0}^{2}\mathrm{C}_{11}^{k}0.1^{k}0.9^{11-k}\approx 0.91,$$

$$\sum_{k=0}^{2}\mathrm{C}_{12}^{k}0.1^{k}0.9^{12-k}\approx 0.89,$$

可见应取 $n=12$.

例 28 保险公司为某年龄段的人设计一项人寿保险，投保人在 1 月 1 日向保险公司交纳保险费 10 元.一年内若投保人死亡家属向保险公司领取 5 000 元.已知在一年内该年龄段的人的死亡率为 0.000 5，

(1) 若有 10 000 人投保，求保险公司获利不少于 50 000 元的概率；

(2) 若有 7 000 人投保，求保险公司亏损的概率.

解：(1) 观察投保的 10 000 个人在一年内是否死亡，相当于做 10 000 次独立试验.设 A 表示事件"一投保人在一年内死亡"，则事件"10 000 个投保人中有 k 个人在一年内死亡"相当于"在 10 000 次独立试验中事件 A 出现 k 次"，因而可用二项概率公式计算其概率.这里 $n=10\,000$，$p=0.000\,5$，用 D_n^k 表示事件"10 000 个投保人中有 k 个人在一年内死亡"，用 B 表示事件"保险公司获利不少于 50 000 元"，为使 B 出现，一年内的死亡人数 k 应满足 $5\,000k\leqslant 100\,000-50\,000$，$k\leqslant 10$.因此 $B=\bigcup\limits_{k=0}^{10}D_n^k$.

$$P(B)=\sum_{k=0}^{10}P(D_n^k)=\sum_{k=0}^{10}\mathrm{C}_n^k p^k(1-p)^{n-k}.$$

由泊松定理，取 $\lambda=np=5$，并查泊松分布表，有

$$P(B)\approx\sum_{k=0}^{10}\frac{5^k}{k!}\mathrm{e}^{-5}=1-\sum_{k=11}^{\infty}\frac{5^k}{k!}\mathrm{e}^{-5}=1-0.013\,695\approx 0.986.$$

(2) 若有 7 000 个投保，用 C 表示事件"保险公司亏损".为使 C 出现，则一年内的死

亡人数 k 应满足 $70\,000-5\,000k<0, k>14$，因此 $C=\bigcup_{k=15}^{n} D_n^k$. 这里 $n=7\,000, p=0.000\,5$. 取 $\lambda=np=3.5$. 由泊松定理或(1.9)式有

$$P(C)=\sum_{k=15}^{7\,000} C_n^k p^k (1-p)^{n-k} \approx \sum_{k=15}^{\infty} \frac{3.5^k}{k\,!} e^{-3.5} = 0.000\,004 \approx 0.$$

例 29 为了设备正常工作，需要配备适量的维修工人. 现有同类型设备 300 台，各台工作是相互独立的，在一天内发生故障的概率都是 0.01. 在通常情况下一台设备故障需要一个人处理，而且用不了多长时间，问至少需配备多少名维修工人，才能保证当设备发生故障时不能及时维修的概率小于 0.01?

解：设需配备 N 名维修工人，则 N 是满足条件

$$P\{\text{“故障设备的台数”} n>N\}<0.01$$

的最小整数.

观察 300 台独立工作的设备，相当于作 300 次重复独立试验. 令 A 表示一台设备发生故障，则 $P(A)=0.01$，D_{300}^k 表示 300 台设备中有 k 台故障，且由(1.8)式，$P(D_{300}^k)=C_{300}^k (0.01)^k(0.99)^{300-k}$. 记 B 表示“发生故障的台数不超过 N”，

$$B=\bigcup_{k=0}^{N} D_{300}^k,$$

于是问题化为求最小的正整数 N，使得 $P(\overline{B})<0.01$.

这里 $n=300, p=0.01$，计算时可用泊松定理. 在(1.9)式中，取 $\lambda=np=300\times 0.01=3$. 于是有

$$\begin{aligned}
P(\overline{B}) &= 1-P(B)=1-P\left(\bigcup_{k=0}^{N} D_{300}^k\right) \\
&= 1-\sum_{k=0}^{N} C_{300}^k (0.01)^k (0.99)^{300-k} \approx 1-\sum_{k=0}^{N}\frac{3^k}{k\,!}e^{-3} \\
&= \sum_{k=N+1}^{\infty}\frac{3^k}{k\,!}e^{-3} < 0.01,
\end{aligned}$$

查泊松分布表得 $N+1\geqslant 9, N\geqslant 8$，取 $N=8$，即至少要配备 8 个维修工人可满足要求.

1.3.2 习题

1. 单项选择题

(1) 记录一个小班一次数学考试的平均分数(设以百分制记分)的样本空间为(　　).

A. $S=\{x: 0\leqslant x\leqslant 100\}$

B. $S=\{\frac{k}{n}: k=0,1,\cdots,100n,\}$($n$ 为小班人数)

C. $S=\{0,1,2,\cdots,100\}$

D. $S=\{x: 0\leqslant x\leqslant 100$，且 x 为有理数$\}$

(2) 设 A_1,A_2,A_3 为三个随机事件，用 A_1,A_2,A_3 表示事件“A_1,A_2,A_3 不都发生”的表示式为(　　).

A. $A_1\cup A_2\cup A_3$　　　　B. $\overline{A}_1\overline{A}_2\overline{A}_3$

C. $A_1A_2\cup A_1A_3\cup A_2A_3$　　　　D. $\overline{A_1A_2A_3}$

(3) 设 A_1,A_2,A_3 为三个随机事件，下列等式不正确的是(　　).

A. $A_1(A_2-A_3)=(A_1A_2)-(A_1A_3)$

B. $A_1\cup A_2=A_1A_2\cup(A_1-A_2)\cup(A_2-A_1)$

C. $(A_1A_2)(A_1\overline{A}_2)=\varnothing$

D. $(\overline{A_1\cup A_2})A_3=\overline{A}_1$

(4) 设 A_1,A_2,A_3 为三个随机事件，下列等式不正确的是(　　).

A. $P(A_1\cup A_2\cup A_3)=P(A_1\cup A_2)+P((\overline{A_1\cup A_2})A_3)$

B. $P(A_1\cup A_2\cup A_3)=P(A_1)+P(A_2)+P(A_3)-P(A_1A_2)-P(A_1A_3)-P(A_2A_3)$

C. $P(A_1\cup A_2\cup A_3)=P(A_1)+P(\overline{A}_1A_2)+P(\overline{A}_1\overline{A}_2A_3)$

D. $P(A_1\cup A_2\cup A_3)=P(A_1)+P(\overline{A}_1A_2)+P(\overline{A}_1A_3)-P(\overline{A}_1A_2A_3)$

(5) 袋中有 3 个白球和 4 个黑球，从袋中任取 4 个球，则取到 2 个白球及 2 个黑球的概率为(　　).

A. $\frac{5}{8}$　　　　B. $\frac{6}{7}$　　　　C. $\frac{9}{25}$　　　　D. $\frac{3}{8}$

(6) 将 4 个球任意地放入 3 个盒子中去，则只有一个盒子空着的概率为(　　).

A. $\frac{5}{9}$　　　　B. $\frac{1}{3}$　　　　C. $\frac{4}{9}$　　　　D. $\frac{14}{27}$

(7) 从 0,1,2,…,9 这 10 个数字中任取 1 个，假定每个数字都以 1/10 的概率被取到，取后放回，先后取了 6 个数字，则 6 个数字中至少有两个相同的概率为(　　).

A. 0.151 2　　　　B. 0.252 0　　　　C. 0.848 8　　　　D. 0.134 5

(8) 设 $P(\overline{A})=0.3,P(B)=0.4,P(A\overline{B})=0.5$，则 $P(A|A\cup\overline{B})=($　　$)$.

A. 0.24　　　　B. 0.45　　　　C. 0.35　　　　D. 0.875

(9) 设一口袋中有 6 个球，令 A_1,A_2,A_3 依次表示这 6 个球为 4 红 2 白、3 红 3 白、2 红 4 白，且已知 $P(A_1)=1/2$、$P(A_2)=1/4$、$P(A_3)=1/4$，从这口袋中任取一球，则取出的球是白球的概率为(　　).

A. $\frac{11}{24}$　　　　B. $\frac{17}{36}$　　　　C. $\frac{1}{9}$　　　　D. $\frac{1}{2}$

(10) 设每次射击的命中率为 0.2，则至少必须进行(　　)次独立射击才能使至少击中一次的概率不小于 0.9.

A. 11　　　　B. 9　　　　C. 15　　　　D. 2

(11) 设 $P(A)>0,P(A|B)=1$，则必有(　　).

A. $P(A\cup B)>P(A)$　　B. $P(A\cup B)>P(B)$

C. $P(A\cup B)=P(A)$　　D. $P(A\cup B)=P(B)$

(12) 某人向同一目标独立重复射击,每次射击命中目标的概率为 $p(0<p<1)$,则此人第 4 次射击恰好为第 2 次命中目标的概率为(　　).

A. $3p(1-p)^2$　　B. $6p(1-p)^2$

C. $3p^2(1-p)^2$　　D. $6p^2(1-p)^2$

(13) 在区间(0,1)中任取两个数,则这两个数的差的绝对值小于 1/3 的概率为(　　).

A. $\frac{3}{4}$　　B. $\frac{5}{8}$　　C. $\frac{5}{9}$　　D. $\frac{4}{9}$

(14) 设 A,B 相互独立,且 $P(\overline{A}\,\overline{B})=1/16$,$P(\overline{A}B)=P(A\overline{B})$,则 $P(A)=$(　　).

A. $\frac{3}{4}$　　B. $\frac{4}{5}$　　C. $\frac{5}{6}$　　D. $\frac{6}{7}$

(15) 某射击小组共有 20 名射手,其中一级射手 4 人,二级射手 8 人,三级射手 7 人,四级射手 1 人.一、二、三、四级射手能通过选拔进入比赛的概率分别为 0.9,0.7,0.5,0.2,则任选一名射手能通过选拔进入比赛的概率为(　　).

A. 0.564　　B. 0.465　　C. 0.456　　D. 0.645

2. 计算题和证明题

(1) 袋中有 4 张卡片,分别标有号码 1,2,3,4.写出下列随机试验的样本空间并计算样本点的总数:

① 从袋中不放回地先后抽取两张卡片,记录卡片上的数字;

② 从袋中有放回地先后抽取两张卡片,记录卡片上的数字;

③ 从袋中任意抽取两张卡片,记录卡片上的数字;

④ 从袋中不放回地一张接一张地抽取卡片,直到取出 1 号卡片为止,记录卡片上的数字.

(2) 写出下列随机试验的样本空间:

① 记录一个小班一次数学考试的平均分数(设以百分制记分);

② 10 件产品中有 3 件是次品,每次从其中任取一件,取后不放回,直至将 3 件次品都取出,记录取球的次数;

③ 一个小组有 A,B,C,D,E 共 5 个人,要选正负小组长各一人(一个人不得兼两个职务),记录选举的结果;

④ 有 A,B,C 3 个盒子,a,b,c 3 个球,将 3 个球放入 3 个盒子中去,使每个盒子放 1 个球,记录放球的结果.

(3) 表示下列随机试验的随机事件,并讨论它们之间的相互关系:

① 袋中有红、黄、白色球各 1 个,每次任取 1 个,有放回地取 3 次,观察取到的球的颜色.考虑事件“3 个都是红色的”,“颜色全同”,“颜色全不同”及“颜色不全同”.

② 记录北京每天的最高温度，考虑事件“最高温度超过 18 ℃”，“最高温度在 15 ℃到 16 ℃之间”及“最高温度不高于 18 ℃.

③ 甲、乙、丙三人同时向一敌机射击，观察射击的结果. 考虑事件“甲击中”，“甲、乙二人至少一人击中”，“敌机被击中”及“三人都没有击中”.

(4) 设 A,B,C 为三事件，用 A,B,C 的运算关系表示下列事件：

① A 发生，而 B 与 C 都不发生；

② A 发生，而 B 与 C 不都发生；

③ A,B,C 中不多于两个发生；

④ A,B,C 中至少有两个发生；

⑤ A,B,C 恰有两个发生.

(5) 把 1,2,3,4,5 诸数各写在一张卡片上，任取其三而排成自左到右的次序，问如此所得三位数是奇数的概率？

(6) 从一批由 45 件正品，5 件次品组成的产品中，任取 3 件产品，求其中恰有 1 件次品的概率.

(7) 将 3 个球随机地放入 4 个杯子中去(球和杯子都是可辨的)，求杯子中球的最大个数分别是 1、2、3 的概率.

(8) 将 n 个球随机地放入 n 个杯子中去(球和杯子都是可辨的)，求恰有一个杯子空着的概率.

(9) 5 个人从第一层进入一八层楼的电梯中，假定每人以相同的概率走出任一层(从第二层开始)，求 5 个人在不同层走出的概率.

(10) 某人有 5 把钥匙，但忘记了开门的是哪一把，逐把试开，问：

① 恰好第三次打开房门的概率是多少？

② 三次内打开房门的概率是多少？

③ 如 5 把中有 2 把房门钥匙，三次内打开房门的概率是多少？

(11) 从 1,2,…,10 共 10 个数字中任取一个，然后放回，先后取出 7 个数字，求下列事件的概率：

① 7 个数字全不相同；

② 不含 10 和 1；

③ 10 恰好出现两次.

(12) 在房间里有 4 个人，求至少有 2 人的生日是同一个月的概率.

(13) 从一副扑克的 52 张(王牌除外)中任取 4 张，求：

① 4 张牌的花色各不相同的概率；

② 4 张牌中恰有两张红桃两张黑桃的概率.

(14) 一中学共有 15 个班，每个班选出 3 个代表出席学生代表会议，从 45 名代表中任选 15 人组成学生会. 求下列事件的概率：

① 一年级(1)班在学生会有代表；

② 每个班在学生会都有代表.

(15) 设一个人的生日在星期几是等可能的，求 6 个人的生日都集中在一个星期的某两天但不是都在同天的概率.

(16) 把长为 1 的棒任意地折成 3 段，求下列事件的概率：

① 三小段的长度都不超过 $a(1/3\leqslant a\leqslant 1)$；

② 三小段构成一个三角形.

(17) 设 M 件产品中有 m 件废品，从中任取两件：

① 若已知在所取产品中有一件是废品，求另一件也是废品的概率；

② 若已知在所取产品中有一件是正品，求另一件是废品的概率.

(18) 口袋中装有 $2n-1$ 个白球，$2n$ 个黑球，一次取出 n 个球，发现都是同一颜色的球，求这些球是黑色球的概率.

(19) 掷三颗骰子，已知所得三个数都一样，求含有 1 点的概率.

(20) 一批产品中有 5 件一级品，3 件二级品，2 件废品. 每次任意取出一件，取出的产品不再放回去，如此继续下去，求取得二级品之前取得一级品的概率.

(21) 一批产品共 100 件，其中 5 件是次品. 抽样检查时，每次任取其中一件检查，如果是次品，就认为这批产品不合格而拒绝接受. 如果是合格品，则再抽查一件，检查过的产品不再放回去，如此继续进五次，如果检查五件产品都是合格品，就认为这批产品是合格的而接受. 求这批产品被接受的概率.

(22) 设在 1 000 个男人中有 5 个色盲者，而在 10 000 个女人中有 25 个色盲者. 如检查色盲的人中有 3 000 个男人，2 000 个女人，任意检查一个人，求此人是色盲者的概率. 若检查一人是色盲者，求此人是男人的概率.

(23) 某工厂生产的产品以 100 件为一批. 进行抽样检查时，在每批产品中抽取 10 件测试，如果发现其中有次品，就认为这批产品不合格. 假定每批产品中的次品不超过 4 件，而且次品数在 0～4 中是等可能的，求一批产品通过检查的概率. 若一批产品通过检查，求这批产品确实无次品的概率.

(24) 两批相同的产品，第一批有 12 件，第二批有 10 件，两批各有一件次品. 从第一批中任取一件混入第二批中，然后再从第二批中任取一件，求从第二批中取出次品的概率. 若从第二批中取出的是次品，求它是第一批中的次品的概率.

(25) 甲袋中有 3 个白球和 5 个黑球，乙袋中有 4 个白球和 2 个黑球. 今从甲袋中任取 4 个球放入乙袋，再从乙袋中任取一球，求取出白球的概率. 若从乙袋取出的是白球，求从甲袋取出放入乙袋的 4 个球中有 2 个白球和 2 个黑球的概率.

(26) 在第一台机器上加工的零件是合格品的概率是 0.9，在第二台机器上加工的零件是合格品的概率为 0.8. 已知第一台机器加工了 3 个零件，第二台机器加工了 2 个零件，求所有零件都是合格品的概率.

(27) 甲、乙二人同时对一目标进行射击,他们击中目标的概率分别为0.9,0.8,求目标被击中的概率.

(28) 设图1.16中A,B,C,D,E表示继电器接点.假设每一继电器接点闭合的概率为r,且各个继电器闭合与否相互独立,求图1.16中L至R为通路的概率.

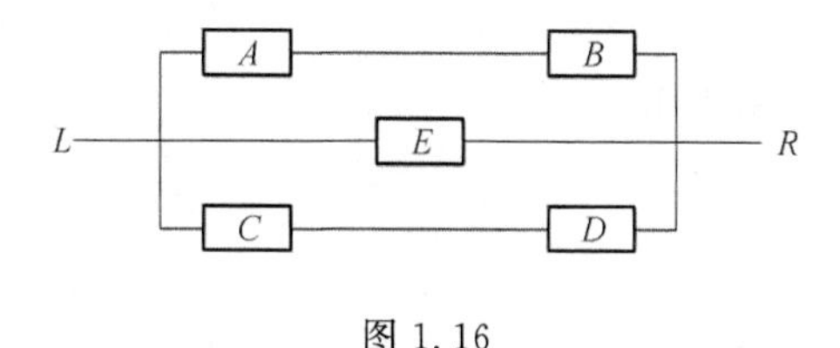

图1.16

(29) 一个工人看管12台独立工作的同一类型的机器,在一小时内每台机器需要工人维修的概率为1/3,求:

① 在一小时内有4台机器需要工人维修的概率;

② 在一小时内有3～5台机器需要工人维修的概率.

(30) 某射手在一次射击中的命中率为0.2,求在5次射击中至多击中3次的概率.

(31) 一纺织女工要照顾800个纱锭,在一小时内每个纱锭上发生断头的概率为0.005,求在一小时内发生断头的次数不超过10的概率(用泊松定理).

(32) 在可靠性试验中产品损坏的概率为0.05,试用泊松定理求:

① 若以100件为一批试验,求不超过2件损坏的概率;

② 为使一批产品经试验损坏的产品数不超过1件的概率小于0.1,问一批至多试验多少件产品?

1.4 B类例题和习题

1.4.1 例题

例1 从0,1,2,…,9这10个数字中任取一个.假定每个数字都以1/10的概率被取到,取后放回,先后取了4个数字.求下列事件的概率:

A_1:先后取出的4个排成一四位偶数;

A_2:4个数字中最大的是6;

A_3:4个数字的总和是20.

分析:样本点总数的计算应是10^4.事件A_1所包含的样本点是先后取出的4个数排成一4位偶数,即首位数字不为0,有9个取法,末位数字为一偶数,有5个取法,中间两个数字可以任取,有10^2个取法,取出的4个数字排成一4位偶数,所有可能不同的取法有$9\times10^2\times5$.事件A_2所包含的样本点是先后取出的4个数字中最大的是6,而从取出的4

个数字不超过 6 的样本点中去掉取出的 4 个数字不超过 5 的样本点，剩下的即是取出的 4 个数字最大数为 6 的样本点，这样的样本点共有 6^4-5^4 个. 事件 A_3 所包含的样本点是先后取出的 4 个数字的总和为 20. 相当于第 1,2,3,4 次取出的数字 i_1,i_2,i_3,i_4，满足 $\sum_{k=1}^{4} i_k = 20(0\leqslant i_k\leqslant 9)$. 而满足上式的样本点 (i_1,i_2,i_3,i_4) 的个数等于多项式 $(1+x+x^2+\cdots+x^9)^4$ 中 x^{20} 的系数. 这个系数可由(1.10)式得到

$$\begin{aligned}&(1+x+x^2+\cdots+x^9)^4=\left(\frac{1-x^{10}}{1-x}\right)^4=(1-x^{10})^4(1-x)^{-4}\\&=(1-\mathrm{C}_4^1x^{10}+\mathrm{C}_4^2x^{20}-\cdots)(1+\cdots+\mathrm{C}_{13}^{10}x^{10}+\cdots+\mathrm{C}_{23}^{20}x^{20}+\cdots)\end{aligned} \tag{1.10}$$

解：样本点的总数为 10^4.

事件 A_1 所包含的样本点的个数为 $9\times10^2\times5$. 因此

$$P(A_1)=\frac{9\times10^2\times5}{10^4}=\frac{9}{20}.$$

事件 A_2 所包含的样本点的个数为 6^4-5^4. 因此

$$P(A_2)=\frac{6^4-5^4}{10^4}=\frac{671}{10\,000}\approx0.067\,1$$

事件 A_3 所包含的样本点的个数是下列多项式 $(1+x+x^2+\cdots+x^9)^4$ 中 x^{20} 的系数. 为计算此系数可用幂级数展开式运算如下

$$\begin{aligned}&(1+x+x^2+\cdots+x^9)^4=\left(\frac{1-x^{10}}{1-x}\right)^4=(1-x^{10})^4(1-x)^{-4}\\&=(1-\mathrm{C}_4^1x^{10}+\mathrm{C}_4^2x^{20}-\cdots)(1+\cdots+\mathrm{C}_{13}^{10}x^{10}+\cdots+\mathrm{C}_{23}^{20}x^{20}+\cdots).\end{aligned}$$

可得 x^{20} 的系数为 $\mathrm{C}_{23}^{20}-\mathrm{C}_4^1\mathrm{C}_{13}^{10}+\mathrm{C}_4^2$. 因此

$$P(A_3)=\frac{\mathrm{C}_{23}^{20}-\mathrm{C}_4^1\mathrm{C}_{13}^{10}+\mathrm{C}_4^2}{10^4}=\frac{633}{10\,000}\approx0.063\,3.$$

例 2　从 n 双尺码不同的鞋子中任取 $2r(2r<n)$ 只，求下列事件的概率：

A_1：所取 $2r$ 只鞋子中只有 2 只成双；

A_2：所取 $2r$ 只鞋子中至少有 2 只成双；

A_3；所取 $2r$ 只鞋子恰成 r 双；

分析：从 $2n$ 只中任意取出的 $2r$ 只是没有先后顺序的，所以样本点的总数应当用组合公式计算. A_1 是 $2r$ 只中恰有 2 只配成一双，它所包含的样本点可通过下列 3 步来完成：先从 n 双中任取一双，再从剩下的 $n-1$ 双中任取 $2r-2$ 双，最后从取出的 $2r-2$ 双的每一双中任取 1 只，这样的样本点共有 $\mathrm{C}_n^1\mathrm{C}_{n-1}^{2r-2}2^{2r-2}$ 个，对 A_2，可考虑先计算 $P(\overline{A}_2)$，参照上面的分析方法，$\overline{A}_2$ 所包含的样本点的个数为 $\mathrm{C}_n^{2r}2^{2r}$，A_3 所包含的样本点是取出的 $2r$ 只恰好成 r 双，这样的样本点只需从 n 双中取出 r 双即可.

解：样本点的总数为 C_{2n}^{2r}.

A_1 所包含的样本点的个数为 $\mathrm{C}_n^1\mathrm{C}_{n-1}^{2(r-1)}2^{2(r-1)}$，因此

$$P(A_1)=\frac{C_n^1C_{n-1}^{2(r-1)}2^{2(r-1)}}{C_{2n}^{2r}}=\frac{n2^{2(r-1)}C_{n-1}^{2(r-1)}}{C_{2n}^{2r}}.$$

$\overline{A}_2$ 所包含的样本点的个数为 $C_n^{2r}2^{2r}$,因此 $P(\overline{A}_2)=\frac{C_n^{2r}2^{2r}}{C_{2n}^{2r}}$. 于是

$$P(A_2)=1-\frac{C_n^{2r}2^{2r}}{C_{2n}^{2r}}.$$

A_3 所包含的样本点的个数为 C_n^r,因此

$$P(A_3)=\frac{C_n^r}{C_{2n}^{2r}}.$$

例 3 将 n 个信封分别标号 $1,2,\cdots,n$,n 张信纸也同样标号,今将每张信纸任意地装入一个信封,求"没有一个配对"(配对是指一张信纸装入同样标号的信封)的概率 p_0,并求 $\lim\limits_{n\to\infty}p_0$.

分析:"没有一个配对"余事件是"至少有一个配对". 设 $A_i(i=1,2,\cdots,n)$ 表示"第 i 张信纸恰好装入第 i 个信封",于是"至少有一个配对"可表示为 $\bigcup\limits_{i=1}^{n}A_i$,其中 A_i 的概率可用古典概型概率的计算方法计算,事件 $\bigcup\limits_{i=1}^{n}A_i$ 的概率可用概率的一般加法公式计算. 在求极限时用到函数 e^x 的幂级数的展开式.

解:设 A 表示"没有一个配对",$A_i(i=1,2,\cdots,n)$ 表示"第 i 张信纸恰好装入第 i 个信封",则 $\overline{A}=\bigcup\limits_{i=1}^{n}A_i$.

古典概型概率的计算方法,可以算得

$$P(A_i)=\frac{(n-1)!}{n!}=\frac{1}{n},i=1,2,\cdots,n;$$

$$P(A_iA_j)=\frac{(n-2)!}{n!}=\frac{1}{n(n-1)},i<j=2,\cdots,n;$$

$$P(A_iA_jA_k)=\frac{(n-3)!}{n!}=\frac{1}{n(n-1)(n-2)},i<j<k=3,4,\cdots,n;$$

$$\vdots$$

$$P(A_1A_2\cdots A_n)=\frac{1}{n!}.$$

由概率的一般加法公式

$$\begin{aligned}P(\overline{A})&=P\left(\bigcup_{i=1}^{n}A_i\right)\\&=\sum_{i=1}^{n}P(A_i)-\sum_{i<j=2}^{n}P(A_iA_j)+\sum_{i<j<k=3}^{n}P(A_iA_jA_k)-\cdots+(-1)^{n-1}P(A_1A_2\cdots A_n)\\&=\frac{C_n^1}{n}-\frac{C_n^2}{n(n-1)}+\frac{C_n^3}{n(n-1)(n-2)}-\cdots+(-1)^{n-1}\frac{1}{n!}\\&=1-\frac{1}{2!}+\frac{1}{3!}-\cdots+(-1)^{n-1}\frac{1}{n!}=\sum_{i=1}^{n}\frac{(-1)^{i-1}}{i!}.\end{aligned}$$

于是得“没有配对的概率”，即

$$p_0 = P(A) = 1 - \sum_{i=1}^{n} \frac{(-1)^{i-1}}{i!} = \sum_{i=0}^{n} \frac{(-1)^i}{i!}.$$

在 e^x 的幂级数展开式中，令 $x=-1$，即有

$$\lim_{n\to\infty} p_0 = \lim_{n\to\infty} \sum_{i=0}^{n} \frac{(-1)^i}{i!} = \sum_{i=0}^{\infty} \frac{(-1)^i}{i!} = e^{-1}.$$

例 4 在圆周上任取两点，连接起来得一条弦，再任取两点，连接得另一条弦. 证明这两条弦相交的概率为$\frac{1}{3}$.

分析：设先取的两点为 A,B，后取的两点为 C,D. 若从 A 点算起，按顺时针方向沿圆周看去这 4 点依次为 $ACBD$ 或 $ADBC$，则两弦相交. 若记$\overset{\frown}{AC}$之长为 x，$\overset{\frown}{AB}$之长为 y，$\overset{\frown}{AD}$之长为 z，则样本空间为 $S=\{(x,y,z)\mid 0\leqslant x,y,z\leqslant l\}$，其中 $l=2\pi r$ 为圆周的长度. 两弦相交为事件$\{(x,y,z)\mid 0\leqslant x\leqslant y\leqslant z\leqslant l$ 或 $0\leqslant z\leqslant y\leqslant x\leqslant l\}\subset S$. 则用体积之比计算两弦相交的概率.

证：设先取的两点为 A,B，后取的两点为 C,D，若从 A 点算起，按顺时针方向沿圆周看去. 记$\overset{\frown}{AC}$之长为 x，$\overset{\frown}{AB}$之长为 y，$\overset{\frown}{AD}$之长为 z，则样本空间为 $S=\{(x,y,z)\mid 0\leqslant x,y,z\leqslant l\}$，其中 $l=2\pi r$ 为圆周的长度. 设 F 表示两弦相交，则 $F=\{(x,y,z)\mid 0\leqslant x\leqslant y\leqslant z\leqslant l$ 或$0\leqslant z\leqslant y\leqslant x\leqslant l\}\subset S$，则容易算得 S 和 F 的体积分别为

$$V_S=l^3,\quad V_F=2\times\frac{1}{3}\times\frac{1}{2}l^2\times l=\frac{1}{3}l^3,$$

因此 $P(F)=\frac{1}{3}$.

例 5 设一个家庭中有 n 个小孩的概率为

$$p_n=\begin{cases}\alpha p^n, & n\geqslant 1,\\ 1-\dfrac{\alpha p}{1-p}, & n=0,\end{cases}$$

这里 $0<p<1$，$0<\alpha<\frac{1-p}{p}$. 若认为生一个小孩为男孩或女孩是等可能的. 证明一个家庭有 $k(k\geqslant 1)$ 个男孩的概率为$\frac{2\alpha p^k}{(2-p)^{k+1}}$.

分析：一般认为生男孩生女孩是相互独立的. 因此如果一个家庭有 n 个小孩，其中有 k 个男孩，相当于作 n 次独立试验，“生男孩”这件事出现 k 次，可用二项概率公式表示此概率.“一个家庭有 k 个男孩”的概率，可用全概率公式计算. 在求和时，用到幂级数展开式
$\frac{2^{k+1}}{(2-p)^{k+1}} = \sum_{j=0}^{\infty} \frac{(j+k)!}{k!j!}\left(\frac{p}{2}\right)^j.$

证：令 $A_n(n=0,1,\cdots)$表示一个家庭中有 n 个小孩，$B_k(k=1,2,\cdots)$表示一个家庭中有 k 个男孩，则

$$P(A_n)=\alpha p_n,\quad n=1,2,\cdots,$$

$$P(B_k|A_n)=C_n^k\left(\frac{1}{2}\right)^n,\quad k=0,1,2,\cdots,n,$$

由全概率公式及幂级数展开式$\frac{2^{k+1}}{(2-p)^{k+1}}=\sum_{j=0}^{\infty}\frac{(j+k)!}{k!j!}\left(\frac{p}{2}\right)^j$,有

$$\begin{aligned}
P(B_k) &= \sum_{n=0}^{\infty}P(A_n)P(B_k\mid A_n)=\sum_{n=k}^{\infty}P(A_n)P(B_k\mid A_n)\\
&= \sum_{n=k}^{\infty}\alpha p^n C_n^k\left(\frac{1}{2}\right)^n\\
&= \alpha\sum_{n=k}^{\infty}\frac{n!}{k!(n-k)!}\left(\frac{p}{2}\right)^n(\text{令 } j=n-k)\\
&= \alpha\sum_{j=0}^{\infty}\frac{(j+k)!}{k!j!}\left(\frac{p}{2}\right)^{j+k}\\
&= \alpha\left(\frac{p}{2}\right)^k\sum_{j=0}^{\infty}\frac{(j+k)!}{k!j!}\left(\frac{p}{2}\right)j\\
&= \frac{2\alpha p^k}{(2-p)^{k+1}}.
\end{aligned}$$

例 6 构造适当的概率模型,证明下列等式($n\geqslant m\geqslant 1$):

$$1+\frac{n-m}{n}\cdot\frac{m+1}{m}+\frac{(n-m)(n-m-1)}{n^2}\cdot\frac{m+2}{m}+\cdots+\frac{(n-m)!}{n^{n-m}}\cdot\frac{n}{m}=\frac{n}{m}.$$

分析:两边同乘$\frac{m}{n}$,等式化为

$$\frac{m}{n}+\frac{n-m}{n}\cdot\frac{m+1}{n}+\frac{(n-m)}{n}\cdot\frac{(n-m-1)}{n}\cdot\frac{(m+2)}{n}+\cdots+\frac{(n-m)}{n}\cdot\frac{(n-m-1)}{n}\cdots\frac{2}{n}\cdot\frac{1}{n}=1.$$

从第一项$\frac{m}{n}$,可以看到这像一个袋中有 n 个球,其中有 m 个白球,$n-m$ 个黑球,任取一球为白球的概率. 从第二项$\frac{(n-m)}{n}\cdot\frac{(m+1)}{n}$看,好像是第一次取得黑球,第二次取得白球的概率. 不过第二个因子的分子为 $m+1$,应当是第一次取出黑球后要放入袋中一个白球,再取第二个球,以此取球模型分析其他各项是吻合的. 这一模型是设袋中有 m 个白球,$n-m$个黑球,从其中一次一次地取球. 如果取出的是黑球,就放入一个白球,直到取出白球为止. 在此模型中,迟早取到白球的概率为 1,这就是所要证明的等式.

证:两边乘$\frac{m}{n}$,将等式化为

$$\frac{m}{n}+\frac{n-m}{n}\cdot\frac{m+1}{n}+\frac{(n-m)}{n}\cdot\frac{(n-m-1)}{n}\cdot\frac{(m+2)}{n}+\cdots+\frac{(n-m)}{n}\cdot\frac{(n-m-1)}{n}\cdots\frac{2}{n}\cdot\frac{1}{n}=1.$$

设一袋中有 m 个白球，$n-m$ 个黑球，从其中一次一次地取球. 如果取出的是黑球，就放入一个白球，直到取得白球为止. 若用 $A_i(i=1,2,\cdots,n-m+1)$ 表示第 i 次才取得白球，则 $A_1,A_2,\cdots,A_{n-m+1}$ 互不相容，且 $A_1\cup A_2\cup\cdots\cup A_{n-m+1}=S$，因而 $P(A_1)+P(A_2)+\cdots+P(A_{n-m+1})=1$. 容易算得

$$P(A_1)=\frac{m}{n},$$

$$P(A_2)=\frac{n-m}{n}\cdot\frac{m+1}{n},$$

$$P(A_2)=\frac{n-m}{n}\cdot\frac{n-m-1}{n}\cdot\frac{m+2}{n},$$

$$\vdots$$

$$P(A_{n-m+1})=\frac{n-m}{n}\cdot\frac{n-m-1}{n}\cdots\frac{2}{n}\cdot\frac{1}{n}\cdot\frac{m+n-m}{n},$$

因而

$$\frac{m}{n}+\frac{n-m}{n}\cdot\frac{m+1}{n}+\frac{(n-m)}{n}\cdot\frac{(n-m-1)}{n}\cdot\frac{(m+2)}{n}+\cdots+\frac{(n-m)}{n}\cdot\frac{(n-m-1)}{n}\cdots\frac{2}{n}\cdot\frac{1}{n}=1.$$

例 7 将 n 个人任意地分到 N 间房中去，证明某指定的 $k(1\leqslant k\leqslant n)$ 房中都有人的概率为

$$\sum_{j=0}^{k}(-1)^j C_k^j\left(1-\frac{j}{N}\right)^n.$$

分析：直接计算事件“某指定的 k 间房有人”的概率比较难，计算它的逆事件的概率较容易. 它的计算可参考 A 类例题和习题中的例 8——分房问题.

证：设 A 表示事件“某指定的 k 间房中都有人”，则 $\overline{A}$ 表示“这 k 间房中至少有一间空着”. 若 $A_i(i=1,2,\cdots,k)$ 表示事件“指定的 k 间房中的第 i 间空着”，则 $\overline{A}=\bigcup\limits_{i=1}^{k}A_i$. 容易算得

$$P(A_i)=\frac{(N-1)^n}{N^n}=\left(1-\frac{1}{N}\right)^n,$$

$$P(A_iA_j)=\frac{(N-2)^n}{N^n}=\left(1-\frac{2}{N}\right)^n,$$

$$\vdots$$

$$P(A_1A_2\cdots A_k)=\frac{(N-k)^n}{N^n}=\left(1-\frac{k}{N}\right)^n,$$

由概率的一般加法公式

$$\begin{aligned}P(\overline{A})&=P\left(\bigcup_{i=1}^{k}A_i\right)\\&=\sum_{i=1}^{k}P(A_i)-\sum_{i<j=2}^{k}P(A_iA_j)+\sum_{i<j<k=3}^{n}P(A_iA_jA_k)-\cdots+(-1)^{k-1}P(A_1A_2\cdots A_k)\\&=C_k^1\left(1-\frac{1}{N}\right)^n-C_k^2\left(1-\frac{2}{N}\right)^n+C_k^3\left(1-\frac{3}{N}\right)^n-\cdots+(-1)^{k-1}C_k^k\left(1-\frac{k}{N}\right)^n,\end{aligned}$$

因而

$$\begin{aligned}P(A) &= 1-P(\overline{A}) \\ &= 1-\mathrm{C}_k^1\left(1-\frac{1}{N}\right)^n+\mathrm{C}_k^2\left(1-\frac{2}{N}\right)^n-\mathrm{C}_k^3\left(1-\frac{3}{N}\right)^n+\cdots+(-1)^k\mathrm{C}_k^k\left(1-\frac{k}{N}\right)^n \\ &= \sum_{j=0}^{k}(-1)^j\mathrm{C}_k^j\left(1-\frac{j}{N}\right)^n.\end{aligned}$$

例 8 甲、乙二人进行下棋比赛，假设每局甲胜的概率为 α，乙胜的概率为 β，$\alpha+\beta=1$，且在每局比赛中谁获胜谁得 1 分. 如果谁的积分多于对方 2 分，谁就获得全场的胜利. 分别求甲、乙二人获得全场胜利的概率.

分析：本例有下列两个特点：一是在一局比赛中，一方胜就意味着另一方负. 因此他们在一局中获胜的概率之和 $\alpha+\beta=1$；二是要求一方积分多于另一方 2 分才能获得全场胜利，因此必须比赛到偶数局一方才能获胜，而且最后获胜两局的一方获得全场胜利. 若用 A 表示“甲获得全场胜利”，A_i 表示“甲在第 i 场比赛中获胜”，则

$$\begin{aligned}A =\ & A_1A_2\cup A_1\overline{A}_2A_3A_4\cup\overline{A}_1A_2A_3A_4\cup \\ & A_1\overline{A}_2A_3\overline{A}_4A_5A_6\cup A_1\overline{A}_2\overline{A}_3A_4A_5A_6\cup\overline{A}_1A_2A_3\overline{A}_4A_5A_6\cup\overline{A}_1A_2\overline{A}_3A_4A_5A_5\cup\cdots,\end{aligned}$$

然后利用互不相容的加法公式和独立性计算 $P(A)$，类似可计算“乙获得全场胜利”的概率.

解：令 A，B 分别表示“甲获得全场胜利”、“乙获得全场胜利”，A_i，B_i 分别表示“甲第 i 局获胜”，“乙第 i 局获胜”. $i=1,2,\cdots$，则

$$\begin{aligned}A =\ & A_1A_2\cup A_1\overline{A}_2A_3A_4\cup\overline{A}_1A_2A_3A_4\cup \\ & A_1\overline{A}_2A_3\overline{A}_4A_5A_6\cup A_1\overline{A}_2\overline{A}_3A_4A_5A_6\cup\overline{A}_1A_2A_3\overline{A}_4A_5A_6\cup\overline{A}_1A_2\overline{A}_3A_4A_5A_6\cup\cdots,\end{aligned}\tag{1.11}$$

$$\begin{aligned}P(A)=\ & P(A_1)P(A_2)+P(A_1)P(\overline{A}_2)P(A_3)P(A_4)+P(\overline{A}_1)P(A_2)P(A_3)P(A_4)+ \\ & P(A_1)P(\overline{A}_2)P(A_3)P(\overline{A}_4)P(A_5)P(A_6)+P(A_1)P(\overline{A}_2)P(\overline{A}_3)P(A_4)P(A_5)P(A_6)+ \\ & P(\overline{A}_1)P(A_2)P(A_3)P(\overline{A}_4)P(A_5)P(A_6)+P(\overline{A}_1)P(A_2)P(\overline{A}_3)P(A_4)P(A_5)P(A_6)+\cdots \\ =\ & \alpha^2+2\alpha^3\beta+4\alpha^4\beta^2+\cdots=\frac{\alpha^2}{1-2\alpha\beta}=\frac{\alpha^2}{\alpha^2+\beta^2},\end{aligned}\tag{1.12}$$

将(1.11)、(1.12)式中的 A_i 换成 B_i，则可得

$$P(B)=\frac{\beta^2}{\alpha^2+\beta^2}.$$

例 9 设事件 A，B 独立，事件 C 满足：$AB\subset C$，$\overline{AB}\subset\overline{C}$. 证明

$$P(A)P(C)\leqslant P(AC).$$

分析：由条件 $\overline{A}\,\overline{B}\subset\overline{C}$ 可得 $C\subset A\cup B$，再考虑到条件 $AB\subset C$，于是 $AC=AB\cup\overline{B}C$，$C=(B-B\overline{C})\cup\overline{B}C$. 因此

$$P(AC)=P(AB)+P(\overline{B}C),\tag{1.13}$$

$$P(A)P(C)=P(A)[P(B)-P(B\overline{C})+P(\overline{B}C)]=P(A)P(B)+P(A)[P(\overline{B}C)-P(B\overline{C})]. \tag{1.14}$$

比较(1.13)式和(1.14)式，注意到 A,B 独立及

$$P(\overline{B}C)\geqslant P(A)[P(\overline{B}C)-P(B\overline{C})],$$

可见所要证的不等式成立.

证：由 $\overline{A}\,\overline{B}\subset\overline{C}$ 得 $C\subset A\cup B$，再考虑到 $AB\subset C$，有

$$AC=AB\cup\overline{B}C,\quad C=(B-B\overline{C})\cup\overline{B}C.$$

注意到 AB、$\overline{B}C$ 互不相容，$B-B\overline{C}$、$\overline{B}C$ 互不相容，$B\overline{C}\subset B$，有

$$P(AC)=P(AB)+P(\overline{B}C),$$

$$P(C)=P(B-B\overline{C})+P(\overline{B}C)=P(B)-P(B\overline{C})+P(\overline{B}C).$$

由于 A,B 独立.

$$P(AB)=P(A)P(B),P(\overline{B}C)\geqslant P(A)[P(\overline{B}C)-P(B\overline{C})].$$

有

$$P(AB)+P(\overline{B}C)\geqslant P(A)P(B)+P(A)[P(\overline{B}C)-P(B\overline{C})]=P(A)[P(B)-P(B\overline{C})+P(\overline{B}C)],$$

因此

$$P(AC)\geqslant P(A)P(C).$$

例 10 设在贝努利试验中，事件 A 出现的概率为 p，$0<p<1$. 将贝努利试验重复独立地一直做下去，称为可列贝努利试验. 证明在可列贝努利试验中，“事件 A 终将出现”的概率为 1.

分析：若用 A_n 表示“在第 n 次试验中事件 A 出现”$n=1,2,\cdots$，B 表示“事件 A 终将出现”，则 $B=\bigcup\limits_{n=1}^{\infty}A_n$. 将 B 化为 $B=A_1\cup\bigcup\limits_{n=2}^{\infty}\overline{A}_1\,\overline{A}_2\cdots\overline{A}_{n-1}A_n$，则可用概率的可加性计算 $P(B)$，也可以证明 $P(\overline{B})=0$. 由 $\overline{B}=\bigcap\limits_{n=1}^{\infty}\overline{A}_n$，有 $0\leqslant P(\overline{B})\leqslant P(\bigcap\limits_{k=1}^{n}\overline{A}_k)$，取极限得 $P(\overline{B})=0$.

证：方法 1 设 A_n 表示事件“在第 n 次试验中 A 出现”，$n=1,2,\cdots$，B 表示“事件 A 终将出现”，则 $B=\bigcup\limits_{n=1}^{\infty}A_n$. B 也可表示为

$$B=A_1\cup\overline{A}_1A_2\cup\overline{A}_1\,\overline{A}_2A_3\cup\cdots,$$

由概率的加法公式及独立性，得

$$P(B)=P(A_1)+P(\overline{A}_1A_2)+P(\overline{A}_1\,\overline{A}_2A_3)+\cdots=\sum_{n=1}^{\infty}pq^{n-1}=1,q=1-p.$$

方法 2 由 $\overline{B}=\bigcap\limits_{n=1}^{\infty}\overline{A}_n$，而 $\bigcap\limits_{n=1}^{\infty}\overline{A}_n\subset\bigcap\limits_{n=1}^{m}\overline{A}_n$，因而有

$$P(\overline{B})\leqslant P(\bigcap_{n=1}^{m}\overline{A}_n),$$

$$P(\overline{B})\leqslant q^m,$$

对任意正整数 m 成立，取极限得 $P(\overline{B})=0$，从而得 $P(B)=1$.

1.4.2 习题

1. 某地的电话号码由 6 个数字组成,每个数字可由 0,1,2,…,9 这 10 个数字中任取.设该地的电话用户已经饱和,求从该地的电话号码簿中任选一号码的最后四个号码的最大数字为 8 及最后 4 个数字之和为 15 的概率.

2. 将 n 个信封分别标号 $1,2,\cdots,n$,n 张信纸也同样标号.今任取 r 个信封,任取 r 张信纸,求恰有 $k(k\geqslant 2r-n)$个信封和信纸标号相同的概率.

3. 将 n 个信封分别标号 $1,2,\cdots,n$,n 张信纸也同样标号,今将每张信纸任意地装入一个信封,求"恰有 $r(r\leqslant n)$个配对"的概率.

4. 在线段 AB 上任取一点,该点将 AB 分成两段,求下列事件的概率:

(1) 事件 M_1"其中一段大于另一段的 $m(m\geqslant 1)$倍";

(2) 事件 M_2"其中每一段都小于另一段的 $m(m\geqslant 1)$倍".

5. 设一昆虫生 r 个的概率为$\dfrac{\lambda^r}{r!}e^{-\lambda}$($\lambda>0$ 为常数),一个卵孵化成虫的概率为 p,证明一昆虫下一代有 k 条虫的概率为$\dfrac{(\lambda p)^k}{k!}e^{-\lambda p}$.

6. 构造适当的概率模型证明下列等式($n\geqslant m\geqslant 1$):

$$1+\frac{n-m}{n-1}+\frac{(n-m)(n-m-1)}{(n-1)(n-2)}+\cdots+\frac{(n-m)\cdots 2\cdot 1}{(n-1)\cdots m}=\frac{n}{m}.$$

7. 将 n 个人任意地分到 $N(n\leqslant N)$间房中去,证明恰有 $m(N-n\leqslant m\leqslant N-1)$间房空着的概率为

$$C_N^m\sum_{j=0}^{N-m}(-1)^j C_{N-m}^j\left(1-\frac{m+j}{N}\right)^n;$$

8. 今有甲,乙两名射手,轮流对同一目标进行射击,甲命中的概率为 p_1,乙命中的概率为 p_2,甲先射,谁先命中谁得胜,分别求甲,乙二人获胜的概率.

9. 设 A,B,C 为三事件,$P(B)=k_1P(A)$,$P(C)=k_2P(A)$,$k_1,k_2>0$,$k_1+k_2>1$,$P(BC)\leqslant P(A)$,证明

$$P(A)\leqslant\frac{1}{k_1+k_2-1}.$$

10. 某人有两盒火柴,每盒有 n 根.每次用火柴时,他在两盒中任取一盒,并从其中抽出一根.求他用完一盒(即从这一盒中抽出最后一根),另一盒还有 r 根($r\leqslant n$)的概率,并由此证明等式:

$$\sum_{k=0}^{n-1}C_{n+k-1}^k\frac{1}{2^k}=2^{n-1}.$$

1.5 习题答案

1.5.1 A类习题答案

1. 单项选择题

(1) B. (2) D. (3) D. (4) B. (5) B. (6) D. (7) C. (8) D. (9) A. (10) A. (11) C. (12) C. (13) C. (14) A. (15) D.

2. 计算题和证明题

(1) ①若用(i,j)表示先后抽到标号为i,j的卡片,$S_1=\{(1,2),(1,3),(1,4),(2,1),(2,3),(2,4),(3,1),(3,2),(3,4),(4,1),(4,2),(4,3)\}$,样本点总数为$\mathrm{P}_4^2=12$;②若用$(i,j)$表示先后抽到标号为$i,j$的卡片,$S_2=\{(1,1),(1,2),(1,3),(1,4),(2,1),(2,2),(2,3),(2,4),(3,1),(3,2),(3,3),(3,4),(4,1),(4,2),(4,3),(4,4)\}$,样本点总数为$4^2=16$;③若用$(i,j)$表示抽得标号为$i,j$的卡片.$S_3=\{(1,2),(1,3),(1,4),(2,3),(2,4),(3,4)$样本点总数为$\mathrm{C}_4^2=6$;④若用(1)表示一次便抽得1号卡片,(3,4,1)表示先后抽得3、4、1号卡片,等.$S_4=\{(1),(2,1),(3,1),(4,1),(2,3,1),(2,4,1),(3,2,1),(3,4,1),(4,2,1),(4,3,1),(2,3,4,1),(2,4,3,1),(3,2,4,1),(3,4,2,1),(4,2,3,1),(4,3,2,1)\}$样本点总数为$1+\mathrm{P}_3^1+\mathrm{P}_3^2+\mathrm{P}_3^3=16$.

(2) ①$S=\{\frac{i}{n}:i=0,1,2,\cdots,100n,n$为小班人数$\}$;②$S=\{3,4,5,6,7,8,9,10\}$;③$(i,j$表示正组长是$i$,负组长是$j$,$S=\{(A,B),(B,A),(A,C),(C,A),(A,D),(D,A),(A,E),(E,A),(B,C),(C,B),(B,D),(D,B),(B,E),(E,B),(C,D),(D,C),(C,E),(E,C),(D,E),(E,D)\}$;④用$(i,j,k)$表示球$i,j,k$分别放入盒子$A,B,C$,$S=\{(a,b,c),(a,c,b),(b,a,c),(b,c,a),(c,a,b),(c,b,a)\}$.

(3) 设A,B,C,D依次表示题中的随机事件.①样本空间$S=\{(1,1,1),(1,1,2),\cdots,(3,3,3)\}$其中(1,1,2)表示依次取出的球是红色球,红色球,黄色球,其他样本点作类似解释,共$3^3=27$个样本点.$A=\{(1,1,1)\}$,$B=\{(1,1,1),(2,2,2),(3,3,3)\}$,$C=\{(1,2,3),(1,3,2),\cdots,(3,1,2)\}$共$\mathrm{P}_3^3=6$个样本点,$D=\{(1,1,2),(1,1,3),\cdots,(3,3,2)\}$共$27-3=24$个样本点.$A\subset B,C\subset D,AC=\varnothing,AD=\varnothing,BC=\varnothing,BD=\varnothing$,$B,D$互余.;②样本空间$S=\{t:T_1\leqslant t\leqslant T_2\}$,其中$T_1,T_2$分别表示最高温度的最小值和最大值.$A=\{t:18<t\leqslant T_2\}$,$B=\{t:15<t<16\}$,$C=\{t:T_1\leqslant t\leqslant 18\}$,$B\subset C,AB=\varnothing,AC=\varnothing$,$A,C$互余;③令0,1分别表示没有击中和击中,样本空间为$S=\{(0,0,0),(0,0,1),\cdots,(1,1,1)\}$,其中(0,0,1)表示甲没有击中,乙没有击中,丙击中,其他样本点有类似的解释,共有$2^3=8$个样本点.$A=\{(1,0,0),(1,1,0),(1,0,1),(1,1,1)\}$,$B=\{(1,0,0),(0,1,0),(1,1,0),(1,0,1),(0,1,$

1), (1,1,1)}, $C=\{(1,0,0),(1,1,0),\cdots,(1,1,1))$共 8−1=7 个样本点, $D=\{(0,0,0)\}$. $A\subset B, A\subset C, B\subset C, AD=\varnothing, BD=\varnothing, CD=\varnothing$, C,D 互余.

(4) ①$A\overline{B}\,\overline{C}$;②$A\overline{B}\cup A\overline{C}$或$A\,(\overline{BC})$;③$\overline{A}\cup\overline{B}\cup\overline{C}$或$\overline{ABC}$或$\overline{A}\,\overline{B}\,\overline{C}\cup A\overline{B}\,\overline{C}\cup\overline{A}B\overline{C}\cup\overline{A}\,\overline{B}C\cup AB\overline{C}\cup A\overline{B}C\cup\overline{A}BC$;④$AB\cup AC\cup BC$ 或 $AB\overline{C}\cup A\overline{B}C\cup\overline{A}BC\cup ABC$;⑤$AB\overline{C}\cup A\overline{B}C\cup\overline{A}BC$.

(5) $\frac{3}{5}$. (6) $\frac{99}{392}$. (7) $\frac{3}{8},\frac{9}{16},\frac{1}{16}$. (8) $\frac{C_n^2(n-1)!}{n^n-1}$. (9) 0.149 9. (10) ①$\frac{1}{5}$;②$\frac{3}{5}$;③$\frac{9}{10}$. (11) ①$\frac{10!}{10^7\times 3!}$;②$\frac{8^7}{10^7}$;③$\frac{C_7^2\times 9^5}{10^7}$. (12) 0.427. (13) ①0.105 5;②0.022 5. (14)①0.714;②0.000 04.

(15) $\frac{C_7^2(2^6-2)}{7^6}$.

(16) ①$p=\begin{cases}2(3a-1)^2, & \frac{1}{3}\leqslant a\leqslant\frac{1}{2},\\ 1-6(1-a)^2, & \frac{1}{2}\leqslant a\leqslant 1;\end{cases}$ ②$\frac{1}{4}$. (17) ①$\frac{m-1}{2M-m-1}$;②$\frac{2m}{M+m-1}$. (18) $\frac{2}{3}$.

(19) $\frac{1}{6}$. (20) $\frac{5}{8}$. (21) 0.77. (22) 0.004, 0.75. (23) 0.818, 0.244 7. (24) 0.098 5, 0.153 8. (25) 0.55, 0.467 5. (26) 0.466 6. (27) 0.98. (28) $2r^2+r-2r^3-r^4+r^5$. (29) ① 0.238 4;② 0.641 2. (30) 0.993 3. (31) 0.997 2. (32) ① 0.124 7;② 80.

1.5.2 B类习题答案

1. 0.169 5;0.059 2.
2. $\frac{C_n^k C_{n-k}^{r-k} C_{n-r}^{r-k}}{C_n^r C_n^r}$.
3. $\frac{1}{r!}\sum_{i=0}^{n-r}\frac{(-1)^i}{i!}$.
4. (1) $\frac{2}{m+1}$;(2) $\frac{m-1}{m+1}$.
5. 证明略.
6. 仿例 6,但不放入黑球.
7. 证明略.
8. $\frac{p_1}{p_1+p_2-p_1p_2}$;$\frac{(1-p_1)p_2}{p_1+p_2-p_1p_2}$.
9. 证明略.
10. 一盒用完,另一盒还剩 r 根的概率为 $C_{2n-r-1}^{n-r}\frac{1}{2n-r-1}$.

第2章 随机变量及其分布

2.1 内容提要

2.1.1 随机变量及其分布函数

1. 随机变量

设随机试验E的样本空间为$S=\{e\}$，$X(e)$是定义在S上的单值实函数，且对任一$x\in(-\infty,+\infty)$，$\{x|X(e)\leqslant x\}$为一事件，则称$X(e)$为S上的随机变量，有时简记$X(e)$为X.

对于一随机变量，重要的是弄清它的取值范围以及它取值的概率规律.

2. 分布函数

设$X(e)$是S上的随机变量，对任意实数x，称函数

$$F(x)=P\{e|X(e)\leqslant x\}$$

为X的分布函数.

分布函数$F(x)$的意义有两个解释：

(1) $F(x)$的函数值表示事件$\{e|X(e)\leqslant x\}$的概率.

(2) $F(x)$的函数值的几何意义是表示X的取值落在无穷区间$(-\infty,x]$内的概率(如图2.1所示).

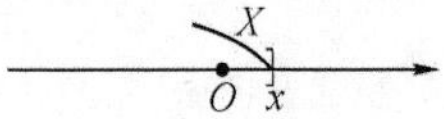

X
O x

图2.1

这里要注意的是：一般$F(x)\neq P\{X=x\}$，对于初学者容易混淆这一点.

分布函数$F(x)$有下列性质：

(1) $F(x)$单调不减：如果$x_1<x_2$，则有$F(x_1)\leqslant F(x_2)$；

(2) $0\leqslant F(x)\leqslant 1$，且

$$F(-\infty)=\lim_{x\to-\infty}F(x)=0,$$

$$F(+\infty)=\lim_{x\to+\infty}F(x)=1;$$

(3) $F(x)$右连续:对任意 x,有 $F(x)=F(x+0)$.

用分布函数可表达下列重要事件的概率:

设 X 的分布函数为 $F(x)$,则

(1) $P\{X\leqslant a\}=F(a)$;

(2) $P\{a<X\leqslant b\}=F(b)-F(a)$;

(3) $P\{X=a\}=F(a)-F(a-0)$;

(4) $P\{X<a\}=F(a-0)$;

(5) $P\{X>a\}=1-F(a)$;

(6) $P\{X\geqslant a\}=1-F(a-0)$.

2.1.2 离散型随机变量

1. 离散型随机变量及其分布律

如果随机变量 X 所有可能的取值只有有限多个或可列多个,则称 X 为离散型随机变量.

如果离散型随机变量 X 所有可能的取值为 $x_1,x_2,\cdots$,则称

$$P\{X=x_k\}=p_k,k=1,2,\cdots, \tag{2.1}$$

或

X	x_1	x_2	$\cdots$	x_k	$\cdots$
P	p_1	p_2	$\cdots$	p_k	$\cdots$

为 X 的分布律.

此时 X 的分布函数 $F(x)$可表示为

$$F(x)=\sum_{x_k\leqslant x}p_k,$$

而且

$$P\{X=x_k\}=F(x_k)-F(x_k-0),k=1,2\cdots.$$

分布律的性质 分布律(2.1)满足:

(1) $p_k\geqslant 0$;

(2) $\sum_k p_k=1$.

2. 常用离散型分布

(1) **(0-1)分布** 如果随机变量 X 的分布律为

X	1	0
P	p	$1-p$

,

则称 X 服从(0-1)分布，记为 $X\sim(0\text{-}1)$分布.

(2) **二项分布** 如果随机变量 X 的分布律为

$$P\{X=k\}=C_n^k p^k q^{n-k}, k=0,1,\cdots,n, \quad 0<p<1, q=1-p,$$

则称 X 服从参数为 n,p 的二项分布，记为 $X\sim b(n,p)$.

当 $n=1$ 时，二项分布化为(0-1)分布.

若在 n 重贝努利试验中，X 表示事件 A 出现的次数，则 $X\sim b(n,p)$.

(3) **泊松分布** 如果随机变量 X 的分布律为

$$P\{X=k\}=\frac{\lambda^k}{k!}e^{-\lambda}, k=0,1,\cdots, \lambda>0 \text{ 为常数},$$

则称 X 服从参数为 λ 的泊松分布，记为 $X\sim\pi(\lambda)$.

2.1.3 连续型随机变量

1. 连续型随机变量及其概率密度

设随机变量 X 的分布函数为 $F(x)$，如果存在非负可积函数 $f(x)$，使对任意 x，有

$$F(x)=\int_{-\infty}^{x} f(x)\mathrm{d}x, \tag{2.2}$$

则称 X 为连续型随机变量，并称 $f(x)$ 为 X 的概率密度.

概率密度的性质 如果随机变量 X 的分布函数为 $F(x)$，概率密度为 $f(x)$，则有：

(1) $f(x)\geqslant 0$.

(2) $\int_{-\infty}^{+\infty} f(x)\mathrm{d}x=1$.

(3) 若 x 是 $f(x)$ 的连续点，有 $F'(x)=f(x)$.

(4) 对任意 $x_1<x_2$，有

$$P\{x_1<X<x_2\}=\int_{x_1}^{x_2} f(x)\mathrm{d}x.$$

性质(2)常用来求 $f(x)$ 中的未知常数. 当已知分布函数 $F(x)$ 时，用性质(3)求概率密度 $f(x)$. 性质(4)用来求概率 $P\{x_1<X<x_2\}$，已知 $f(x)$，求 $F(x)$ 用(2.2)式.

2. 常用连续型分布

(1) **均匀分布** 如果随机变量 X 的概率密度为

$$f(x)=\begin{cases}\dfrac{1}{b-a}, & a<x<b,\\ 0, & \text{其他}.\end{cases}$$

则称 X 在 (a,b) 上服从均匀分布，记为 $X\sim U(a,b)$.

(2) **正态分布** 如果随机变量 X 的概率密度为

$$f(x)=\frac{1}{\sqrt{2\pi}\sigma}e^{-\frac{(x-\mu)^2}{2\sigma^2}},$$

则称 X 服从参数为 μ,σ^2 的正态分布，记为 $X\sim N(\mu,\sigma^2)$.

标准正态分布 $N(0,1)$ 的概率密度为

$$\varphi(x)=\frac{1}{\sqrt{2\pi}}\mathrm{e}^{-\frac{x^2}{2}},$$

分布函数为

$$\Phi(x)=\frac{1}{\sqrt{2\pi}}\int_{-\infty}^{x}\mathrm{e}^{-\frac{x^2}{2}}\mathrm{d}x,$$

$N(\mu,\sigma^2)$ 正态分布函数 $F(x)$ 与 $N(0,1)$ 的分布函数 $\Phi(x)$ 有关系

$$F(x)=\Phi\left(\frac{x-\mu}{\sigma}\right).$$

(3) **指数分布**　如果随机变量 X 的概率密度为

$$f(x)=\begin{cases}\lambda\mathrm{e}^{-\lambda x}, & x>0,\\ 0 & x\leqslant 0,\end{cases}\lambda>0 \text{ 为常数},$$

则称 X 服从参数为 λ 的指数分布.

2.1.4　随机变量函数的分布

问题:设 X 为一随机变量,分布已知,又 $Y=g(X)$,这里 $y=g(x)$ 为已知连续函数,求随机变量 Y 的分布.

1. Y 的分布函数

$$F_Y(y)=P\{Y\leqslant y\}=P\{g(X)\leqslant y\}=P\{X\in\{x\mid g(x)\leqslant y\}\}.$$

2. 离散型随机变量函数的分布

设 X 为离散型随机变量,分布律为 $P\{X=x_k\}=p_k,k=1,2,\cdots$,且当 $g(x)$ 的定义域为 $\{x_k\mid k=1,2,\cdots\}$ 时,$g(x)$ 的值域为 $\{y_i\mid i=1,2,\cdots\}$,则 Y 的分布律为

$$\begin{aligned}P\{Y=y_i\}&=P\{g(X)=y_i\}=P\{X\in\{x_k\mid g(x_k)=y_i\}\}\\&=P\left(\bigcup_{g(x_k)=y_i}\{X=x_k\}\right)=\sum_{g(x_k)=y_i}p_k,i=1,2,\cdots,\end{aligned}$$

其中 $\sum\limits_{g(x_k)=y_i}p_k$ 表示对使得 $g(x_k)=y_i$ 的一切 x_k 所对应的 p_k 求和.

3. 连续型随机变量函数的分布

设连续型随机变量 X 的概率密度为 $f_X(x)$,$Y=g(X)$,求 Y 的概率密度 $f_Y(y)$.

(1) 一般方法

先求 Y 的分布函数 $F_Y(y)$,再求 Y 的概率密度 $f_Y(y)$.

关键步骤:

$$F_Y(y)=P\{g(X)\leqslant y\}=\int_{g(x)\leqslant y}f_X(x)\mathrm{d}x. \tag{2.3}$$

利用 $F_Y(y)$ 求导可得 $f_Y(y)$.

(2) 特殊方法

设 X 的概率密度为 $f_X(x)(-\infty<x<+\infty)$，函数 $y=g(x)$处处可导，且恒有 $g'(x)>0$(或恒有 $g'(x)<0$)，则 $Y=g(X)$是连续型随机变量，且其概率密度为

$$f_Y(y)\begin{cases}f_X(h(y))|h'(y)|, & \alpha<y<\beta,\\ 0, & \text{其他},\end{cases} \tag{2.4}$$

其中 $x=h(y)$是 $y=g(x)$的反函数，

$$\alpha=\min\{g(-\infty),g(+\infty)\},\beta=\max\{g(-\infty),g(+\infty)\}. \tag{2.5}$$

设 X 的概率密度 $f_X(x)$在(a,b)之外为零，函数 $y=g(x)$在(a,b)内处处可导且恒有 $g'(x)>0$(或恒有 $g'(x)<0$)，则 $Y=g(X)$是连续型随机变量，且其概率密度为

$$f_Y(y)=\begin{cases}f_X(h(y))|h'(y)|, & \alpha<y<\beta,\\ 0, & \text{其他},\end{cases} \tag{2.6}$$

其中 $x=h(y)$是 $y=g(x)$在(a,b)内的反函数，

$$\alpha=\min\{g(a),g(b)\},\beta=\max\{g(a),g(b)\}. \tag{2.7}$$

2.2 要　求

1. 理解随机变量及其分布的概念.

2. 理解离散型随机变量的分布律的定义和性质. 会求简单离散型随机变量的分布律和分布函数，熟练掌握(0-1)分布、二项分布和泊松分布的分布律和产生的背景.

3. 理解连续型随机变量的概率密度的定义和性质. 已知简单连续型随机变量的概率密度. 会求它的分布函数；反之，已知它的分布函数，会求它的概率密度. 熟练掌握均匀分布、正态分布和指数分布的概率密度和分布函数.

4. 会求简单离散型随机变量的函数的分布律；会求连续型随机变量的简单函数的概率密度和分布函数. 熟练掌握当 $g(x)$为单调函数时，求 $Y=g(X)$的概率密度的方法.

5. 记住结论：若 $X\sim N(\mu,\sigma^2)$，则 $Y=aX+b\sim N(a\mu+b,a^2\sigma^2)$，$a\neq0$.

2.3 A类例题和习题

2.3.1 例题

例1 某同学计算得一离散型随机变量的分布律为

X	1	2	3
P	$\frac{1}{2}$	$\frac{1}{4}$	$\frac{1}{2}$

，试说明该同学的计算结果是否正确.

解：一个离散型随机变量的分布律必须满足相应的性质(1)和(2). 如果有一条不满

足，则它不能是一离散型随机变量的分布函数. 这里，由于

$$p_1+p_2+p_3=\frac{1}{2}+\frac{1}{4}+\frac{1}{2}=\frac{5}{4}>1$$

不满足分布律的性质(2)，因此它的计算结果不对.

例 2 某同学求得一离散型随机变量的分布函数为

$$F(x)=\begin{cases}0, & x<1,\\ \frac{1}{3}, & 1\leqslant x\leqslant 2,\\ \frac{2}{3}, & 2<x<3,\\ 1, & x\geqslant 3,\end{cases}$$

试说明他的计算结果是否正确.

解：随机变量的分布函数，必须满足相应的性质(1)～(3). 这里 $x=2$ 是 $F(x)$ 的间断点. 由于

$$F(2+0)=\lim_{x\to 2+0}F(x)=\frac{2}{3}\neq F(2),$$

$$F(2-0)=\lim_{x\to 2-0}F(x)=\frac{1}{3}=F(2),$$

所以 $F(x)$ 在 $x=2$ 处左连续. 不具备分布函数的性质(3). 这说明他的计算结果是错误的.

例 3 甲、乙二人计算一连续型随机变量的概率密度结果分别为

$$f_1(x)=\begin{cases}\frac{1}{2}\cos x, & 0<x<\pi,\\ 0, & \text{其他},\end{cases}$$

$$f_2(x)=\begin{cases}\cos x, & -\frac{\pi}{2}<x<\frac{\pi}{2},\\ 0, & \text{其他},\end{cases}$$

试说明他们的计算结果是否正确.

解：由于连续型随机变量的概率密度 $f(x)$ 必须同时具备性质(1)和(2)，如果有一条不具备，它就不能是连续型随机变量的概率密度. 这里，由于在区间 $\left(\frac{\pi}{2},\pi\right]$ 上，$\cos x<0$. $f_1(x)$ 不具备概率密度的性质(1)，故甲的计算结果是错误的.

由于

$$\int_{-\infty}^{+\infty}f_2(x)\mathrm{d}x=\int_{-\frac{\pi}{2}}^{\frac{\pi}{2}}\cos x\mathrm{d}x=2\neq 1,$$

$f_2(x)$ 不具备概率密度的性质(2)，故乙的计算结果也是错误的.

例 4 某同学计算一连续型随机变量的分布函数得结果为

$$F(x)=\begin{cases}0, & x<0,\\ \sin x, & 0\leqslant x<\dfrac{\pi}{4},\\ x, & \dfrac{\pi}{4}\leqslant x<1,\\ 1, & x\geqslant 1,\end{cases}$$

试说明他的计算结果是否正确.

解:连续型随机变量的分布函数除具备一般分布函数的性质(1)～(3)外,还具备另一条性质,这就是它必须是自变量的连续函数.如果不具备这一条,它就不能是连续型随机变量的分布函数.这里,由于

$$F\left(\frac{\pi}{4}-0\right)=\lim_{x\to\frac{\pi}{4}-0}F(x)=\frac{\sqrt{2}}{2}\neq\frac{\pi}{4}=F\left(\frac{\pi}{4}\right),$$

故 $F(x)$ 在 $x=\dfrac{\pi}{4}$ 处间断,$F(x)$ 不是 x 的连续函数,因此它不能是连续型随机变量的分布函数.

例 5 在下列情况下,函数 $F(x)=\dfrac{1}{1+x^2}$ 是不是某个随机变量的分布函数?

(1) $-\infty<x<+\infty$;(2) $0<x<+\infty$. 在其他场合适当定义;(3) $-\infty<x<0$. 在其他场合适当定义.

解:(1) 由于

$$\lim_{x\to+\infty}\frac{1}{1+x^2}=0,$$

已知函数 $\dfrac{1}{1+x^2}$ 在 $-\infty<x<+\infty$ 上不满足分布函数的性质(2),因此它不能是一随机变量的分布函数.

(2) 由于与(1)同样的理由知对情况(2),它不能是一随机变量的分布函数.

(3) 由于函数 $\dfrac{1}{1+x^2}$ 在 $-\infty<x<0$ 上,满足

① 对 x 单调增;

② $0<\dfrac{1}{1+x^2}<1$,且 $\displaystyle\lim_{x\to-\infty}\frac{1}{1+x^2}=0$;

③ 是 x 的连续函数.

可见如果定义

$$F(x)=\begin{cases}\dfrac{1}{1+x^2}, & -\infty<x<0,\\ 1, & x\geqslant 0,\end{cases}$$

则 $F(x)$ 满足分布函数的性质(1)～(3).因此在情况(3)它可以是一随机变量的分布函数.

例 6　函数 $\ln x$ 能否是某一连续型随机变量 X 的概率密度？如果 X 的取值范围为 (1) $(0,+\infty)$；　(2) $[1,\mathrm{e}]$；　(3) $[1,2]$.

解:(1) 由于当 $0<x<1$ 时，$\ln x<0$. 故它不能是 X 的概率密度.

(2) 由于①当 $1\leqslant x\leqslant \mathrm{e}$ 时，$\ln x\geqslant 0$. ②$\int_1^{\mathrm{e}}\ln x\mathrm{d}x=(x\ln x-x)_1^{\mathrm{e}}=1$. 若定义

$$f(x)=\begin{cases}\ln x, & 1\leqslant x\leqslant \mathrm{e},\\ 0, & 其他,\end{cases}$$

则它可以是一连续型随机变量 X 的概率密度.

(3) 虽然在 $[1,2]$ 上 $\ln x\geqslant 0$，但 $\int_1^2\ln x\mathrm{d}x=(x\ln x-x)_1^2=2\ln 2-1<1$，故它不能是 X 的概率密度.

例 7　设随机变量 X 所有可能的取值为 1,2,3,4，且 $P\{\xi=k\}$ 与 k 成反比，即

$$P\{\xi=k\}=\frac{c}{k},k=1,2,3,4,$$

(1) 求常数 c.

(2) 求 X 的分布函数.

解:由离散型随机变量的分布律的性质(2)，

$$\sum_{k=1}^{4}\frac{c}{k}=c\sum_{k=1}^{4}\frac{1}{k}=\frac{25}{12}c=1,$$

可得 $c=\frac{12}{25}$. X 的分布律为

X	1	2	3	4
P	$\frac{12}{25}$	$\frac{6}{25}$	$\frac{4}{25}$	$\frac{3}{25}$

(2) 由(2.8)式

$$P\{X\leqslant x\}=\begin{cases}0, & x<1,\\ \frac{12}{25}, & 1\leqslant x<2,\\ \frac{12}{25}+\frac{6}{25}, & 2\leqslant x<3,\\ \frac{12}{25}+\frac{6}{25}+\frac{4}{25}, & 3\leqslant x<4,\\ \frac{12}{25}+\frac{6}{25}+\frac{4}{25}+\frac{3}{15}, & x\geqslant 4,\end{cases}\tag{2.8}$$

可见 X 的分布函数

$$F(x)=\begin{cases}0, & x<1,\\ \dfrac{12}{25}, & 1\leqslant x<2,\\ \dfrac{18}{25}, & 2\leqslant x<3,\\ \dfrac{22}{25}, & 3\leqslant x<4,\\ 1, & x\geqslant 4.\end{cases}$$

例 8 若某射手有 5 发子弹,射一弹命中的概率为 0.8,如果击中了就停止射击,如果击不中就一直射到子弹用尽,求停止射击时所用掉的子弹数 X 的分布律.

解:X 所有可能的取值为 1,2,3,4,5.设 A_k 表示第 k 次射击时击中,$k=1,2,3,4,5$.显然 A_1,A_2,A_3,A_4,A_5 相互独立,则

$$P\{X=1\}=P(A_1)=0.8,$$

$$P\{X=2\}=P(\overline{A}_1A_2)=P(\overline{A}_1)P(A_2)=0.2\times 0.8,$$

$$P\{X=3\}=P(\overline{A}_1\overline{A}_2A_3)=P(\overline{A}_1)P(\overline{A}_2)P(A_3)=(0.2)^2\times 0.8,$$

$$P\{X=4\}=P(\overline{A}_1\overline{A}_2\overline{A}_3A_4)=P(\overline{A}_1)P(\overline{A}_2)P(\overline{A}_3)P(A_4)=(0.2)^3\times 0.8,$$

$$\begin{aligned}P\{X=5\}&=P(\overline{A}_1\overline{A}_2\overline{A}_3\overline{A}_4A_5\cup\overline{A}_1\overline{A}_2\overline{A}_3\overline{A}_4\overline{A}_5)\\&=P(\overline{A}_1)P(\overline{A}_2)P(\overline{A}_3)P(\overline{A}_4)P(A_5)+P(\overline{A}_1)P(\overline{A}_2)P(\overline{A}_3)P(\overline{A}_4)P(\overline{A}_5)\\&=(0.2)^4\times 0.8+(0.2)^5=(0.2)^4,\end{aligned}$$

即 X 的分布律为

$$P\{X=k\}=\begin{cases}(0.2)^{k-1}\times 0.8, & k=1,2,3,4,\\ (0.2)^4, & k=5.\end{cases}$$

例 9 设随机变量 $X\sim b(5,p)$,且 $P\{X=2\}=P\{X=3\}$,求 X 取偶数的概率.

解:由 $P\{X=2\}=P\{X=3\}$,即

$$C_5^2p^2(1-p)^3=C_5^3p^3(1-p)^2,$$

解得 $p=\dfrac{1}{2}$,于是有

$$P\{X=k\}=C_5^k\left(\frac{1}{2}\right)^5,k=0,1,2,3,4,5.$$

X 取偶数的概率为

$$P\{X=0\}+P\{X=2\}+P\{X=4\}=\left(\frac{1}{2}\right)^5+C_5^2\left(\frac{1}{2}\right)^5+C_5^4\left(\frac{1}{2}\right)^5=16\times\left(\frac{1}{2}\right)^5=\frac{1}{2}.$$

例 10 设某地自行车的年丢失率为 0.02,一居民小区共有自行车 200 辆.设各辆自行车丢失与否相互独立,试用泊松定理计算该小区一年内有丢失的自行车超过 10 辆的概率.

解:令 X 表示 200 辆自行车中在一年内丢失的车辆数,则 $X\sim b(200,0.02)$,要求概

率 $P\{X>10\}$. 这里 $n\geqslant 20, p\leqslant 0.05$,利用泊松定理计算,其中 $\lambda=np=4$,于是

$$P\{X>10\}=1-P\{X\leqslant 10\}\approx 1-\sum_{k=0}^{10}\frac{4^k}{k!}e^{-4}=\sum_{k=11}^{\infty}\frac{4^k}{k!}e^{-4}=0.002\,84,$$

上式中的最后一个等号用到附表 3.

例 11 某商店出售某种商品,据历史记录分析,月销售量服从参数为 5 的泊松分布. 问在月初进货时要库存多少件此种商品,才能以 0.999 的概率满足顾客的需要?

解:设 X 表示该种商品的月销售量,则 $X\sim\pi(5)$,其分布律为

$$P\{X=k\}=\frac{5^k}{k!}e^{-5}, k=0,1,2,\cdots.$$

为保证以 0.999 的概率满足顾客的需要. 该种商品月初的库存量 m 应当使得

$$P\{X\leqslant m\}=0.999,$$

或者

$$P\{X>m\}=0.001. \tag{2.9}$$

(2.9)式可化为

$$P\{X>m\}=\sum_{k=m+1}^{\infty}\frac{5^k}{k!}e^{-5}=0.001,$$

查附表 3,得 $m+1=14, m=13$,即月初的库存应当至少 13 件.

例 12 设连续型随机变量 X 的概率密度为

$$f(x)=\begin{cases}A\cos x, & -\frac{\pi}{2}\leqslant x<0,\\ A(2-x), & 0\leqslant x\leqslant 2,\\ 0, & \text{其他},\end{cases}$$

(1) 求常数 A;

(2) 求 X 的分布函数 $F(x)$;

(3) 求 $P\left\{-\frac{\pi}{4}<X<\frac{1}{2}\right\}$.

解:(1)由概率密度的性质(2),有

$$1=\int_{-\infty}^{+\infty}f(x)dx=A\int_{-\frac{\pi}{2}}^{0}\cos x dx+A\int_{0}^{2}(2-x)dx=3A,$$

解得 $A=\frac{1}{3}$,于是

$$f(x)=\begin{cases}\frac{1}{3}\cos x, & -\frac{\pi}{2}\leqslant x<0,\\ \frac{1}{3}(2-x), & 0\leqslant x\leqslant 2,\\ 0, & \text{其他}.\end{cases}$$

(2) X 的分布函数

$$F(x)=\int_{-\infty}^{x}f(x)\mathrm{d}x$$

$$=\begin{cases}\int_{-\infty}^{x}0\mathrm{d}x=0, & x<-\frac{\pi}{2},\\ \int_{-\infty}^{-\frac{\pi}{2}}0\mathrm{d}x+\frac{1}{3}\int_{-\frac{\pi}{2}}^{x}\cos x\mathrm{d}x=\frac{1}{3}(\sin x+1), & -\frac{\pi}{2}\leqslant x<0,\\ \int_{-\infty}^{-\frac{\pi}{2}}0\mathrm{d}x+\frac{1}{3}\int_{-\frac{\pi}{2}}^{0}\cos x\mathrm{d}x+\frac{1}{3}\int_{0}^{x}(2-x)\mathrm{d}x=\frac{1}{3}+\frac{1}{6}(4x-x^2), & 0\leqslant x<2,\\ \int_{-\infty}^{-\frac{\pi}{2}}0\mathrm{d}x+\frac{1}{3}\int_{-\frac{\pi}{2}}^{0}\cos x\mathrm{d}x+\frac{1}{3}\int_{0}^{2}(2-x)\mathrm{d}x+\int_{2}^{x}0\mathrm{d}x=1, & x\geqslant 2,\end{cases}$$

即得 X 的分布函数

$$F(x)=\begin{cases}0, & x<-\frac{\pi}{2}\\ \frac{1}{3}(\sin x+1), & -\frac{\pi}{2}\leqslant x<0,\\ \frac{1}{3}+\frac{1}{6}(4x-x^2), & 0\leqslant x<2,\\ 1, & x\geqslant 2.\end{cases}$$

(3) 由概率密度的性质(4),有

$$P\left\{-\frac{\pi}{4}<X<\frac{1}{2}\right\}=\int_{-\frac{\pi}{4}}^{\frac{1}{2}}f(x)\mathrm{d}x=\frac{1}{3}\int_{-\frac{\pi}{4}}^{0}\cos x\mathrm{d}x+\frac{1}{3}\int_{0}^{\frac{1}{2}}(2-x)\mathrm{d}x=\frac{\sqrt{2}}{6}+\frac{7}{24}.$$

例 13 设连续型随机变量 X 的分布函数为

$$F(x)=\begin{cases}A+\frac{2B}{(1+x)^2}, & x>0,\\ 0, & x\leqslant 0,\end{cases}$$

求:(1) 常数 A,B;

(2) $P\{1<X<2\}$;

(3) X 的概率密度 $f(x)$.

解:(1) 由于 $\lim\limits_{x\to+\infty}F(x)=1$,所以有

$$\lim_{x\to+\infty}\left[A+\frac{2B}{(1+x)^2}\right]=A=1,$$

即 $A=1$. 又由于 X 是连续型随机变量,$F(x)$ 是 x 的连续函数,有

$$\lim_{x\to 0^-}F(x)=0=\lim_{x\to 0^+}F(x)=\lim_{x\to 0^+}\left[A+\frac{2B}{(1+x)^2}\right]=A+2B,$$

所以 $A+2B=0, B=-\frac{A}{2}=-\frac{1}{2}$.

代入 A,B 的值得

$$F(x)=\begin{cases}1-\dfrac{1}{(1+x)^2}, & x>0,\\ 0, & x\leqslant 0.\end{cases}$$

(2) 利用分布函数可得

$$P\{1<X<2\}=F(2)-F(1)=1-\frac{1}{9}-\left(1-\frac{1}{4}\right)=\frac{5}{36}.$$

(3) 由概率密度的性质(3),得 X 的概率密度为

$$f(x)=F'(x)=\begin{cases}\dfrac{2}{(1+x)^3}, & x>0,\\ 0, & x\leqslant 0.\end{cases}$$

例 14 设随机变量 X 在 $(-l,l)(l>0)$ 上均匀分布,且方程

$$4x^2+4Xx+X+2=0$$

有实根的概率为$\frac{1}{4}$,求 X 的概率密度.

解:为使方程

$$4x^2+4Xx+X+2=0$$

有实根的充要条件是

$$16X^2-16(X+2)\geqslant 0,\text{即 } X^2-X-2\geqslant 0,$$

解此不等式得 $X\leqslant -1$ 或 $X\geqslant 2$. 若用 A 表示事件“方程有实根”,则 $A=\{X\leqslant -1\}\cup\{X\geqslant 2\}$,$P(A)=P\{X\leqslant -1\}+P\{X\geqslant 2\}$.

显然,当 $0<l\leqslant 1$ 时,要使 $P(A)=\frac{1}{4}$是不可能的. 考虑 $1<l<2$,此时

$$P(A)=\int_{-l}^{-1}\frac{1}{2l}\mathrm{d}x=\frac{l-1}{2l}=\frac{1}{4},$$

解得 $l=2$. 考虑 $l\geqslant 2$,此时

$$P(A)=\int_{-l}^{-1}\frac{1}{2l}\mathrm{d}x+\int_{2}^{l}\frac{1}{2l}\mathrm{d}x=1-\frac{3}{2l}=\frac{1}{4},$$

解得 $l=2$. 因此当 $l=2$ 时,X 的概率密度为

$$f(x)=\begin{cases}\dfrac{1}{4}, & -2\leqslant x\leqslant 2,\\ 0, & \text{其他}.\end{cases}$$

例 15 设某车床生产的零件的长度 $X\sim N(50,\sigma^2)$(mm),规定零件的长度在 50 ± 1.5之间.

(1) 若 $\sigma=0.75$,求生产的零件为合格品的概率;

(2) 若要求生产的零件的合格品率不小于 0.98,σ 应不超过多少?

(3) 若 $\sigma=0.75$,所生产的各个零件合格与否相互独立,求生产 3 个零件中至少有 1 个

产品不合格的概率,至多连续生产多少个零件,才能使得没有不合格品的概率大于 0.9?

解:(1) 零件为合格品的概率为

$$P\{48.5<X<51.5\}=\Phi\left(\frac{51.5-50}{0.75}\right)-\Phi\left(\frac{48.5-50}{0.75}\right)$$
$$=2\Phi(2)-1=2\times 0.977\,2-1=0.954\,4.$$

(2) 要使零件为合格品的概率

$$P\{48.5<X<51.5\}=\Phi\left(\frac{51.5-50}{\sigma}\right)-\Phi\left(\frac{48.5-50}{\sigma}\right)$$
$$=2\Phi\left(\frac{1.5}{\sigma}\right)-1\geqslant 0.98,$$

解得 $\Phi\left(\frac{1.5}{\sigma}\right)\geqslant 0.99$. 查表得 $\frac{1.5}{\sigma}\geqslant 2.33$, $\sigma\leqslant 0.643\,8$.

(3) 若 $\sigma=0.75$,由(1)得所生产的零件为合格品的概率为 0.954 4.

设 Y 表示生产的 3 件产品中不合格品的件数,由于所生产的各个零件合格与否相互独立,则 $Y\sim b(3,0.045\,6)$,3 件产品中至少有 1 件产品不合格的概率为

$$P\{Y\geqslant 1\}=1-P\{Y=0\}=1-(1-0.045\,6)^3=0.130\,7.$$

若生产 n 件产品,其中不合格品的件数 $Y\sim b(n,0.045\,6)$,求最大的 n,使得 $P\{Y=0\}\geqslant 0.9$. 求解不等式

$$P\{Y=0\}=1-(1-0.045\,6)^n\geqslant 0.9,$$

得 $n\leqslant 49.33$. 即至多连续生产 49 个零件,才能使得没有不合格品的概率大于 0.9.

例 16 设离散型随机变量的分布律为

X	$-\frac{\pi}{2}$	$-\frac{\pi}{4}$	0	$\frac{\pi}{4}$	$\frac{\pi}{2}$
P	$\frac{1}{2}$	$\frac{1}{4}$	$\frac{1}{8}$	$\frac{1}{16}$	$\frac{1}{16}$

求(1) $\sin X$;(2) $\frac{X}{\pi}$;(3) $\cos X$ 的分布律.

解:由 X 的分布律可列出下表

P	$\frac{1}{2}$	$\frac{1}{4}$	$\frac{1}{8}$	$\frac{1}{16}$	$\frac{1}{16}$
X	$-\frac{\pi}{2}$	$-\frac{\pi}{4}$	0	$\frac{\pi}{4}$	$\frac{\pi}{2}$
$\sin X$	-1	$-\frac{\sqrt{2}}{2}$	0	$\frac{\sqrt{2}}{2}$	1
$\frac{X}{\pi}$	$-\frac{1}{2}$	$-\frac{1}{4}$	0	$\frac{1}{4}$	$\frac{1}{2}$
$\cos X$	0	$\frac{\sqrt{2}}{2}$	1	$\frac{\sqrt{2}}{2}$	0

得到

(1)

$\sin X$	-1	$-\frac{\sqrt{2}}{2}$	0	$\frac{\sqrt{2}}{2}$	1
P	$\frac{1}{2}$	$\frac{1}{4}$	$\frac{1}{8}$	$\frac{1}{16}$	$\frac{1}{16}$

(2)

$\frac{X}{\pi}$	$-\frac{1}{2}$	$-\frac{1}{4}$	0	$\frac{1}{4}$	$\frac{1}{2}$
P	$\frac{1}{2}$	$\frac{1}{4}$	$\frac{1}{8}$	$\frac{1}{16}$	$\frac{1}{16}$

(3)

$\cos X$	0	$\frac{\sqrt{2}}{2}$	1
P	$\frac{9}{16}$	$\frac{5}{16}$	$\frac{1}{8}$

例 17 设随机变量 X 服从柯西分布,其概率密度为 $f(x)=\frac{1}{\pi(1+x^2)}$,$Y=X^3$,求 Y 的概率密度.

解:这里 $y=g(x)=x^3$,由于 $g'(x)=3x^2>0$. 利用(2.4)式和(2.5)式,其中 $x=h(y)=\sqrt[3]{y}$,$h'(y)=\frac{1}{3}y^{-\frac{2}{3}}$,$\alpha=\min\{g(-\infty),g(+\infty)\}=-\infty$,$\beta=\max\{g(-\infty),g(+\infty)\}=+\infty$,于是得 $Y=X^3$ 的概率密度为

$$f_Y(y)=\frac{1}{\pi(1+y^{\frac{2}{3}})}\times\frac{1}{3}y^{-\frac{2}{3}}=\frac{1}{3\pi y^{\frac{2}{3}}(1+y^{\frac{2}{3}})},$$

即

$$f_Y(y)=\frac{1}{3\pi y^{\frac{2}{3}}(1+y^{\frac{2}{3}})}.$$

例 18 设星球 A 至最近的星球 B 的距离 X 的分布函数为

$$F_X(x)=1-\mathrm{e}^{-\frac{4}{3}\pi\lambda x^3},x\geqslant 0,$$

其中 $\lambda>0$ 为常数,求 B 对 A 的引力 $Y=\frac{k}{X^2}$($k>0$ 为常数)的概率密度.

解:容易得到 X 的概率密度为

$$f_X(x)=\begin{cases}4\pi\lambda x^2\mathrm{e}^{-\frac{4}{3}\pi\lambda x^3}, & x\geqslant 0,\\ 0, & x<0.\end{cases}$$

记 $y=g(x)=\frac{k}{x^2}$. 当 $x>0$ 时,$g'(x)=-\frac{2k}{x^3}<0$,可利用(2.6)式和(2.7)式计算 Y 的概率密度 $f_Y(y)$. 其中 $x=h(y)=\sqrt{\frac{k}{y}}$,$h'(y)=-\frac{\sqrt{k}}{2y^{\frac{3}{2}}}$,$\alpha=\min\{g(0^+),g(+\infty)\}=0$,$\beta=\max\{g(0^+),$

$g(+\infty)\}=+\infty$,于是有

$$f_Y(y)=\begin{cases}4\pi\lambda\dfrac{k}{y}\left|-\dfrac{\sqrt{k}}{2y^{\frac{3}{2}}}\right|e^{-\frac{4}{3}\pi\lambda\frac{k^{\frac{3}{2}}}{y^{\frac{3}{2}}}}, & y>0,\\ 0, & y\leqslant 0,\end{cases}$$

即得

$$f_Y(y)=\begin{cases}2\pi\lambda k^{\frac{3}{2}}y^{-\frac{5}{2}}e^{-\frac{4}{3}\pi\lambda k^{\frac{3}{2}}y^{-\frac{3}{2}}}, & y>0,\\ 0, & y\leqslant 0.\end{cases}$$

2.3.2 习题

1. 单项选择题

(1) 下列四个函数中,可以是某个随机变量的分布函数的是(　　).

A. $F(x)=\begin{cases}1-(1+x)e^{x}, & x>0,\\ 0, & x\leqslant 0.\end{cases}$

B. $F(x)=\begin{cases}0, & x<0,\\ \dfrac{1}{4}, & 0\leqslant x\leqslant 2,\\ 1, & x>2.\end{cases}$

C. $F(x)=\begin{cases}0, & x<-1,\\ x^3, & -1\leqslant x<1,\\ 1, & x\geqslant 1.\end{cases}$

D. $F(x)=\begin{cases}0, & x<-1,\\ \dfrac{1}{4}, & -1\leqslant x<0,\\ \dfrac{1}{2}, & 0\leqslant x<1,\\ 1, & x\geqslant 1.\end{cases}$

(2) 下列四组数据中,可以是某个随机变量的分布律的是(　　).

A. $P\{X=k\}=\dfrac{1}{3^k},k=0,1,2,\cdots$

B. $P\{X=k\}=C_n^k\dfrac{9^{n-k}}{10^n},k=0,1,2,\cdots,n$

C. $P\{X=k\}=C_n^k\dfrac{9^{n-k}}{10^n},k=1,2,\cdots,n$

D. $P\{X=k\}=\dfrac{1}{(1+a)^k},k=0,1,2,\cdots$

(3) 下列四个函数中,可以是某个随机变量的概率密度的是(　　).

A. $f(x)=\begin{cases}\dfrac{1}{2}, & 0\leqslant x<1,\\ \dfrac{1}{4}, & 1\leqslant x<3,\\ 0, & \text{其他}.\end{cases}$

B. $f(x)=\dfrac{1}{\sqrt{2\pi}}e^{-\frac{x^2}{4}}$

C. $f(x)=\begin{cases}2e^{-x}, & x>0,\\ 0, & x\leqslant 0.\end{cases}$　　D. $f(x)=\begin{cases}x, & |x|<1,\\ 0, & \text{其他}.\end{cases}$

(4) 设随机变量 X 的分布律为

X	-1	1	2
P	$\frac{1}{2}$	$\frac{1}{3}$	$\frac{1}{6}$

,则 X 的分布函数为（　　）.

A. $F(x)=\begin{cases}0, & x\leqslant -1,\\ \frac{1}{2}, & -1<x<1,\\ \frac{5}{6}, & 1\leqslant x<2,\\ 1, & x\geqslant 2.\end{cases}$　　B. $F(x)=\begin{cases}0, & x<-1,\\ \frac{1}{2}, & -1\leqslant x<1,\\ \frac{5}{6}, & 1\leqslant x\leqslant 2,\\ 1, & x>2.\end{cases}$

C. $F(x)=\begin{cases}0, & x<-1,\\ \frac{1}{2}, & -1\leqslant x<1,\\ \frac{5}{6}, & 1\leqslant x<2,\\ 1, & x\geqslant 2.\end{cases}$　　D. $F(x)=\begin{cases}0, & x<-1,\\ \frac{1}{2}, & -1\leqslant x<1,\\ \frac{1}{3}, & 1\leqslant x<2,\\ \frac{1}{6}, & x\geqslant 2.\end{cases}$

(5) 设随机变量 X 的概率密度为 $f(x)=\frac{1}{2}e^{-|x|}$,则 X 的分布函数为（　　）.

A. $F(x)=\begin{cases}\frac{1}{2}e^{x}, & x<0,\\ 1-\frac{1}{2}e^{-x}, & x\geqslant 0.\end{cases}$　　B. $F(x)=\frac{1}{2}e^{-|x|}$

C. $F(x)=\begin{cases}\frac{1}{2}e^{x}, & x<0,\\ 1, & x\geqslant 0.\end{cases}$　　D. $F(x)=\begin{cases}\frac{1}{2}e^{x}, & x<0,\\ 1-e^{-x}, & x\geqslant 0.\end{cases}$

(6) 设随机变量 X 的分布函数 $F(x)=\begin{cases}0, & x<0,\\ \frac{1}{2}, & 0\leqslant x<1,\\ 1-e^{-x}, & x\geqslant 1.\end{cases}$,则 $P\{X=1\}=$（　　）.

A. 0　　B. $\frac{1}{2}$　　C. $\frac{1}{2}-e^{-1}$　　D. $1-e^{-1}$

(7) 设 $f_1(x)$是标准正态分布的概率密度,$f_2(x)$是$[-1,3]$上均匀分布的概率密度,若

$$f(x)=\begin{cases}af_1(x), & x\leqslant 0,\\ bf_2(x), & x>0,\end{cases}$$

则 a,b 应满足（　　）.

A. $2a+3b=4$　　B. $3a+2b=4$　　C. $a+b=1$　　D. $a+b=2$

(8) 设 $X \sim N(\mu_1,\sigma_1^2)$, $Y \sim N(\mu_2,\sigma_2^2)$,且 $P\{|X-\mu_1|<1\}>P\{|Y-\mu_2|<1\}$,则必有(　　).

A. $\sigma_1<\sigma_2$　　B. $\sigma_1>\sigma_2$　　C. $\mu_1<\mu_2$　　D. $\mu_1>\mu_2$

(9) 设随机变量 $X \sim N(\mu,\sigma^2)$,则方程 $y^2+4y+X=0$ 无实根的概率为$\frac{1}{2}$,则 $\mu=$(　　).

A. 1　　B. 2　　C. 3　　D. 4

(10) 从数 1,2,3,4 中任取一个数,记为 X,再从 $1,\cdots,X$ 中任取一个数,记为 Y,则 $P\{Y=2\}=$(　　).

A. $\frac{13}{48}$　　B. $\frac{14}{48}$　　C. $\frac{11}{45}$　　D. $\frac{14}{45}$

(11) 设随机变量 $X \sim b\left(n,\frac{1}{3}\right)$,且 $P\{x=2\}=P\{X=3\}$,则 $P\{x=7\}=$(　　).

A. $\frac{1}{3^7}$　　B. $\frac{16}{3^8}$　　C. $\frac{16}{3^7}$　　D. $\frac{19}{3^8}$

(12) 设随机变量 $X \sim U(0,1)$, $Y=\ln X$,则 Y 的分布函数为(　　).

A. $F(y)=\begin{cases}0, & y\leqslant 0,\\ 1-e^{-y}, & y>0.\end{cases}$　　B. $F(y)=\begin{cases}e^{y}, & y\leqslant 0,\\ 0, & y>0.\end{cases}$

C. $F(y)=\begin{cases}e^{-y}, & y\leqslant 0,\\ 1, & y>0.\end{cases}$　　D. $F(y)=\begin{cases}e^{y}, & y\leqslant 0,\\ 1, & y>0.\end{cases}$

(13) 设 X 的概率密度为

$$f(x)=\begin{cases}ae^{-bx}, & x>0,\\ 0, & x\leqslant 0,\end{cases}$$

且 $P\{X>\frac{1}{2}\}=\frac{3}{4}$,则 X 的分布函数为(　　).

A. $F(x)=\begin{cases}0, & x\leqslant 0,\\ 1-e^{-\frac{3}{4}x}, & x>0.\end{cases}$　　B. $F(x)=\begin{cases}0, & x<0,\\ \left(\frac{9}{16}\right)^{-x}, & x\geqslant 0.\end{cases}$

C. $F(x)=\begin{cases}0, & x<0,\\ 1-\left(\frac{3}{4}\right)^{x}, & x\geqslant 0,\end{cases}$　　D. $F(x)=\begin{cases}0, & x<0,\\ 1-\left(\frac{9}{16}\right)^{x}, & x\geqslant 0.\end{cases}$

(14) 设离散型随机变量 X 的分布函数为

$$F(x)=\begin{cases}0, & x<-1,\\ a, & -1\leqslant x<1,\\ \frac{2}{3}-a, & 1\leqslant x<2,\\ a+b, & x\geqslant 2,\end{cases}$$

且 $P\{X=2\}=\frac{1}{2}$,则$(a,b)=($　　$)$.

A. $\left(\frac{1}{6},\frac{1}{6}\right)$　　B. $\left(\frac{1}{6},\frac{6}{5}\right)$　　C. $\left(\frac{1}{6},\frac{5}{6}\right)$　　D. $\left(\frac{5}{6},\frac{5}{6}\right)$

(15) 设随机变量 X 的概率密度为

$$f(x)=\begin{cases}2(1-x), & 0<x<1,\\ 0, & \text{其他},\end{cases}$$

若 $P\{X<a\}=P\{X>a\}$,则 $a=($　　$)$.

A. $1-\frac{1}{\sqrt{2}}$　　B. $\frac{2+\sqrt{2}}{2}$　　C. $\frac{1}{2}$　　D. $\frac{\sqrt{2}}{2}$

2. 计算题和证明题

(1) 设随机变量 X 所有可能的取值为1,2,3,4,5,且 $P\{X=k\}$与 k 成正比,即

$$P\{X=k\}=ck,k=1,2,3,4,5,$$

求:① 常数 c;

② X 的分布函数.

(2) 将3个球任意地放入编号为1,2,3,4的4个盒子中去,求有球的盒子的最小编号 X 的分布律和分布函数.

(3) 保卫小组共有10人,每晚从10人中任意选派1人值夜班,以 X 表示某指定的1人在1周(7天)被派去值夜班的次数,求 X 的分布律及其一周值班超过3次的概率.

(4) 有一交叉路口有大量汽车通过,设每辆汽车在一天的某段时间内出事故的概率为0.000 1,为使一天的这段时间内在该路口不出现事故的概率不小于0.9,应控制一天在这段时间内通过该路口的汽车不超过多少辆(用泊松定理计算)?

(5) 设在时间 t(分钟)内,通过某交叉路口的汽车数服从参数与 t 成正比的泊松分布.已知在一分钟内没有汽车通过的概率为0.2,求在2分钟内有多于1辆汽车通过的概率.

(6) 设随机变量 X 的分布函数为

$$F(x)=\begin{cases}0, & x<0,\\ Ax^2, & 0\leqslant x<1,\\ -Ax^2+2x-1, & 1\leqslant x<2,\\ 1, & x\geqslant 2,\end{cases}$$

求:① 常数 A;

② $P\{0.2<X<1.2\}$;

③ X 的概率密度.

(7) 两路汽车经过同一中间站后,驶向同一终点站.已知第一路车每隔5分钟、第二路车每隔6分钟经过这个中间站,求乘客在这个中间站的候车时间不超过4分钟的概率.

(8) 一种元件的使用寿命为一随机变量 X(小时),它的概率密度为

$$f(x)=\begin{cases}\dfrac{1\,000}{x^2}, & X\geqslant 1\,000,\\ 0, & x<1\,000,\end{cases}$$

求：① X 的分布函数 $F(x)$；② 该元件的寿命不超过 1 500 小时的概率；

③ 从一大批这种元件中任取 5 只，其中至少有 2 只寿命大于 1 500 小时的概率.

(9) 测量距离时产生的随机误差 $X(m)$ 服从正态分布 $N(10,20^2)$. 作 3 次独立测量.

求：① 至少有 1 次误差的绝对值不超过 $30m$ 的概率；

② 只有 2 次误差的绝对值不超过 $30m$ 的概率.

(10) 一工厂生产的电子元件的寿命 $X\sim N(120,\sigma^2)$(小时)，

① 若 $\sigma=40$，求 $P\{110<X<150\}$；

② 若要求 $P\{100<X<140\}\geqslant 0.9$，问 σ 最大为多少？

(11) 设离散型随机变量 X 的分布律为

X	-2	-1	0	1	2
P	$\frac{1}{5}$	$\frac{1}{6}$	$\frac{1}{5}$	$\frac{1}{15}$	$\frac{11}{30}$

求：① $Y=X^3$ 的分布律；

② $Z=X^4$ 的分布律.

(12) 设离散型随机变量 X 的分布律为

$$P\{X=k\}=pq^{k-1},k=1,2,\cdots,q=1-p,$$

$Y=\cos\dfrac{X\pi}{2}$. 证明 Y 的分布律为

Y	-1	0	1
P	$\frac{pq}{1-q^4}$	$\frac{p}{1-q^2}$	$\frac{pq^3}{1-q^4}$

(13) 设随机变量 $X\sim N(0,1)$，求 $Y=\mathrm{e}^{-X}$ 的概率密度.

(14) 设随机变量 X 的概率密度为 $f_x(x)=\dfrac{1}{2}\mathrm{e}^{-|x|}$，证明 $Y=\mathrm{e}^X$ 的概率密度为

$$f_Y(y)=\begin{cases}\dfrac{1}{2}, & 0<y<1,\\ \dfrac{1}{2y^2}, & y\geqslant 1,\\ 0, & \text{其他}.\end{cases}$$

(15) 设随机变量 X 的概率密度为

$$f_X(x)=\begin{cases}1-x, & 0<x<1,\\ 2-x, & 1\leqslant x<2,\\ 0, & \text{其他},\end{cases}$$

证明 $Y=\ln X$ 的概率密度为

$$f_Y(y)=\begin{cases}e^y(1-e^y), & -\infty<y\leqslant 0,\\ e^y(2-e^y), & 0<y<\ln 2,\\ 0, & \text{其他}.\end{cases}$$

(16) 设随机变量 X 的分布函数 $F(x)$ 是严格单调的连续函数,证明 $Y=F(X)\sim U(0,1)$.

2.4 B类例题和习题

2.4.1 例题

例 1 设随机变量 X 的分布律为

$$P\{X=k\}=\frac{c}{k(k+1)(k+2)},k=1,2,3,\cdots.$$

(1) 求常数 c;

(2) 求 $P\{m-k\leqslant X<m+k\}$,$m>0$,$k>0$ 为正整数,且 $m>k$.

分析:用分布律的性质(2) 求常数 c,不过这里要求级数 $\sum\limits_{k=1}^{\infty}\frac{1}{k(k+1)(k+1)}$ 的和. 此级数的和可利用分解式 $\frac{1}{k(k+1)(k+2)}=\frac{1}{2}\left[\frac{1}{k(k+1)}-\frac{1}{(k+1)(k+2)}\right]$ 求部分和,然后取极限得到,解(2) 时,利用等式

$$P\{m-k\leqslant X<m+k\}=\sum_{i=m-k}^{m+k-1}P\{X=i\}$$

及上面的分解式求和可得所求概率.

解:(1) 由分布律的性质(2),应有

$$\sum_{k=1}^{\infty}P_k=c\sum_{k=1}^{\infty}\frac{1}{k(k+1)(k+2)}=1,$$

其中

$$\begin{aligned}\sum_{k=1}^{\infty}\frac{1}{k(k+1)(k+2)}&=\lim_{n\to\infty}\sum_{k=1}^{n}\frac{1}{k(k+1)(k+2)}\\&=\lim_{n\to\infty}\sum_{k=1}^{n}\frac{1}{2}\left[\frac{1}{k(k+1)}-\frac{1}{(k+1)(k+2)}\right]\\&=\lim_{n\to\infty}\frac{1}{2}\left[\frac{1}{1\times 2}-\frac{1}{(n+1)(n+2)}\right]=\frac{1}{4},\end{aligned}$$

代入上式得 $c=4$.

(2) $P\{m-k\leqslant X<m+k\}=\sum_{i=m-k}^{m+k-1}P\{X=i\}=\sum_{i=m-k}^{m+k-1}\frac{4}{i(i+1)(i+2)}$

$$=2\sum_{i=m-k}^{m+k-1}\left[\frac{1}{i(i+1)}-\frac{1}{(i+1)(i+2)}\right]$$

$$=2\left[\frac{1}{(m-k)(m-k+1)}-\frac{1}{(m+k)(m+k+1)}\right]$$

$$=\frac{4k(2m+1)}{(m^2-k^2)[(m+1)^2-k^2]}.$$

例 2 将 3 个球任意地放入编号为 1,2,3,4 的 4 个盒子中,求有球的盒子的最大编号 X 的分布律和分布函数.

分析:这是一个用古典概型概率的计算方法求简单离散型随机变量分布律的题目,至于求它的分布函数,如上所说应当是很熟练的,X 所有的取值显然是 1,2,3,4. 在求$\{X=k\}$时,要注意关系式$\{X=k\}=\{X\leqslant k\}-\{X\leqslant k-1\}$、$\{X\leqslant k-1\}\subset\{X\leqslant k\}$,以及 $P\{X\leqslant k\}=\frac{k^3}{4^3}$,就可以用概率的可减性计算 $P\{X=k\}$.

解:X 所有可能的取值为 1,2,3,4,

$$P\{X=1\}=\frac{1}{4^3}=\frac{1}{64},$$

$$P\{X=2\}=P\{X\leqslant 2\}-P\{X\leqslant 1\}=\frac{2^3}{4^3}-\frac{1}{4^3}=\frac{7}{64},$$

$$P\{X=3\}=P\{X\leqslant 3\}-P\{X\leqslant 2\}=\frac{3^3}{4^3}-\frac{2^3}{4^3}=\frac{19}{64},$$

$$P\{X=4\}=P\{X\leqslant 4\}-P\{X\leqslant 3\}=1-\frac{3^3}{4^3}=\frac{37}{64},$$

得 X 的分布律为

X	1	2	3	4
P	$\frac{1}{64}$	$\frac{7}{64}$	$\frac{19}{64}$	$\frac{37}{64}$

容易写出 X 的分布函数为

$$F(x)=\begin{cases}0, & x<1,\\ \frac{1}{64}, & 1\leqslant x<2,\\ \frac{8}{64}, & 2\leqslant x<3,\\ \frac{27}{64}, & 3\leqslant x<4,\\ 1, & x\geqslant 4.\end{cases}$$

例 3 有甲、乙两个口袋,两袋都装有 3 个白球和 2 个黑球,现从甲袋任取 1 球放入乙袋,再从乙袋任取 4 个球,以 X 表示从乙袋取出的 4 个球中包含的黑球数,求 X 的分布律.

分析:显然 X 所有可能的取值为 0,1,2,3,要计算 $P\{X=k\}$ 要用到全概率公式. 例如,要计算 $P\{X=1\}$,令 A 表示从甲袋取出放入乙袋的球是黑球,则

$$P\{X=1\}=P(A)P\{X=1|A\}+P(\overline{A})P\{X=1|\overline{A}\}.$$

其他概率的计算类似.

解:X 所有可能的取值为 0,1,2,3,令 A 表示从甲袋取出放入乙袋的球是黑球,则由全概率公式,有

$$P\{X=0\}=P(A)P\{X=0|A\}+P(\overline{A})P\{X=0|\overline{A}\}=\frac{2}{5}\times 0+\frac{3}{5}\times\frac{1}{C_6^4}=\frac{1}{25},$$

$$P\{X=1\}=P(A)P\{X=1|A\}+P(\overline{A})P\{X=1|\overline{A}\}=\frac{2}{5}\times\frac{C_3^1}{C_6^4}+\frac{3}{5}\times\frac{C_4^3C_2^1}{C_6^4}=\frac{10}{25},$$

$$P\{X=2\}=P(A)P\{X=2|A\}+P(\overline{A})P\{X=2|\overline{A}\}=\frac{2}{5}\times\frac{C_3^2C_3^2}{C_6^4}+\frac{3}{5}\times\frac{C_4^2}{C_6^4}=\frac{12}{25},$$

$$P\{X=3\}=P(A)P\{X=3|A\}+P(\overline{A})P\{X=3|\overline{A}\}=\frac{2}{5}\times\frac{C_3^1}{C_6^4}+\frac{3}{5}\times 0=\frac{2}{25},$$

于是得 X 的分布律为

X	0	1	2	3
P	$\frac{1}{25}$	$\frac{10}{25}$	$\frac{12}{25}$	$\frac{2}{25}$

例 4 设随机变量 $X\sim\pi(\lambda)$. 即 X 的分布律为

$$P\{X=k\}=\frac{\lambda^k}{k!}e^{-\lambda},k=0,1,2,\cdots.$$

(1) 求 X 取偶数的概率;

(2) 若 $P\{X=2\}=P\{X=3\}$,求 X 取偶数的概率.

分析:解(1) 是关键,因为由 $P\{X=2\}=P\{X=3\}$ 解出 λ,代入(1) 的结果,便得到(2) 的解. 为解(1),若直接计算 $\sum\limits_{k=0}^{\infty}P\{X=2k\}=\sum\limits_{k=0}^{\infty}\frac{\lambda^{2k}}{(2k)!}e^{-\lambda}$ 不易算出. 如果利用 $2\sum\limits_{k=0}^{\infty}\frac{\lambda^{2k}}{(2k)!}=\sum\limits_{k=0}^{\infty}\frac{\lambda^k}{k!}+\sum\limits_{k=0}^{\infty}\frac{(-1)^k\lambda^k}{k!}$,则计算就容易了.

解:(1) X 取偶数的概率

$$p=\sum_{k=0}^{\infty}P\{X=2k\}=\sum_{k=0}^{\infty}\frac{\lambda^{2k}}{(2k)!}e^{-\lambda}.$$

由于

$$2\sum_{k=0}^{\infty}\frac{\lambda^{2k}}{(2k)!}=\sum_{k=0}^{\infty}\frac{\lambda^k}{k!}+\sum_{k=0}^{\infty}\frac{(-1)^k\lambda^k}{k!}=e^{\lambda}+e^{-\lambda},$$

可见

$$p=\frac{1}{2}(e^{\lambda}+e^{-\lambda})e^{-\lambda}=\frac{1}{2}(1+e^{-2\lambda}).$$

(2) 由 $P\{X=2\}=P\{X=3\}$，得方程$\frac{\lambda^2}{2!}e^{-\lambda}=\frac{\lambda^3}{3!}e^{-\lambda}$，解得 $\lambda=3$，代入(1)的结果. 得 X 取偶数的概率 $p=\frac{1}{2}(1+e^{-6})$.

例 5 设随机变量 $X\sim b(n,p)$，即 X 的分布律为

$$P\{X=k\}=C_n^k p^k(1-p)^{n-k},k=0,1,\cdots,n,$$

求 k 使得 $P\{X=k\}$最大.

分析：此题的 k 取值 $0,1,\cdots,n$，不宜用高等数学求连续变量函数的最大值的方法求解. 一般求解的方法是解不等式$\frac{P\{X=k\}}{P\{X=k-1\}}\begin{matrix}>\\=\\<\end{matrix}1$. 从而确定 k 为何值时，使得 $P\{X=k\}$ 最大.

解：解不等式$\frac{P\{X=k\}}{P\{X=k-1\}}\geqslant 1$，得 $k\leqslant(n+1)p$；解不等式$\frac{P\{X=k\}}{P\{X=k-1\}}\leqslant 1$，得 $k\geqslant(n+1)p$.

如果$(n+1)p$ 为正整数，当 $k<(n+1)p$ 时，$P\{X=k\}>P\{X=k-1\}$. 因此

$$P\{X=(n+1)p-1\}>P\{X=k\},k=0,1,\cdots,(n+1)p-2;$$

当 $k>(n+1)p$ 时，$P\{X=k\}<P\{X=k-1\}$. 因此

$$P\{X=(n+1)p\}>P\{X=k\},k=(n+1)p+1,\cdots,n;$$

当 $k=(n+1)p$ 时，有

$$P\{X=(n+1)p\}=P\{X=(n+1)p-1\},$$

可见，如果$(n+1)p$ 为正整数，当 $k=(n+1)p,(n+1)p-1$ 时，$P\{X=k\}$取得最大值.

如果$(n+1)p$ 不是正整数，当 $k<(n+1)p$ 时，$P\{X=k\}>P\{X=k-1\}$. 因此

$$P\{X=[(n+1)p]\}>P\{X=k\},k=0,1,\cdots,[(n+1)p]-1;$$

当 $k>(n+1)p$ 时，$P\{X=k\}<P\{X=k-1\}$. 因此

$$P\{X=[(n+1)p]\}>P\{X=k\},k=[(n+1)p]+1,\cdots,n;$$

可见，如果$(n+1)p$ 不是正整数，当 $k=[(n+1)p]$时，$P\{X=k\}$取得最大值，其中$[(n+1)p]$表示$(n+1)p$ 的整数部分.

例 6 设 G 是曲线 $y=2x-x^2$ 与 x 轴所围成的区域，在 G 内任取一点 P，P 到 y 轴的距离为 X，求 X 的分布函数和概率密度.

分析：这是一个用几何概型概率的计算方法，求连续型随机变量的分布的例题. 为求分布函数在 $t(0\leqslant t\leqslant 2)$处的值，即求 $F(t)=P\{X\leqslant t\}$. 由于事件$\{X\leqslant t\}$出现的充分必要条件是点 P 落在由曲线 $y=2x-x^2$、直线 $x=t$ 及 x 轴所围的区域 D 上，因此 $P\{X\leqslant t\}$可

用区域 D 的面积与 G 的面积之比计算.

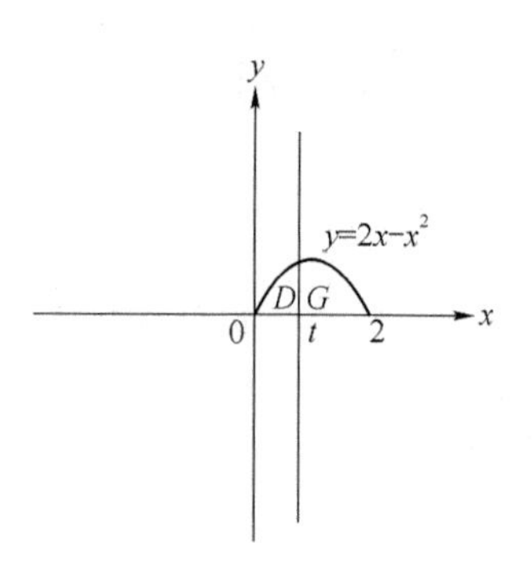

图 2.2

解:区域 G 的面积

$$A_G=\int_0^2(2x-x^2)\mathrm{d}x=\frac{4}{3},$$

由曲线 $y=2x-x^2$、直线 $x=t(0\leqslant t\leqslant 2)$ 及 x 轴所围成的区域(如图 2.2 所示)D 的面积

$$A_D=\int_0^t(2x-x^2)\mathrm{d}x=t^2-\frac{t^3}{3}.$$

显然当 $t<0$ 时,

$$F(t)=P\{X\leqslant t\}=0,$$

当 $t\geqslant 2$ 时,

$$F(t)=P\{X\leqslant t\}=1,$$

当 $0\leqslant t<2$ 时,

$$F(t)=P\{X\leqslant t\}=\frac{A_D}{A_G}=\frac{3t^2-t^3}{4}.$$

将 t 换成 x 得 X 的分布函数

$$F(x)=\begin{cases}0, & x<0,\\ \dfrac{3x^2-x^3}{4}, & 0\leqslant x<2,\\ 1, & x\geqslant 2,\end{cases}$$

求导得 X 的概率密度为

$$f(x)=\begin{cases}0, & x<0,\\ \dfrac{3}{4}(2x-x^2), & 0\leqslant x<2,\\ 0, & x\geqslant 2.\end{cases}$$

例 7 设电压 $V=A\sin\Theta$,其中 A 是一已知的正常数,相角 $\Theta\sim U(0,\pi)$,试求电压 V 的概率密度.

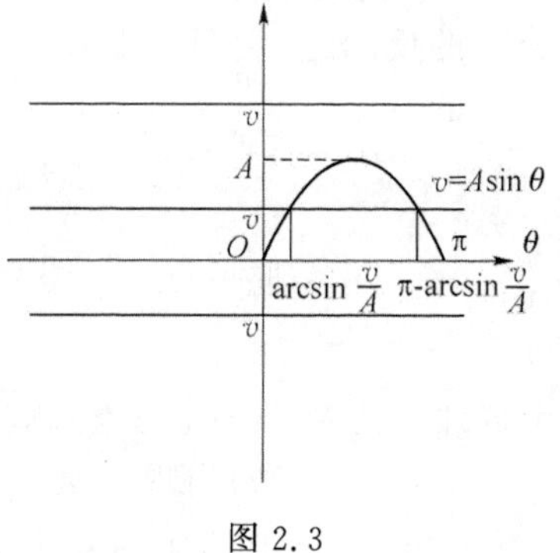

图 2.3

分析:这里当 θ 在$(0,\pi)$上取值时,$v=A\sin\theta$ 不是单调的,因此不能直接用(2,6)式和(2.7)式计算 V 的概率密度,可先求 V 的分布函数,再求 V 的概率密度.在求 V 的分布函数时,因 Θ 只在$(0,\pi)$上取值,故只需考虑 V 只取$(0,A)$上的值.并可借助图 2.3 解不等式$\{A\sin\Theta\leqslant v\}$以便确定 Θ 在$(0,\pi)$内的取值范围,进而用 Θ 的概率密度计算 $P\{A\sin\theta\leqslant v\}$.

解:Θ 的概率密度为

$$f_\Theta(\theta)=\begin{cases}\dfrac{1}{\pi}, & 0<\theta<\pi,\\ 0, & \text{其他}.\end{cases}$$

先求 V 的分布函数 $F_V(v)=P\{V\leqslant v\}=P\{A\sin\Theta\leqslant v\}$. 考虑到 Θ 只在 $(0,\pi)$ 上取值,故 V 只取 $(0,A)$ 上的值. 由图 2.3 可见,当 $v<0$,

$$F_V(v)=P\{V\leqslant v\}=P\{A\sin\Theta\leqslant v\}=0,$$

当 $v\geqslant A$ 时,

$$F_V(v)=P\{V\leqslant v\}=P\{A\sin\Theta\leqslant v\}=1,$$

当 $0\leqslant v<A$ 时,

$F_V(v)=P\{V\leqslant v\}=P\{A\sin\Theta\leqslant v\}=P\{0\leqslant\Theta\leqslant\arcsin\dfrac{v}{A}\}+P\{\pi-\arcsin\dfrac{v}{A}\leqslant$ $\Theta\leqslant\pi\}$

$$=\frac{1}{\pi}\int_0^{\arcsin\frac{v}{A}}\mathrm{d}\theta+\frac{1}{\pi}\int_{\pi-\arcsin\frac{v}{A}}^{\pi}\mathrm{d}\theta=\frac{2}{\pi}\arcsin\frac{v}{A}$$

即得

$$F_V(v)=\begin{cases}0, & v<0,\\ \dfrac{2}{\pi}\arcsin\dfrac{v}{A}, & 0\leqslant v<A,\\ 1, & v\geqslant A.\end{cases}$$

求导得 V 的概率密度为

$$f_V(v)=\begin{cases}\dfrac{2}{\pi\sqrt{A^2-v^2}}, & 0<v<A,\\ 0, & \text{其他}.\end{cases}$$

例 8 设随机变量 X 的概率密度为

$$f(x)=\begin{cases}2(1-x), & 0<x<1,\\ 0, & \text{其他},\end{cases}$$

求一可导单调增加函数 $g(x)$. 使得 $Y=g(X)$ 服从参数为 λ 的指数分布.

分析:这是用特殊方法求连续型随机变量函数的分布的反问题. 利用 $f(x)$、$g(x)$ 的反函数 $h(y)$ 以及指数分布的概率密度可列出关于 $h(y)$ 的微分方程,它的初始条件为 $h(0)=0$,解此微分方程可得 $x=h(y)$,求反函数得 $y=g(x)$.

解:$Y=g(X)$ 的概率密度为

$$f_Y(y)=\begin{cases}\lambda e^{-\lambda y}, & y\geqslant 0,\\ 0, & y<0.\end{cases}$$

设 $y=g(x)$ 在 $0\leqslant x<1$ 的反函数为 $x=h(y)$,则由特殊方法及 $x=h(y)$ 为单调增加函数,有

$$2[1-h(y)]h'(y)=\lambda e^{-\lambda y},h(0)=0.$$

解此微分方程得 $x=h(y)=1-e^{-\frac{\lambda}{2}y}$. 解得 $y=g(x)=-\frac{2}{\lambda}\ln(1-x)$.

例 9 设 $F(x)$是连续型随机变量的分布函数. 证明对任意 $a<b$,有

$$\int_{-\infty}^{+\infty}[F(x+b)-F(x+a)]\mathrm{d}x=b-a.$$

分析:将 $F(x+a)$,$F(x+b)$ 用 X 的概率密度 $f(x)$ 表示,然后交换积分顺序,并注意此时内层积分与积分变量无关,最后用到$\int_{-\infty}^{+\infty}f(x)\mathrm{d}x=1$.

证:设 X 的概率密度为 $f(x)$,则有

$$\begin{aligned}\int_{-\infty}^{+\infty}[F(x+b)-F(x+a)]\mathrm{d}x&=\int_{-\infty}^{+\infty}\left[\int_{-\infty}^{x+b}f(u)\mathrm{d}u-\int_{-\infty}^{x+a}f(u)\mathrm{d}u\right]\mathrm{d}x\\&=\int_{-\infty}^{+\infty}\mathrm{d}x\int_{x+a}^{x+b}f(u)\mathrm{d}u=\int_{-\infty}^{+\infty}\mathrm{d}u\int_{u-b}^{u-a}f(u)\mathrm{d}x\\&=(b-a)\int_{-\infty}^{+\infty}f(u)\mathrm{d}u=b-a.\end{aligned}$$

2.4.2 习题

1. 设离散型随机变量 X 的分布律为

$$P\{X=k\}=\frac{1}{k(k+1)},k=1,2,\cdots,$$

求 $P\{m-k\leqslant X<m+k\}$,其中 $m>0$,$k>0$ 为正整数,且 $m>k$.

2. 将 n 个球随机地放入分别标有号码 $1,2,\cdots,n$ 的 n 个盒子中去,以 X 表示有球的盒子的最小标号,求 X 的分布律.

3. 甲从 1,2,3,4,5 中任取一数,若甲取出的是 k,则乙从 $1\sim k$ 中任取一数,分别求甲、乙取出的数 X、Y 的分布律.

4. 甲、乙两名篮球队员独立地轮流投篮,直到某人投中篮圈为止. 今设甲先投,如果甲投中的概率为 0.4,乙投中的概率为 0.6,分别以 X、Y 表示甲、乙的投篮次数,求 X、Y 的分布律.

5. 在第 4 题中求甲投篮次数为偶数的概率.

6. 设随机变量 $X\sim\pi(\lambda)$,求 k 使 $P\{X=k\}$为最大.

7. 设 G 是曲线 $y=1-x^2$ 与 x 轴所围成的区域. 在 G 内任取一点 P,P 到 x 轴的距离为 X,求 X 的分布函数和概率密度.

8. 设随机变量 $X\sim N(0,1)$,求 $Y=2X^2+1$ 的概率密度.

9. 设随机变量 $X\sim U(-1,1)$,求 $Y=|X|$的概率密度.

10. 设随机变量 X 的概率密度为

$$f_X(x)=\begin{cases}\frac{2x}{\pi^2}, & 0<x<\pi,\\0, & \text{其他},\end{cases}$$

求 $Y=\sin X$ 的概率密度.

11. 设随机变量 $X\sim U(0,1)$,求一单调增加的函数 $g(x)$,使得 $Y=g(X)$ 服从对数为 λ 的指数分布.

12. 设随机变量 X 具有对称的概率密度 $f(x)$,即

$$f(x)=f(-x),$$

证明:对任意 $h>0$,有

(1) $F(-h)=1-F(h)=\dfrac{1}{2}-\int_0^h f(x)\mathrm{d}x$.

(2) $P\{|X|<h\}=2F(h)-1$.

(3) $P\{|X|>h\}=2[1-F(h)]$.

2.5 习题答案

2.5.1 A类习题答案

1. 单项选择题

(1) D. (2) B. (3) A. (4) C. (5) A. (6) C. (7) A. (8) A. (9) D. (10) A. (11) B. (12) D. (13) D. (14) C. (15) A.

2. 计算题和证明题

(1) ①$\dfrac{1}{15}$;②$F(x)=\begin{cases}0, & x<1,\\ \dfrac{1}{15}, & 1\leqslant x<2,\\ \dfrac{3}{15}, & 2\leqslant x<3,\\ \dfrac{6}{15}, & 3\leqslant x<4,\\ \dfrac{10}{15}, & 4\leqslant x<5,\\ 1, & x\geqslant 5.\end{cases}$

(2)

X	1	2	3	4
P	$\dfrac{37}{64}$	$\dfrac{19}{64}$	$\dfrac{7}{64}$	$\dfrac{1}{64}$

; $F(x)=\begin{cases}0, & x<1,\\ \dfrac{37}{64}, & 1\leqslant x<2,\\ \dfrac{56}{64}, & 2\leqslant x<3,\\ \dfrac{63}{64}, & 3\leqslant x<4,\\ 1, & x\geqslant 4.\end{cases}$

(3) $P\{X=k\}=\mathrm{C}_7^k\left(\dfrac{1}{10}\right)^k\left(\dfrac{9}{10}\right)^{7-k}, k=0,1,2,\cdots,7$;0.002 728.　(4) 1 053 辆.

(5) $\frac{24-2\ln 5}{25}$. (6) ① $\frac{1}{2}$；② 0.66；③ $f(x)=\begin{cases}x, & 0<x\leqslant 1,\\ 2-x, & 1<x\leqslant 2,\\ 0, & 其他.\end{cases}$ (7) $\frac{14}{15}$.

(8) ① $F(x)=\begin{cases}0, & x<1\,000,\\ 1-\frac{1\,000}{x}, & x\geqslant 1\,000;\end{cases}$ ② $\frac{1}{3}$；③ $\frac{232}{243}$. (9) ① 0.994；② 0.364 8.

(10) ① 0.372 1；② $\sigma\leqslant 12.121\,2$. (11) ①

Y	-8	-1	0	1	8
P	$\frac{1}{5}$	$\frac{1}{6}$	$\frac{1}{5}$	$\frac{1}{15}$	$\frac{11}{30}$

；②

Z	0	1	16
P	$\frac{1}{5}$	$\frac{7}{30}$	$\frac{17}{30}$

.

(12) 证明略. (13) $f_Y(y)=\begin{cases}\frac{1}{y\sqrt{2\pi}}e^{-\frac{\ln^2 y}{2}}, & y>0,\\ 0, & y\leqslant 0.\end{cases}$ (14)～(16) 证明略.

2.5.2 B类习题答案

1. $\frac{2k}{m^2-k^2}$. 2. $P\{X=k\}=\frac{(n-k+1)^n-(n-k)^n}{n^n}$, $k=1,2,\cdots,n$.

3.

X	1	2	3	4	5
P	$\frac{1}{5}$	$\frac{1}{5}$	$\frac{1}{5}$	$\frac{1}{5}$	$\frac{1}{5}$

；

Y	1	2	3	4	5
P	$\frac{137}{300}$	$\frac{77}{300}$	$\frac{47}{300}$	$\frac{27}{300}$	$\frac{12}{300}$

4. $P\{X=k\}=0.76\times(0.24)^{k-1}$, $k=1,2,\cdots$；

$P\{Y=k\}=\begin{cases}0.4 & k=0,\\ 0.456\times(0.24)^{k-1}, & k=1,2,\cdots.\end{cases}$

5. 0.193 5. 6. 当 λ 为整数时，$k=\lambda,\lambda-1$；当 λ 不是整数时，$k=[\lambda]$.

7. $F(x)=\begin{cases}0, & x<0,\\ 1-(1-x)^{\frac{3}{2}}, & 0\leqslant x<1,\\ 1, & x\geqslant 1,\end{cases}$ $f(x)=\begin{cases}\frac{3}{2}\sqrt{1-x}, & 0<x<1,\\ 0, & 其他.\end{cases}$

8. $f_Y(y)=\begin{cases}\frac{1}{2\sqrt{\pi(y-1)}}e^{-\frac{y-1}{4}}, & y>1,\\ 0, & y\leqslant 1.\end{cases}$ 9. $f_Y(y)=\begin{cases}1, & 0<y<1,\\ 0, & 其他.\end{cases}$

10. $f(y)=\begin{cases}\frac{2}{\pi\sqrt{1-y^2}}, & 0<y<1,\\ 0, & 其他.\end{cases}$ 11. $g(x)=\frac{1}{\lambda}\ln\frac{1}{1-\lambda}$. 12. 证明略.

第3章 多维随机变量及其分布

3.1 内容提要

3.1.1 多维随机变量及其分布函数

1. 多维随机变量

设随机试验 E 的样本空间为 S，$X(e)$，$Y(e)$ 是定义在 S 上的二随机变量，则称 $(X(e),Y(e))$ 为 S 上的二维随机变量.有时简记 $(X(e),Y(e))$ 为 (X,Y).

设随机试验 E 的样本空间为 S，$X_1(e),X_2(e),\cdots,X_n(e)$ 是定义在 S 上的 n 个随机变量，则称 $(X_1(e),X_2(e),\cdots,X_n(e))$ 为 S 上的 n 维随机变量.有时简记为 $(X_1(e),X_2(e),\cdots,X_n(e))$ 为 $(X_1,X_2,\cdots,X_n)$.

在学习多维随机变量及其有关概念时，对照一维随机变量及其有关概念去理解是很有帮助的.

2. 分布函数

设 (X,Y) 是 S 上的二维随机变量，称二元函数

$$F(x,y)=P\{e:X(e)\leqslant x,Y(e)\leqslant y\},$$

为 (X,Y) 的分布函数或 X 与 Y 的联合分布函数.

$F(x,y)$ 的意义有两个解释：

(1) $F(x,y)$ 的函数值表示交事件

$$\{e:X(e)\leqslant x\}\cap\{e:Y(e)\leqslant y\}=\{e:X(e)\leqslant x,Y(e)\leqslant y\}$$

的概率.

(2) $F(x,y)$ 的函数值的几何意义是表示 (X,Y) 的取值落在无穷正方形 $(-\infty,x]\times(-\infty,y]$[①]内的概率，如图 3.1 所示.

---

① 记号 $(-\infty,x]\times(-\infty,y]$ 表示二维点集 $\{(a,b):-\infty<a\leqslant x,-\infty<b\leqslant y\}$.类似地，$(-\infty,x_1]\times(-\infty,x_2]\times\cdots\times(-\infty,x_n]$ 表示 n 维点集 $\{(a_1,a_2,\cdots,a_n):-\infty<a_i\leqslant x_i,i=1,2,\cdots,n\}$.

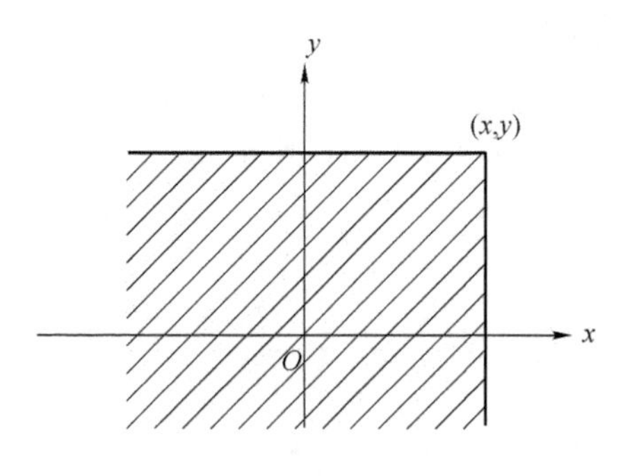

图 3.1

设$(X_1,X_2,\cdots,X_n)$是 S 上的 n 维随机变量，称 n 元函数

$$F(x_1,x_2,\cdots,x_n)=P\{e:X_1(e)\leqslant x_1,X_2(e)\leqslant x_2,\cdots,X_n(e)\leqslant x_n\}$$

为$(X_1,X_2,\cdots,X_n)$的分布函数或 $X_1,X_2,\cdots,X_n$ 的联合分布函数.

同样 $F(x_1,x_2,\cdots,x_n)$的意义有两个解释：

(1) $F(x_1,x_2,\cdots,x_n)$的函数值表示交事件

$$\bigcap_{i=1}^{n}\{e:X_i(e)\leqslant x_i\}=\{e:X_1(e)\leqslant x_1,X_2(e)\leqslant x_2,\cdots,X_n(e)\leqslant x_n\}$$

的概率.

(2) $F(x_1,x_2,\cdots,x_n)$的函数值的几何意义是表示$(X_1,X_2,\cdots,X_n)$的取值落在 n 维无穷长方体$(-\infty,x_1]\times(-\infty,x_2]\times\cdots\times(-\infty,x_n]$内的概率.

分布函数的性质 二维分布函数 $F(x,y)$有下列性质：

(1) $F(x,y)$分别是变量 x 和 y 的不减函数：

如果 $x_1<x_2$，则有 $F(x_1,y)\leqslant F(x_2,y)$；

如果 $y_1<y_2$，则有 $F(x,y_1)\leqslant F(x,y_2)$.

(2) $0\leqslant F(x,y)\leqslant 1$，且

$$F(-\infty,y)=\lim_{x\to-\infty}F(x,y)=0;$$

$$F(x,-\infty)=\lim_{y\to-\infty}F(x,y)=0;$$

$$F(-\infty,-\infty)=\lim_{\substack{x\to-\infty\\y\to-\infty}}F(x,y)=0;$$

$$F(+\infty,+\infty)\lim_{\substack{x\to+\infty\\y\to+\infty}}F(x,y)=1.$$

(3) $F(x,y)$分别关于 x 和 y 右连续：

对任意 x,y，有 $F(x,y)=F(x+0,y)$；

对任意 x,y，有 $F(x,y)=F(x,y+0)$.

(4) 对任意的 $x_1<x_2,y_1<y_2$，有

$$F(x_2,y_2)-F(x_1,y_2)-F(x_2,y_1)+F(x_1,y_1)\geqslant 0. \tag{3.1}$$

(3.1)式的左端表示概率值

$$P\{x_1<X\leqslant x_2,y_1<Y\leqslant y_2\}.$$

n 维分布函数 $F(x_1,x_2,\cdots,x_n)$ 有下列性质：

(1) $F(x_1,x_2,\cdots,x_n)$ 分别是变量 $x_i(i=1,2,\cdots,n)$ 的不减函数；

(2) $0\leqslant F(x_1,x_2,\cdots,x_n)\leqslant 1$，且

$$\lim_{\substack{x_{i_1},x_{i_2},\cdots,x_{i_s}\to-\infty\\1\leqslant s\leqslant n,\{i_1,i_2,\cdots,i_s\}\subset\{1,2,\cdots,n\}}} F(x_1,x_2,\cdots,x_n)=0;$$

$$\lim_{\substack{x_i\to+\infty\\i=1,2,\cdots,n}} F(x_1,x_2,\cdots,x_n)=1.$$

(3) $F(x_1,x_2,\cdots,x_n)$ 分别关于 $x_i(i=1,2,\cdots,n)$ 右连续；

(4) 对任意的 $\boldsymbol{a}=(a_1,a_2,\cdots,a_n)$，$\boldsymbol{b}=(b_1,b_2,\cdots,b_n)$，$a_i<b_i,i=1,2,\cdots,n$ 有

$$F(b_1,b_2,\cdots,b_n)-\sum_{i=1}^{n}F(\cdots,a_i,\cdots)+\sum_{i<j=2}^{n}F(\cdots,a_i,\cdots,a_j,\cdots)-\cdots+(-1)^nF(a_1,a_2,\cdots,a_n\geqslant 0. \quad (3.2)$$

(3.2)式的左端表示概率值

$$P\{a_1<X_1\leqslant b_1,a_2<X_2\leq b_2,\cdots,a_n<X_n\leqslant b_n\}.$$

3.1.2 多维离散型随机变量及其分布律

1. 多维离散型随机变量及其分布律

如果二维随机变量 (X,Y) 所有可能的取值为 (x_i,y_j)，$i,j=1,2,\cdots$，称 (X,Y) 为二维离散型随机变量，并称

$$P\{(X,Y)=(x_i,y_j)\}=P\{X=x_i,Y=y_i\}=p_{ij},\quad i,j=1,2,\cdots \quad (3.3)$$

为 (X,Y) 的分布律或 X 与 Y 的联合分布律，(3.3)式也可以用表格表示如下

X \ Y	y_1	y_2	$\cdots$	y_j	$\cdots$
x_1	p_{11}	p_{12}	$\cdots$	p_{1j}	$\cdots$
x_2	p_{21}	p_{22}	$\cdots$	p_{2j}	$\cdots$
$\vdots$	$\vdots$	$\vdots$	$\vdots$	$\vdots$	$\vdots$
x_i	p_{i1}	p_{i2}	$\cdots$	p_{ij}	$\cdots$
$\vdots$	$\vdots$	$\vdots$	$\vdots$	$\vdots$	$\vdots$

如果 n 维随机变量$(X_1,X_2,\cdots,X_n)$所有可能的取值为$(x_{i_1},x_{i_2},\cdots,x_{i_n})$，$i_1,i_2,\cdots,i_n=1,2,\cdots$，称$(X_1,X_2,\cdots,X_n)$为 n 维离散型随机变量，并称

$$\begin{aligned}&P\{(X_1,X_2,\cdots,X_n)=(x_{i_1},x_{i_2},\cdots,x_{i_n})\}\\&=P\{X_1=x_{i_1},X_2=x_{i_2},\cdots,X_n=x_{i_n}\}\\&=p_{i_1i_2\cdots i_n}(i_1,i_2,\cdots,i_n=1,2,\cdots)\end{aligned}$$

为$(X_1,X_2,\cdots,X_n)$的分布律或 $X_1,X_2,\cdots,X_n$ 的联合分布律.

2. 分布律的性质 二维离散型随机变量的分布律 p_{ij} 有下列性质：

(1) $p_{ij}\geqslant 0$；

(2) $\sum\limits_i\sum\limits_j p_{ij}=1$.

多维离散型随机变量的分布律 $p_{i_1i_2\cdots i_n}$ 有下列性质：

(1) $p_{i_1i_2\cdots i_n}\geqslant 0$；

(2) $\sum\limits_{i_1,i_2,\cdots,i_n} p_{i_1i_2\cdots i_n}=1$.

3.1.3 多维连续型随机变量及其概率密度

1. 多维连续型随机变量及其概率密度

设(X,Y)的分布函数为 $F(x,y)$，若存在非负的二元函数 $f(x,y)$，使对任意的 x,y 有

$$F(x,y)=\int_{-\infty}^{x}\int_{-\infty}^{y}f(u,v)\mathrm{d}v\mathrm{d}u,$$

称(X,Y)为二维连续型随机变量，并称 $f(x,y)$为(X,Y)的概率密度或 X 与 Y 的联合概率密度.

设$(X_1,X_2,\cdots,X_n)$的分布函数为 $F(x_1,x_2,\cdots,x_n)$，若存在非负的 n 元函数 $f(x_1,x_2,\cdots,x_n)$，使对任意的 $x_1,x_2,\cdots,x_n$ 有

$$F(x_1,x_2,\cdots,x_n)=\int_{-\infty}^{x_1}\int_{-\infty}^{x_2}\cdots\int_{-\infty}^{x_n}f(u_1,u_2,\cdots,u_n)\mathrm{d}u_n\cdots\mathrm{d}u_2\mathrm{d}u_1,$$

称$(X_1,X_2,\cdots,X_n)$为 n 维连续型随机变量，并称 $f(x_1,x_2,\cdots,x_n)$为$(X_1,X_2,\cdots,X_n)$的概率密度或 $X_1,X_2,\cdots,X_n$ 的联合概率密度.

2. 概率密度的性质

二维连续型随机变量的概率密度 $f(x,y)$有下列性质：

(1) $f(x,y)\geqslant 0$；

(2) $\int_{-\infty}^{+\infty}\int_{-\infty}^{+\infty}f(x,y)\mathrm{d}x\mathrm{d}y=1$；

(3) 若(x,y)是 $f(x,y)$的连续点，有$\dfrac{\partial^2F(x,y)}{\partial x\partial y}=f(x,y)$；

(4) 若 G 为二维平面区域，有

$$P\{(X,Y)\in G\}=\iint_G f(x,y)\mathrm{d}x\mathrm{d}y.$$

性质(2)常用来求 $f(x,y)$ 中的未知常数.当已知分布函数 $F(x,y)$ 时,用性质(3)求概率密度 $f(x,y)$.性质(4)用来求概率 $P\{(X,Y)\in G\}$.

n 维连续型随机变量的概率密度 $f(x_1,x_2,\cdots,x_n)$ 有下列性质:

(1) $f(x_1,x_2,\cdots,x_n)\geqslant 0$;

(2) $\int_{-\infty}^{+\infty}\cdots\int_{-\infty}^{+\infty}f(x_1,x_2,\cdots,x_n)\mathrm{d}x_1\mathrm{d}x_2\cdots\mathrm{d}x_n=1$;

(3) 若 $(x_1,x_2,\cdots,x_n)$ 是 $f(x_1,x_2,\cdots,x_n)$ 的连续点,有 $\dfrac{\partial^n F(x_1,x_2,\cdots,x_n)}{\partial x_1\partial x_2\cdots\partial x_n}=f(x_1,x_2,\cdots,x_n)$;

(4) 若 G 为 n 维区域,有

$$P\{(X_1,X_2,\cdots,X_n)\in G\}=\iint\cdots\int_G f(x_1,x_2,\cdots,x_n)\mathrm{d}x_1\mathrm{d}x_2\cdots\mathrm{d}x_n.$$

3. 二维均匀分布和正态分布

设 D 是平面有界区域,面积为 A.若二维随机变量 (X,Y) 的概率密度为

$$f(x,y)=\begin{cases}\dfrac{1}{A}, & (x,y)\in D,\\ 0, & \text{其他},\end{cases}$$

称 (X,Y) 在 D 上服从均匀分布.

若二维随机变量 (X,Y) 的概率密度为

$$f(x,y)=\frac{1}{2\pi\sigma_1\sigma_2\sqrt{1-\rho^2}}\mathrm{e}^{-\frac{1}{2(1-\rho^2)}\left[\frac{(x-\mu_1)^2}{\sigma_1^2}-\frac{2\rho(x-\mu_1)(y-\mu_2)}{\sigma_1\sigma_2}+\frac{(y-\mu_2)^2}{\sigma_2^2}\right]},$$

称 (X,Y) 服从参数为 $\mu_1,\mu_2,\sigma_1^2,\sigma_2^2,\rho$ 的正态分布,记为 $(X,Y)\sim N(\mu_1,\mu_2,\sigma_1^2,\sigma_2^2,\rho)$,其中 $\mu_1,\mu_2,\sigma_1,\sigma_2,\rho$ 为常数,且 $\sigma_1>0,\sigma_2>0,-1<\rho<1$.

3.1.4 边缘分布和随机变量的独立性

1. 边缘分布函数和随机变量的独立性的定义

(1) **边缘分布函数** 设 (X,Y) 的分布函数为 $F(x,y)$,则关于 X 和关于 Y 的边缘分布函数分别为

$$F_X(x)=F(x,+\infty)=\lim_{y\to+\infty}F(x,y); \tag{3.4}$$

$$F_Y(y)=F(+\infty,y)=\lim_{x\to+\infty}F(x,y). \tag{3.5}$$

设 $(X_1,X_2,\cdots,X_n)$ 的分布函数为 $F(x_1,x_2,\cdots,x_n)$,则关于 $X_{j_1},X_{j_2},\cdots,X_{j_k}$ $(1\leqslant j_1<j_2<\cdots,j_k\leqslant n)$ 的边缘分布函数为

$$F_{j_1j_2\cdots j_k}(x_{j_1},x_{j_2},\cdots,x_{j_k})$$

$$= \lim_{\substack{x_{s_1}, x_{s_2}, \cdots, x_{s_{n-k}} \to +\infty \\ 1 \leqslant s_1 < s_2 < \cdots < s_{n-k} \leqslant n, s_h \neq j_r \\ r=1,2,\cdots,k; h=1,2,\cdots n-k}} F(x_1, x_2, \cdots, x_n),$$

特别地，关于 $X_j, j=1,2,\cdots,n$ 的边缘分布函数为

$$F_j(x_j) = \lim_{x_1, \cdots, x_{j-1}, x_{j+1}, \cdots, x_n \to +\infty} F(x_1, \cdots, x_{j-1}, x_j, x_{j+1}, \cdots, x_n). \tag{3.6}$$

(2) 随机变量独立性的定义

设二维随机变量(X,Y)的分布函数为 $F(x,y)$，关于 X,Y 的边缘分布函数分别为(3.4)式和(3.5)式.若对任意的 x,y 有

$$F(x,y) = F_X(x) F_Y(y), \tag{3.7}$$

则称随机变量 X 与 Y 独立.

设 n 维随机变量$(X_1, X_2, \cdots, X_n)$的分布函数为 $F(x_1, x_2, \cdots, x_n)$.关于 X_j 的边缘分布函数为(3.6)式，$j=1,2,\cdots,n$.若对任意的 $x_1, x_2, \cdots, x_n$ 有

$$F(x_1, x_2, \cdots, x_n) = F_1(x_1) F_2(x_2) \cdots F_n(x_n) = \prod_{j=1}^{n} F_j(x_j), \tag{3.8}$$

则称随机变量 $X_1, X_2, \cdots, X_n$ 独立.

2. 边缘分布律和随机变量独立性的等价条件

(1) **边缘分布律** 设二维离散型随机变量(X,Y)的分布律为

$$P\{X=x_i, Y=y_j\} = p_{ij}, i,j=1,2,\cdots, \tag{3.9}$$

则关于 X 和关于 Y 的边缘分布律分别为

$$P\{X = x_i\} = \sum_j p_{ij} \triangleq p_{i\cdot}, i = 1,2,\cdots, \tag{3.10}$$

$$P\{Y = y_j\} = \sum_i p_{ij} \triangleq p_{\cdot j}, j = 1,2,\cdots. \tag{3.11}$$

二维离散型随机变量的边缘分布律的求法也可以用下面的表格表示.

$X \backslash Y$	y_1	y_2	$\cdots$	y_j	$\cdots$	$p_{i\cdot}$
x_1	p_{11}	p_{12}	$\cdots$	p_{1j}	$\cdots$	$p_{1\cdot}$
x_2	p_{21}	p_{22}	$\cdots$	p_{2j}	$\cdots$	$p_{2\cdot}$
$\vdots$	$\vdots$	$\vdots$	$\vdots$	$\vdots$	$\vdots$	$\vdots$
x_i	p_{i1}	p_{i2}	$\cdots$	p_{ij}	$\cdots$	$p_{i\cdot}$
$\vdots$	$\vdots$	$\vdots$	$\vdots$	$\vdots$	$\vdots$	$\vdots$
$p_{\cdot j}$	$p_{\cdot 1}$	$p_{\cdot 2}$	$\cdots$	$p_{\cdot j}$	$\cdots$	1

表中各行之和恰为关于 X 的边缘分布律 $p_{i\cdot}$ ，$i=1,2,\cdots$，各列之和恰为关于 Y 的边

缘分布律 $p_{\cdot j}, j=1,2,\cdots$.

设 n 维离散型随机变量 $(X_1,X_2,\cdots,X_n)$ 的分布律为

$$P\{X_1=x_{i_1},X_2=x_{i_2},\cdots,X_{i_n}=x_{i_n}\}=p_{i_1 i_2\cdots i_n}, i_1,i_2,\cdots,i_n=1,2,\cdots, \tag{3.12}$$

则关于 $(X_{j_1},X_{j_2},\cdots,X_{j_k})$, $1\leqslant j_1<j_2<\cdots<j_k\leqslant n$ 的边缘分布律为

$$\begin{aligned}&P\{X_{j_1}=x_{i_{j_1}},X_{j_2}=x_{i_{j_2}},\cdots,X_{i_{j_k}}=x_{i_{j_k}}\}\\&=\sum_{\substack{s_1,s_2,\cdots,s_{n-k}\\1\leqslant s_1<s_2<\cdots<s_{n-k}\leqslant n,s_h\neq j_r,\\r=1,2,\cdots,k,h=1,2,\cdots,n-k}} P\{X_1=x_{i_1},X_2=x_{i_2},\cdots,X_n=x_{i_n}\}\end{aligned}$$

特别地,关于 $X_j, j=1,2,\cdots,n$ 的边缘分布律为

$$P\{X_j=x_{i_j}\}=\sum_{i_1,\cdots,i_{j-1},i_{j+1},\cdots,i_n} P\{X_1=x_{i_1},X_2=x_{i_2},\cdots,X_n=x_{i_n}\}. \tag{3.13}$$

(2) 离散型随机变量独立性的等价条件

设二维离散型随机变量 (X,Y) 的分布律为(3.9)式,关于 X,Y 的边缘分布律为(3.10)式和(3.11)式,则 X 与 Y 独立的充要条件是对一切 i,j 有

$$P\{X=x_i,Y=y_j\}=P\{X=x_i\}P\{Y=y_j\}.$$

设 n 维随机变量 $(X_1,X_2,\cdots,X_n)$ 的分布律为(3.12)式,关于 $X_j, j=1,2,\cdots,n$ 的边缘分布律为(3.13)式,则 $X_1,X_2,\cdots,X_n$ 独立的充要条件是对一切 $i_1,i_2,\cdots,i_n$ 有

$$P\{X_1=x_{i_1},X_2=x_{i_2},\cdots,X_n=x_{i_n}\}=\prod_{j=1}^{n}P\{X_j=x_{i_j}\}.$$

3. 边缘概率密度和随机变量独立性的等价条件

(1) **边缘概率密度** 设二维连续型随机变量 (X,Y) 的概率密度为 $f(x,y)$,则关于 X 和关于 Y 的边缘概率密度分别为

$$f_X(x)=\int_{-\infty}^{+\infty}f(x,y)\mathrm{d}y; \tag{3.14}$$

$$f_Y(y)=\int_{-\infty}^{+\infty}f(x,y)\mathrm{d}x. \tag{3.15}$$

设 n 维连续型随机变量 $(X_1,X_2,\cdots,X_n)$ 的概率密度为 $f(x_1,x_2,\cdots,x_n)$,则关于 X_{j_1}, $X_{j_2},\cdots,X_{j_k}$, $1\leqslant j_1<j_2<\cdots<j_k\leqslant n$ 的边缘概率密度为

$$\begin{aligned}&f_{j_1 j_2\cdots j_k}(x_{j_1},x_{j_2},\cdots,x_{j_k})\\&=\int_{-\infty}^{+\infty}\int_{-\infty}^{+\infty}\cdots\int_{-\infty}^{+\infty}f(x_1,x_2,\cdots,x_n)\mathrm{d}x_{s_1}\mathrm{d}x_{s_2}\cdots\mathrm{d}x_{s_{n-k}}\end{aligned}$$

其中 $1\leqslant s_1<s_2<\cdots<s_{n-k}$, $s_h\neq j_r$, $r=1,2,\cdots,k$, $h=1,2,\cdots,n-k$.

特别地,关于 $X_j, j=1,2,\cdots,n$ 的边缘概率密度为

$$f_j(x_j)=\int_{-\infty}^{+\infty}\cdots\int_{-\infty}^{+\infty}\int_{-\infty}^{+\infty}\cdots\int_{-\infty}^{+\infty}f(x_1,\cdots,x_{j-1},x_j,x_{j+1}\cdots,x_n)\mathrm{d}x_1\cdots\mathrm{d}x_{j-1}\mathrm{d}x_{j+1}\cdots\mathrm{d}x_n. \tag{3.16}$$

(2) 连续型随机变量独立性的等价条件

设二维连续型随机变量(X,Y)的概率密度为$f(x,y)$，关于X,Y的边缘概率密度分别为(3.14)式和(3.15)式，则X,Y独立的充要条件是对于一切连续点(x,y)有

$$f(x,y)=f_X(x)f_Y(y). \tag{3.17}$$

设n维连续型随机变量$(X_1,X_2,\cdots,X_n)$的概率密度为$f(x_1,x_2,\cdots,x_n)$. 关于X_j，$j=1,2,\cdots,n$的边缘概率密度为(3.16)式，则$X_1,X_2,\cdots,X_n$独立的充要条件是对一切连续点$(x_1,x_2,\cdots,x_n)$有

$$f(x_1,x_2,\cdots,x_n)=\prod_{j=1}^{n}f_j(x_j). \tag{3.18}$$

4. 正态随机变量的边缘分布及独立性

若$(X,Y)\sim N(\mu_1,\mu_2,\sigma_1^2,\sigma_2^2,\rho)$，则关于$X$和关于$Y$的边缘分布分别为$X\sim N(\mu_1,\sigma_1^2)$，$Y\sim N(\mu_2,\sigma_2^2)$，且$X$与$Y$独立的充要条件是$\rho=0$.

3.1.5 条件分布简介

1. 条件分布律

设(X,Y)的分布律为(3.9)式，关于X和关于Y的边缘分布律分别为(3.10)式和(3.11)式. 若$p_{i\cdot}>0$，称

$$P\{Y=y_j\mid X=x_i\}=\frac{p_{ij}}{p_{i\cdot}},\quad j=1,2,\cdots \tag{3.19}$$

为在$X=x_i$条件下Y的条件分布律.

类似地，若$p_{\cdot j}>0$，称

$$P\{X=x_i\mid Y=y_j\}=\frac{P_{ij}}{p_{\cdot j}},\quad i=1,2,\cdots \tag{3.20}$$

为在$Y=y_j$条件下，X的条件分布律.

2. 条件概率密度

设二维连续型随机变量(X,Y)的概率密度为$f(x,y)$，关于X,Y的边缘概率密度分别为$f_X(x),f_Y(y)$，若$f_X(x)>0$，称

$$f_{Y|X}(y\mid x)\triangleq\frac{f(x,y)}{f_X(x)} \tag{3.21}$$

为在$X=x$条件下，Y的条件概率密度.

类似地，若$f_Y(y)>0$，称

$$f_{X|Y}(x\mid y)\triangleq\frac{f(x,y)}{f_Y(y)} \tag{3.22}$$

为在$Y=y$条件下，X的条件概率密度.

3. 条件分布函数

由条件分布律和条件概率密度可以计算相应的条件分布函数：

若在 $X=x_i$ 条件下 Y 的条件分布律为(3.19)式,则在 $X=x_i$ 条件下 Y 的条件分布函数为

$$F_{Y|X}(y \mid x_i) \triangleq \sum_{y_j \leqslant y} \frac{p_{ij}}{p_{i\cdot}};$$

若在 $Y=y_j$ 条件下 X 的条件分布律为(3.20)式,则在 $Y=y_j$ 条件下 X 的条件分布函数为

$$F_{X|Y}(x \mid y_j) \triangleq \sum_{x_i \leqslant x} \frac{p_{ij}}{p_{\cdot j}};$$

若在 $X=x$ 条件下 Y 的条件概率密度为(3.21)式,则在 $X=x$ 条件下 Y 的条件分布函数为

$$F_{Y|X}(y \mid x) \triangleq \int_{-\infty}^{y} f_{Y|X}(y \mid x)\mathrm{d}y;$$

若在 $Y=y$ 条件下 X 的条件概率密度为(3.22)式,则在 $Y=y$ 条件下 X 的条件分布函数为

$$F_{X|Y}(x \mid y) \triangleq \int_{-\infty}^{x} f_{X|Y}(x \mid y)\mathrm{d}x;$$

3.1.6 二维随机变量函数的分布

1. 二维离散型随机变量函数的分布

设二维离散型随机变量(X,Y)的分布律为(3.9)式,$g(x,y)$为已知二元函数,且当$g(x,y)$的定义域为$\{(x_i,y_j)|i,j=1,2,\cdots\}$时,$g(x,y)$的值域是$\{z_k|k=1,2,\cdots\}$,则 $Z=g(X,Y)$为离散型随机变量,且分布律为

$$P\{Z=z_k\}=\sum_{g(x_i,y_j)=z_k} p_{ij},k=1,2,\cdots, \quad (3.23)$$

其中 $\sum_{g(x_i,y_j)=z_k} p_{ij}$ 表示对使得 $g(x_i,y_j)=z_k$ 的一切 i,j 所对应的 p_{ij} 求和.

2. 二维连续型随机变量函数的分布

已知(X,Y)的概率密度 $f(x,y)$,又 $Z=g(X,Y)$,求 Z 的概率密度 $f_Z(z)$.

(1) 一般方法

求 $f_Z(z)$的一般方法是先求 Z 的分布函数 $F_Z(z)$,再求导得概率密度 $f_Z(z)$.

设(X,Y)的概率密度为 $f(x,y)$. $g(x,y)$为已知连续函数,则 $Z=g(X,Y)$的分布函数为

$$F_Z(z)=P\{g(X,Y)\leqslant z\}=\iint_{g(x,y)\leqslant z} f(x,y)\mathrm{d}x\mathrm{d}y, \quad (3.24)$$

Z 的概率密度为 $f_Z(z)=F'_Z(z)$.

(2) 几个常用二维随机变量函数的分布

① $Z=\sqrt{X^2+Y^2}$ 的分布

设(X,Y)的概率密度为 $f(x,y)$,则 $Z=\sqrt{X^2+Y^2}$ 的分布函数

$$F_Z(z) = P\{\sqrt{X^2+Y^2} \leqslant z\}$$
$$= \begin{cases} 0, & z < 0, \\ \iint\limits_{\sqrt{x^2+y^2}\leqslant z} f(x,y)\mathrm{d}x\mathrm{d}y, & z \geqslant 0. \end{cases}$$

② $M=\max(X,Y)$ 和 $N=\min(X,Y)$ 的分布

设 X 与 Y 相互独立，且分布函数分别为 $F_X(x)$ 和 $F_Y(y)$，则 $M=\max(X,Y)$ 和 $N=\min(X,Y)$ 的分布函数分别为

$$F_M(z)=F_X(z)F_Y(z), \tag{3.25a}$$

$$F_N(z)=1-[1-F_X(z)][1-F_Y(z)], \tag{3.25b}$$

特别地，当 X 与 Y 独立同分布，且分布函数为 $F(x)$ 时，有

$$F_M(z)=[F(z)]^2, \tag{3.26a}$$

$$F_N(z)=1-[1\text{-}F(z)]^2. \tag{3.26b}$$

以上结论可推广到 n 个独立随机变量的情况. 若 $X_i, i=1,2,\cdots,n$ 相互独立，且分布函数分别为 $F_i(x_i), i=1,2,\cdots,n$，则 $M=\max\limits_{1\leqslant i\leqslant n} X_i$，$N=\min\limits_{1\leqslant i\leqslant n} X_i$ 的分布函数分别为

$$F_M(z) = \prod_{i=1}^{n} F_i(z), \tag{3.27a}$$

$$F_N(z) = 1 - \prod_{i=1}^{n}[1 - F_i(z)], \tag{3.27b}$$

特别地，当 $X_i, i=1,2,\cdots,n$ 独立同分布，且分布函数为 $F(x)$ 时，则

$$F_M(z)=[F(z)]^n, \tag{3.28a}$$

$$F_N(z)=1-[1-F(z)]^n. \tag{3.28b}$$

③ $Z=X+Y$ 的分布

设 (X,Y) 的概率密度为 $f(x,y)$，则 $Z=X+Y$ 的概率密度

$$f_Z(z) = \int_{-\infty}^{+\infty} f(z-y,y)\mathrm{d}y = \int_{-\infty}^{+\infty} f(x,z-x)\mathrm{d}x. \tag{3.29}$$

当 X 与 Y 相互独立时，则有

$$f_Z(z) = \int_{-\infty}^{+\infty} f_X(z-y)f_Y(y)\mathrm{d}y = \int_{-\infty}^{+\infty} f_X(x)f_Y(z-x)\mathrm{d}x = f_X * f_Y. \tag{3.30}$$

(3) 几个公式

① $Z=X-Y$ 的概率密度

$$f_Z(z) = \int_{-\infty}^{+\infty} f(x,x-z)\mathrm{d}x = \int_{-\infty}^{+\infty} f(y+z,y)\mathrm{d}y, \tag{3.31}$$

当 X 与 Y 独立时，

$$f_Z(z) = \int_{-\infty}^{+\infty} f_X(x)f_Y(x-z)\mathrm{d}x = \int_{-\infty}^{+\infty} f_X(y+z)f_Y(y)\mathrm{d}y, \tag{3.32}$$

② $Z=XY$ 的概率密度

$$f_Z(z)=\int_{-\infty}^{+\infty}f\left(x,\frac{z}{x}\right)\frac{1}{|x|}\mathrm{d}x=\int_{-\infty}^{+\infty}f\left(\frac{z}{y},y\right)\frac{1}{|y|}\mathrm{d}y, \tag{3.33}$$

当 X 与 Y 独立时，

$$f_Z(z)=\int_{-\infty}^{+\infty}f_X(x)f_Y\left(\frac{z}{x}\right)\frac{1}{|x|}\mathrm{d}x=\int_{-\infty}^{+\infty}f_X\left(\frac{z}{y}\right)f_Y(y)\frac{1}{|y|}\mathrm{d}y. \tag{3.34}$$

③ $Z=\dfrac{X}{Y}$的概率密度

$$f_Z(z)=\int_{-\infty}^{+\infty}f\left(x,\frac{x}{z}\right)\frac{|x|}{z^2}\mathrm{d}x=\int_{-\infty}^{+\infty}f(yz,y)\,|y|\,\mathrm{d}y, \tag{3.35}$$

当 X 与 Y 独立时，

$$f_Z(z)=\int_{-\infty}^{+\infty}f_X(x)f_Y\left(\frac{x}{z}\right)\frac{|x|}{z^2}\mathrm{d}x=\int_{-\infty}^{+\infty}f_X(yz)f_Y(y)\,|y|\,\mathrm{d}y. \tag{3.36}$$

3.2 要　求

1. 理解二维随机变量及其分布函数的概念. 知道 n 维随机变量及其分布函数.

2. 理解二维离散型随机变量及其分布律的概念. 知道 n 维离散型随机变量及其分布律.

3. 理解二维连续型随机变量及其概率密度的概念和性质. 会用概率密度的有关性质做简单的计算题，知道 n 维连续型随机变量及其概率密度.

4. 知道二维随机变量的边缘分布函数和两个随机变量独立性的定义. 知道二维离散型随机变量的边缘分布律及二随机变量独立性的等价条件. 会求简单二维离散型随机变量的边缘分布律并能判断独立性；知道二维连续型随机变量的边缘概率密度及二随机变量独立性的等价条件. 会求简单二维连续型随机变量的边缘概率密度并能判断独立性. 知道 n 个随机变量独立性的概念.

5. 会求简单二维离散型随机变量函数的分布律.

6. 会求基本二维连续型随机变量函数的分布，如求 $M=\max(X,Y)$，$N=\min(X,Y)$，$Z=X+Y$ 的概率密度.

7. 记住下面常用的几个结论：

若 $X_i,i=1,2,\cdots,m$ 独立，且 $X_i\sim b(n_i,p)$，则 $\sum\limits_{i=1}^{m}X_i\sim b\left(\sum\limits_{i=1}^{m}n_i,p\right)$；

若 $X_i,i=1,2,\cdots,n$ 独立，且 $X_i\sim \pi(\lambda_i)$，则 $\sum\limits_{i=1}^{n}X_i\sim \pi\left(\sum\limits_{i=1}^{n}\lambda_i\right)$；

若 $X_i,i=1,2,\cdots,n$ 独立，且 $X_i\sim N(\mu_i,\sigma_i^2)$，则 $\sum\limits_{i=1}^{n}a_iX_i+b\sim N\left(\sum\limits_{i=1}^{n}a_i\mu_i+b,\sum\limits_{i=1}^{n}a_i^2\sigma_i^2\right)$.

其中 $a_i,i=1,2,\cdots,n,b$ 均为常数，且 $a_i,i=1,2,\cdots,n$ 不全为零.

3.3 A类例题和习题

3.3.1 例题

例 1 某同学求得二维随机变量(X,Y)的分布律为

$X \backslash Y$	-3	5	7	$\frac{1}{2}$
0	0	$\frac{1}{32}$	$\frac{1}{64}$	0
$\frac{1}{3}$	$\frac{1}{2}$	0	0	$\frac{1}{16}$
2	$\frac{1}{16}$	$\frac{1}{4}$	0	$\frac{1}{4}$

试说明该同学的计算结果是否正确.

解:由于该同学的计算结果使得(X,Y)的分布律有$\sum\limits_{i}\sum\limits_{j}P_{ij}>1$,因而他的计算结果是错误的.

例 2 设有二元函数

$$f(x,y)=\begin{cases}x^2+y^2, & x^2+y^2<1,\\ 0, & \text{其他},\end{cases}$$

试说明$f(x,y)$能否是某二维随机变量的概率密度.

解:显然$f(x,y)\geqslant 0$,即满足概率密度的性质(1).考虑

$$\int_{-\infty}^{+\infty}\int_{-\infty}^{+\infty}f(x,y)\mathrm{d}x\mathrm{d}y=\iint_{x^2+y^2<1}(x^2+y^2)\mathrm{d}x\mathrm{d}y=\int_0^{2\pi}\mathrm{d}\theta\int_0^1 r^3\mathrm{d}r=\frac{\pi}{2}\neq 1,$$

不满足概率密度的性质(2).因此$f(x,y)$不能是某二维随机变量的概率密度.

例 3 将3个球随机地放入3个盒子中去,若X、Y分别表示放入第1、第2个盒子中的球的个数,求二维随机变量(X,Y)的分布律及$P\{X+Y>2\}$,$P\{X+Y=2\}$,$P\{X=2\}$.

解:显然有X所有可能的取值为0,1,2,3,Y的所有可能的取值为0,1,2,3,由于一共有3个球,因此当$i+j>3$时,有$P\{X=i,Y=j\}=P(\varnothing)=0$.

利用古典概型中分房问题概率的计算方法可得

$$P\{X=0,Y=0\}=\frac{1}{3^3}=\frac{1}{27},$$

$$P\{X=0,Y=1\}=\frac{C_3^1}{3^3}=\frac{3}{27},$$

$$P\{X=0,Y=2\}=\frac{C_3^2}{3^3}=\frac{3}{27},$$

$$P\{X=0,Y=3\}=\frac{C_3^3}{3^3}=\frac{1}{27},$$

$$P\{X=1,Y=0\}=\frac{C_3^1}{3^3}=\frac{3}{27},$$

$$P\{X=1,Y=1\}=\frac{C_3^1C_2^1}{3^3}=\frac{6}{27},$$

$$P\{X=1,Y=2\}=\frac{C_3^1C_2^2}{3^3}=\frac{3}{27},$$

$$P\{X=2,Y=0\}=\frac{C_3^2}{3^3}=\frac{3}{27},$$

$$P\{X=2,Y=1\}=\frac{C_3^2C_1^1}{3^3}=\frac{3}{27},$$

$$P\{X=3,Y=0\}=\frac{C_3^3}{3^3}=\frac{1}{27},$$

因此(X,Y)的分布律可表为

$$P\{X=i,Y=j\}=\frac{C_3^iC_{3-i}^j}{3^3}=\frac{C_3^iC_{3-i}^j}{27},\quad i,j=0,1,2,3,\quad i+j\leqslant 3,$$

(X,Y)的分布律也可用下面的表格表示为

X \ Y	0	1	2	3
0	$\frac{1}{27}$	$\frac{3}{27}$	$\frac{3}{27}$	$\frac{1}{27}$
1	$\frac{3}{27}$	$\frac{6}{27}$	$\frac{3}{27}$	0
2	$\frac{3}{27}$	$\frac{3}{27}$	0	0
3	$\frac{1}{27}$	0	0	0

容易算得 $P\{X+Y>2\}=P\{X+Y=3\}=P\{X=0,Y=3\}+P\{X=1,Y=2\}+P\{X=2,Y=1\}+P\{X=3,Y=0\}=\frac{8}{27}$,

$$P\{X+Y=2\}=P\{X=0,Y=2\}+P\{X=1,Y=1\}+P\{X=2,Y=0\}=\frac{12}{27}.$$

由于 $\bigcup_{j=0}^{3}\{Y=j\}=S$,而$\{Y=j\},j=0,1,2,3$互不相容,故

$$P\{X=2\}=P\left(\{X=2\}\bigcup_{j=0}^{3}\{Y=j\}\right)=\bigcup_{j=0}^{3}P\{X=2,Y=j\}=\frac{6}{27}.$$

例 4 设二维连续型随机变量的概率密度为

$$f(x,y)=\begin{cases}\dfrac{A}{(1+x+y)^4}, & x>0,y>0,\\ 0, & \text{其他},\end{cases}$$

求:(1) 常数 A;

(2) $P\{X+Y\leqslant 1\}$,$P\{1<X<2,0<Y<1\}$;

(3) (X,Y)的分布函数.

解:(1)由概率密度的性质(2),应有

$$1=\int_{-\infty}^{+\infty}\int_{-\infty}^{+\infty}f(x,y)\mathrm{d}x\mathrm{d}y=A\int_{0}^{+\infty}\mathrm{d}x\int_{0}^{+\infty}\frac{1}{(1+x+y)^{4}}\mathrm{d}y$$

$$=\frac{A}{3}\int_{0}^{+\infty}\left[-\frac{1}{(1+x+y)^{3}}\right]_{0}^{+\infty}\mathrm{d}x=\frac{A}{3}\int_{0}^{+\infty}\frac{1}{(1+x)^{3}}\mathrm{d}x$$

$$=\frac{A}{6}\left[-\frac{1}{(1+x)^{2}}\right]_{0}^{+\infty}=\frac{A}{6},$$

得 $A=6$,即有

$$f(x,y)=\begin{cases}\dfrac{6}{(1+x+y)^{4}}, & x>0,y>0,\\ 0, & \text{其他}.\end{cases}$$

(2) 由概率密度的性质(4)及图 3.2 得

$$P\{X+Y\leqslant 1\}=\iint_{x+y\leqslant 1}f(x,y)\mathrm{d}x\mathrm{d}y=\int_{0}^{1}\mathrm{d}x\int_{0}^{1-x}\frac{6}{(1+x+y)^{4}}\mathrm{d}y$$

$$=2\int_{0}^{1}\left[-\frac{1}{(1+x+y)^{3}}\right]_{0}^{1-x}\mathrm{d}x=2\int_{0}^{1}\left[\frac{1}{(1+x)^{3}}-\frac{1}{8}\right]\mathrm{d}x$$

$$=\left[-\frac{1}{(1+x)^{2}}\right]_{0}^{1}-\frac{1}{4}=\frac{1}{2}.$$

$$P\{1<X<2,0<Y\leqslant 1\}=\iint_{1<x<2,0<y\leqslant 1}f(x,y)\mathrm{d}x\mathrm{d}y=\int_{1}^{2}\mathrm{d}x\int_{0}^{1}\frac{6}{(1+x+y)^{4}}\mathrm{d}y$$

$$=2\int_{1}^{2}\left[-\frac{1}{(1+x+y)^{3}}\right]_{0}^{1}\mathrm{d}x=2\int_{1}^{2}\left[\frac{1}{(1+x)^{3}}-\frac{1}{(2+x)^{3}}\right]\mathrm{d}x$$

$$=\left[-\frac{1}{(1+x)^{2}}\right]_{1}^{2}+\left[\frac{1}{(2+x)^{2}}\right]_{1}^{2}=\frac{13}{144}.$$

(3) 如图 3.3 所示,当 $x<0$ 或 $y<0$ 时,

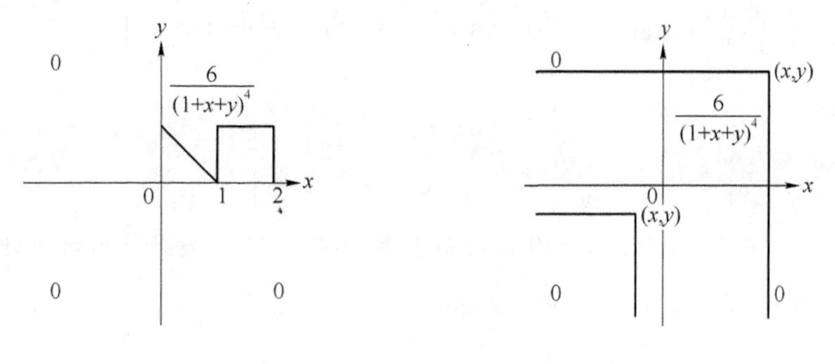

图 3.2　　图 3.3

$$F(x,y)=\int_{-\infty}^{x}\int_{-\infty}^{y}0\mathrm{d}x\mathrm{d}y=0,$$

当 $x\geqslant 0, y\geqslant 0$ 时，

$$F(x,y)=\int_{-\infty}^{x}\int_{-\infty}^{y}f(x,y)\mathrm{d}x\mathrm{d}y=\int_{0}^{x}\mathrm{d}x\int_{0}^{y}\frac{6}{(1+x+y)^4}\mathrm{d}y$$

$$=2\int_{0}^{x}\left[-\frac{1}{(1+x+y)^3}\right]_{0}^{y}\mathrm{d}x=2\int_{0}^{x}\left[\frac{1}{(1+x)^3}-\frac{1}{(1+x+y)^3}\right]\mathrm{d}x$$

$$=-\frac{1}{(1+x)^2}\bigg|_{0}^{x}+\frac{1}{(1+x+y)^2}\bigg|_{0}^{x}=1-\frac{1}{(1+x)^2}-\frac{1}{(1+y)^2}+\frac{1}{(1+x+y)^2},$$

因而 (X,Y) 的分布函数为

$$F(x,y)=\begin{cases}0, & x<0 \text{ 或 } y<0,\\ 1-\dfrac{1}{(1+x)^2}-\dfrac{1}{(1+y)^2}+\dfrac{1}{(1+x+y)^2}, & x\geqslant 0, y\geqslant 0.\end{cases}$$

例 5 设随机变量 (X,Y) 的分布函数为

$$F(x,y)=A(\arctan \mathrm{e}^x)(\arctan \mathrm{e}^y),$$

求：(1)常数 A；(2)$P\{0<X<\frac{1}{2}\ln 3, -\frac{1}{2}\ln 3<y<0\}$；(3)关于 X 和关于 Y 的边缘分布函数，问 X 与 Y 是否独立？(4)(X,Y) 的概率密度.

解：(1)由二维分布函数的性质(2)，有

$$1=\lim_{\substack{x\to+\infty\\y\to+\infty}}F(x,y)=\lim_{\substack{x\to+\infty\\y\to+\infty}}A(\arctan \mathrm{e}^x)(\arctan \mathrm{e}^y)=\frac{A\pi^2}{4},$$

得到 $A=\frac{4}{\pi^2}$，即有

$$F(x,y)=\frac{4}{\pi^2}(\arctan \mathrm{e}^x)(\arctan \mathrm{e}^y).$$

(2) 由二维分布函数性质(4)左端的概率意义，有

$$P\left\{0<X<\frac{1}{2}\ln 3, -\frac{1}{2}\ln 3<y<0\right\}$$

$$=F\left(\frac{1}{2}\ln 3,0\right)-F(0,0)-F\left(\frac{1}{2}\ln 3,-\frac{1}{2}\ln 3\right)+F\left(0,-\frac{1}{2}\ln 3\right)$$

$$=\frac{4}{\pi^2}\Big[\left(\arctan\sqrt{3}\right)(\arctan 1)-(\arctan 1)(\arctan 1)$$

$$-\left(\arctan\sqrt{3}\right)\left(\arctan\frac{1}{\sqrt{3}}\right)+(\arctan 1)\left(\arctan\frac{1}{\sqrt{3}}\right)\Big]$$

$$=\frac{4}{\pi^2}\left(\frac{\pi}{3}\times\frac{\pi}{4}-\frac{\pi}{4}\times\frac{\pi}{4}-\frac{\pi}{3}\times\frac{\pi}{6}+\frac{\pi}{4}\times\frac{\pi}{6}\right)=\frac{1}{36}.$$

(3) 由(3.4)式和(3.5)式，可以算得关于 X 和关于 Y 的边缘分布函数分别为

$$F_X(x)=\lim_{y\to+\infty}\frac{4}{\pi^2}(\arctan \mathrm{e}^x)(\arctan \mathrm{e}^y)=\frac{2}{\pi}(\arctan \mathrm{e}^x),$$

$$F_Y(y)=\lim_{x\to+\infty}\frac{4}{\pi^2}(\arctan \mathrm{e}^x)(\arctan \mathrm{e}^y)=\frac{2}{\pi}(\arctan \mathrm{e}^y).$$

容易看到,对一切 x,y 有 $F(x,y)=F_X(x)\ F_Y(y)$,可见 X 与 Y 独立.

(4) 由二维概率密度的性质(3),有

$$f(x,y)=\frac{\partial}{\partial x\partial y}\left[\frac{4}{\pi^2}(\arctan \mathrm{e}^x)(\arctan \mathrm{e}^y)\right]=\frac{4\mathrm{e}^x\mathrm{e}^y}{\pi^2(1+\mathrm{e}^{2x})(1+\mathrm{e}^{2y})},$$

即(X,Y)的概率密度为

$$f(x,y)=\frac{4\mathrm{e}^x\mathrm{e}^y}{\pi^2(1+\mathrm{e}^{2x})(1+\mathrm{e}^{2y})}.$$

例 6 求例 3 中的(X,Y)关于 X 和关于 Y 的边缘分布律.问 X 与 Y 是否独立?

解:例 3 中(X,Y)的分布律为

X \ Y	0	1	2	3
0	$\frac{1}{27}$	$\frac{3}{27}$	$\frac{3}{27}$	$\frac{1}{27}$
1	$\frac{3}{27}$	$\frac{6}{27}$	$\frac{3}{27}$	0
2	$\frac{3}{27}$	$\frac{3}{27}$	0	0
3	$\frac{1}{27}$	0	0	0

由(3.10)式和(3.11)式.将各行及各列分别相加得到 X 与 Y 的边缘分布律分别为

X	0	1	2	3
P	$\frac{8}{27}$	$\frac{12}{27}$	$\frac{6}{27}$	$\frac{1}{27}$

,

Y	0	1	2	3
P	$\frac{8}{27}$	$\frac{12}{27}$	$\frac{6}{27}$	$\frac{1}{27}$

.

容易看到

$$P\{X=0,Y=0\}=\frac{1}{27}\neq\frac{8}{27}\times\frac{8}{27}=P\{X=0\}\cdot P\{Y=0\},$$

因此 X 与 Y 不独立.

例 7 设二维连续型随机变量(X,Y)的概率密度为

$$f(x,y)=\begin{cases}\dfrac{4(y-1)}{x^3}\mathrm{e}^{-(y-1)^2}, & x>1,y>1,\\[2ex] 0, & \text{其他},\end{cases}$$

求关于 X 和关于 Y 的边缘概率密度.问 X 与 Y 是否独立?

解:由(3.14)式和(3.15)式,可以求得关于 X 和关于 Y 的边缘概率密度分别为

$$f_X(x)=\int_{-\infty}^{+\infty}f(x,y)\mathrm{d}y$$

$$=\begin{cases}\int_{-\infty}^{+\infty}0\mathrm{d}y=0, & x\leqslant 1,\\ \int_{1}^{+\infty}\frac{4(y-1)}{x^3}\mathrm{e}^{-(y-1)^2}\mathrm{d}y=\frac{2}{x^3}[-\mathrm{e}^{-(y-1)^2}]_1^{+\infty}=\frac{2}{x^3} & x>1,\end{cases}$$

即

$$f_X(x)=\begin{cases}\frac{2}{x^3}, & x>1,\\ 0, & x\leqslant 1.\end{cases}$$

$$f_Y(y)=\int_{-\infty}^{+\infty}f(x,y)\mathrm{d}x$$

$$=\begin{cases}\int_{-\infty}^{+\infty}0\mathrm{d}x=0, & y\leqslant 1,\\ \int_{1}^{+\infty}\frac{4(y-1)}{x^3}\mathrm{e}^{-(y-1)^2}\mathrm{d}x=2(y-1)\mathrm{e}^{-(y-1)^2}\left(-\frac{1}{x^2}\right)_1^{+\infty}=2(y-1)\mathrm{e}^{-(y-1)^2}, & y>1,\end{cases}$$

即

$$f_Y(y)=\begin{cases}2(y-1)\mathrm{e}^{-(y-1)^2}, & y>1,\\ 0, & y\leqslant 1.\end{cases}$$

容易看到,对于 $f(x,y)$、$f_X(x)$、$f_Y(y)$的一切连续点(x,y)有

$$f(x,y)=f_X(x)f_Y(y),$$

可见 X 与 Y 独立.

例 8 设随机变量(X,Y)的分布律为

X \ Y	-1	0	1
-1	$\frac{1}{8}$	$\frac{1}{8}$	$\frac{1}{16}$
0	$\frac{1}{16}$	$\frac{1}{16}$	$\frac{1}{4}$
1	$\frac{1}{8}$	$\frac{1}{16}$	$\frac{1}{8}$

求:(1) 当 $X=1$ 时,Y 的条件分布律及条件分布函数;

(2) 当 $Y=0$ 时,X 的条件分布律及条件分布函数.

解:(1) 容易算得 $P\{X=1\}=\frac{5}{16}$,于是由(3.19)式,得在 $X=1$ 条件下,Y 的条件分布律为

Y	-1	0	1
$P\{Y=j\mid X=1\}$	$\frac{2}{5}$	$\frac{1}{5}$	$\frac{2}{5}$

.

用已知分布律求分布函数的方法，可以写出在 $X=1$ 条件下，Y 的条件分布函数为

$$F_{Y|X}(y|X=1)=\begin{cases}0, & y<-1,\\ \frac{2}{5}, & -1\leqslant y<0,\\ \frac{3}{5}, & 0\leqslant y<1,\\ 1, & y\geqslant 1.\end{cases}$$

(2) 按(1)的计算步骤，首先得到 $P\{Y=0\}=\frac{1}{4}$，然后得到在 $Y=0$ 时，X 的条件分布律

X	-1	0	1
$P\{X=i\mid Y=0\}$	$\frac{1}{2}$	$\frac{1}{4}$	$\frac{1}{4}$

，

最后写出在 $Y=0$ 条件下，X 的条件分布函数为

$$F_{X|Y}(x|Y=0)=\begin{cases}0, & x<-1,\\ \frac{1}{2}, & -1\leqslant x<0,\\ \frac{3}{4}, & 0\leqslant x<1,\\ 1, & x\geqslant 1.\end{cases}$$

例 9 设二维随机变量(X,Y)的概率密度为

$$f(x,y)=\begin{cases}3x, & 0\leqslant x\leqslant 1, 0\leqslant y\leqslant x,\\ 0, & 其他,\end{cases}$$

求：(1) 条件概率密度；

(2) 在 $Y=\frac{1}{2}$ 条件下，X 的条件分布函数.

解：先求边缘概率密度，如图 3.4 所示. 当 $0<x<1$ 时，

$$f_X(x)=\int_0^x 3x\,\mathrm{d}y=3x^2,$$

即得

$$f_X(x)=\begin{cases}3x^2, & 0<x<1,\\ 0, & 其他.\end{cases}$$

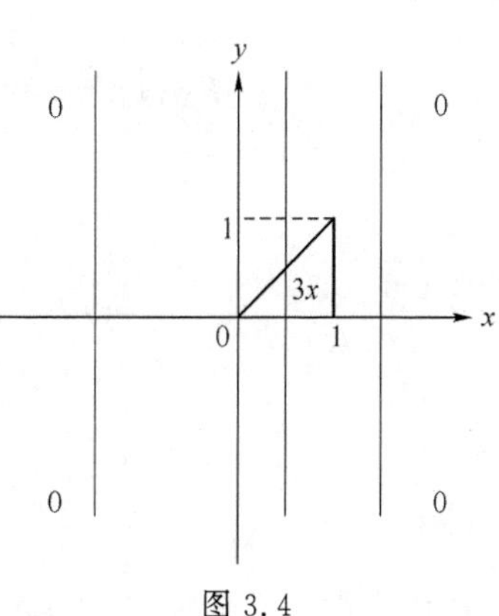

图 3.4

类似地，当 $0<y<1$ 时，有

$$f_Y(y)=\int_y^1 3x\mathrm{d}x=\frac{3}{2}(1-y^2),$$

即得

$$f_Y(y)=\begin{cases}\frac{3}{2}(1-y^2), & 0<y<1,\\ 0, & \text{其他}.\end{cases}$$

(1) 由(3.21)式，当 $0<x<1$ 时，在 $X=x$ 条件下，Y 的条件概率密度为

$$f_{Y|X}(y|x)=\frac{f(x,y)}{f_X(x)}=\begin{cases}\frac{1}{x}, & 0<y<x,\\ 0, & \text{其他}.\end{cases}$$

同样，当 $0<y<1$ 时，在 $Y=y$ 条件下，X 的条件概率密度为

$$f_{X|Y}(x|y)=\begin{cases}\frac{2x}{1-y^2}, & y<x<1,\\ 0, & \text{其他}.\end{cases}$$

(2) 由(1)中的计算结果知，当 $Y=\frac{1}{2}$ 时，X 的条件概率密度为

$$f_{X|Y}\left(x|Y=\frac{1}{2}\right)=\begin{cases}\frac{8}{3}x, & \frac{1}{2}<x<1,\\ 0, & \text{其他},\end{cases}$$

利用对连续型随机变量已知概率密度求分布函数的方法，不难算得在 $Y=\frac{1}{2}$ 的条件下，X 的条件分布函数为

$$F_{X|Y}\left(x\mid Y=\frac{1}{2}\right)=\begin{cases}0, & x<\frac{1}{2},\\ \frac{8}{3}\int_{\frac{1}{2}}^{x}x\mathrm{d}x, & \frac{1}{2}\leqslant x<1,\\ \frac{8}{3}\int_{\frac{1}{2}}^{1}x\mathrm{d}x, & x\geqslant 1,\end{cases}$$

$$=\begin{cases}0, & x<\frac{1}{2},\\ \frac{4}{3}\left(x^2-\frac{1}{4}\right), & \frac{1}{2}\leqslant x<1,\\ 1, & x\geqslant 1.\end{cases}$$

例 10 设随机变量(X,Y)的分布律为

$X \backslash Y$	1	2	3
-1	$\frac{1}{8}$	$\frac{1}{8}$	$\frac{1}{16}$
0	$\frac{1}{16}$	$\frac{1}{16}$	$\frac{1}{4}$
1	$\frac{1}{8}$	$\frac{1}{16}$	$\frac{1}{8}$

求:(1)$Z_1=X+Y$;(2)$Z_2=\max(X,Y)$;(3)$Z_3=\min(X,Y)$;(4)$Z=X^2+Y^2$ 的分布律.

解:由(X,Y)的分布律可以列出下表

P	$\frac{1}{8}$	$\frac{1}{8}$	$\frac{1}{16}$	$\frac{1}{16}$	$\frac{1}{16}$	$\frac{1}{4}$	$\frac{1}{8}$	$\frac{1}{16}$	$\frac{1}{8}$
(X,Y)	$(-1,1)$	$(-1,2)$	$(-1,3)$	$(0,1)$	$(0,2)$	$(0,3)$	$(1,1)$	$(1,2)$	$(1,3)$
$X+Y$	0	1	2	1	2	3	2	3	4
$\max(X,Y)$	1	2	3	1	2	3	1	2	3
$\min(X,Y)$	-1	-1	-1	0	0	0	1	1	1
X^2+Y^2	2	5	10	1	4	9	2	5	10

由上表,将每一行中的取值相同对应的概率相加,便可得到 Z_1,Z_2,Z_3,Z_4 的分布律分别为

Z_1	0	1	2	3	4
P	$\frac{1}{8}$	$\frac{3}{16}$	$\frac{1}{4}$	$\frac{5}{16}$	$\frac{1}{8}$

,

Z_2	1	2	3
P	$\frac{5}{16}$	$\frac{1}{4}$	$\frac{7}{16}$

,

Z_3	-1	0	1
P	$\frac{5}{16}$	$\frac{3}{8}$	$\frac{5}{16}$

,

Z_4	1	2	4	5	9	10
P	$\frac{1}{16}$	$\frac{1}{4}$	$\frac{1}{16}$	$\frac{3}{16}$	$\frac{1}{4}$	$\frac{3}{16}$

.

例 11 设随机变量 X 与 Y 独立,且 $X\sim\pi(\lambda_1)$,$Y\sim\pi(\lambda_2)$,证明 $Z=X+Y\sim\pi(\lambda_1+\lambda_2)$.

证:X,Y 的分布律分别为

$$P\{X=i\}=\frac{\lambda_1^i}{i!}e^{-\lambda_1},i=0,1,2,\cdots,\quad P\{Y=j\}=\frac{\lambda_2^j}{j!}e^{-\lambda_2},j=0,1,2,\cdots.$$

显然 $Z=X+Y$ 取值 $0,1,2,\cdots$,利用 X,Y 的分布律、X 与 Y 独立及二项公式,对 $k=0,1,2,\cdots$,可以算得

$$P\{Z=k\}=P\{X+Y=k\}=P\left(\bigcup_{i=0}^{k}\{X=i,Y=k-i\}\right)$$

$$=\sum_{i=0}^{k}P\{X=i,Y=k-i\}=\sum_{i=0}^{k}P\{X=i\}P\{Y=k-i\}$$

$$= \sum_{i=0}^{k} \frac{\lambda_1^i}{i!} e^{-\lambda_1} \cdot \frac{\lambda_2^{k-i}}{(k-i)!} e^{-\lambda_2} = \frac{1}{k!} e^{-(\lambda_1+\lambda_2)} \sum_{i=0}^{k} \frac{k!}{i!(k-i)!} \lambda_1^i \lambda_2^{k-i}$$

$$= \frac{1}{k!} e^{-(\lambda_1+\lambda_2)} \sum_{i=0}^{k} C_k^i \lambda_1^i \lambda_2^{k-i} = \frac{(\lambda_1+\lambda_2)^k}{k!} e^{-(\lambda_1+\lambda_2)},$$

即得

$$P\{Z=k\}=P\{X+Y=k\}=\frac{(\lambda_1+\lambda_2)^k}{k!} e^{-(\lambda_1+\lambda_2)}, k=0,1,2,\cdots,$$

证得 $Z=X+Y\sim\pi(\lambda_1+\lambda_2)$.

例 12 设随机变量 X 与 Y 独立，且 X 的概率密度为

$$f_X(x)=\begin{cases}2x, & 0<x<1, \\ 0, & \text{其他}, \end{cases}$$

$Y\sim U(0,2)$，求 $Z=X+Y$ 的概率密度.

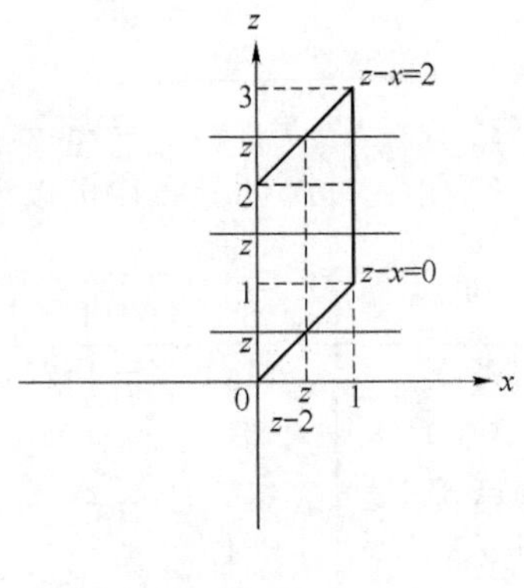

图 3.5

解：Y 的概率密度为

$$f_Y(y)=\begin{cases}\frac{1}{2}, & 0<y<2, \\ 0, & \text{其他}, \end{cases}$$

由(3.30)式并参考图 3.5，可以算得

$$f_Z(z) = \int_{-\infty}^{+\infty} f_X(x) f_Y(z-x) \mathrm{d}x = \int_0^1 2x f_Y(z-x) \mathrm{d}x$$

$$= \begin{cases} \int_0^z 2x \times \frac{1}{2} \mathrm{d}x, & 0<z\leqslant 1, \\ \int_0^1 2x \times \frac{1}{2} \mathrm{d}x, & 1<z\leqslant 2, \\ \int_{z-2}^1 2x \times \frac{1}{2} \mathrm{d}x, & 2<z<3, \\ 0, & \text{其他}, \end{cases}$$

$$= \begin{cases} \frac{1}{2} z^2, & 0<z\leqslant 1, \\ \frac{1}{2}, & 1<z\leqslant 2, \\ \frac{1}{2}[1-(z-2)^2], & 2<z<3, \\ 0, & \text{其他}, \end{cases}$$

即得

$$f_Z(z)=\begin{cases}\frac{1}{2}z^2, & 0<z\leqslant 1,\\ \frac{1}{2}, & 1<z\leqslant 2,\\ \frac{1}{2}[1-(z-2)^2], & 2<z<3,\\ 0, & \text{其他}.\end{cases}$$

例 13 设随机变量 X 与 Y 独立,且都服从 $N(0,\sigma^2)$ 分布,求 $Z=X^2+Y^2$ 的概率密度.

解:(X,Y)的概率密度为

$$f(x,y)=\frac{1}{2\pi\sigma^2}\mathrm{e}^{-\frac{x^2+y^2}{2\sigma^2}},$$

先求 Z 的分布函数,由(3,24)式,有

$$F_Z(z)=P\{Z\leqslant z\}=P\{X^2+Y^2\leqslant z\}=\iint_{x^2+y^2\leqslant z}f(x,y)\mathrm{d}x\mathrm{d}y$$

$$=\begin{cases}0, & z<0,\\ \frac{1}{2\pi\sigma^2}\iint_{x^2+y^2\leqslant z}\mathrm{e}^{-\frac{x^2+y^2}{2\sigma^2}}\mathrm{d}x\mathrm{d}y, & z\geqslant 0\end{cases}$$

$$=\begin{cases}0, & z<0,\\ \frac{1}{2\pi\sigma^2}\int_0^{2\pi}\mathrm{d}\theta\int_0^{\sqrt{z}}\rho\mathrm{e}^{-\frac{\rho^2}{2\sigma^2}}\mathrm{d}\rho, & z\geqslant 0\end{cases}$$

$$=\begin{cases}0, & z<0\\ 1-\mathrm{e}^{-\frac{z}{2\sigma^2}}, & z\geqslant 0,\end{cases}$$

即得

$$F_Z(z)=\begin{cases}0, & z<0,\\ 1-\mathrm{e}^{-\frac{z}{2\sigma^2}}, & z\geqslant 0.\end{cases}$$

求导得 Z 的概率密度为

$$f_Z(z)=\begin{cases}0, & z<0\\ \frac{1}{2\sigma^2}\mathrm{e}^{-\frac{z}{2\sigma^2}}, & z\geqslant 0.\end{cases}$$

例 14 设 X 与 Y 独立,且概率密度分别为

$$f_X(x)=\begin{cases}2x, & 0<x<1,\\ 0, & \text{其他},\end{cases}\quad f_Y(y)=\begin{cases}\frac{1}{(1+y)^2}, & y>0,\\ 0, & y\leqslant 0,\end{cases}$$

求:(1)$M=\max(X,Y)$;(2)$N=\min(X,Y)$的概率密度.

解:先求 X,Y 的分布函数

$$F_X(x)=\begin{cases}0, & x<0,\\ \int_0^x 2x\mathrm{d}x, & 0\leqslant x<1,\\ \int_0^1 2x\mathrm{d}x, & x\geqslant 1,\end{cases}$$

$$=\begin{cases}0, & x<0,\\ x^2, & 0\leqslant x<1,\\ 1, & x\geqslant 1.\end{cases}$$

$$F_Y(y)=\begin{cases}0, & y<0,\\ \int_0^y \frac{1}{(1+y)^2}\mathrm{d}x, & y\geqslant 0,\end{cases}$$

$$=\begin{cases}0, & y<0,\\ 1-\frac{1}{1+y}, & y\geqslant 0.\end{cases}$$

(1) 由(3.25a)式,有

$$F_M(z)=F_X(z)F_Y(z)=\begin{cases}z^2\left(1-\frac{1}{1+z}\right), & 0<z<1,\\ 1-\frac{1}{1+z}, & z\geqslant 1,\\ 0, & 其他,\end{cases}$$

求导得 M 的概率密度为

$$f_M(z)=\begin{cases}\frac{z^2(3+2z)}{(1+z)^2}, & 0<z<1,\\ \frac{1}{(1+z)^2}, & z\geqslant 1,\\ 0, & 其他.\end{cases}$$

(2) 为求 N 的分布函数,先计算

$$1-F_X(x)=\begin{cases}1, & x<0,\\ 1-x^2, & 0\leqslant x<1,\\ 0, & x\geqslant 1,\end{cases}\quad 1-F_Y(y)=\begin{cases}1, & y<0,\\ \frac{1}{1+y}, & y\geqslant 0.\end{cases}$$

于是由(3.25b)式,有

$$F_N(z)=1-\begin{cases}1, & z<0,\\ \frac{1-z^2}{1+z}, & 0\leqslant z<1,\\ 0, & z\geqslant 1,\end{cases}$$

$$=\begin{cases}0, & z<0,\\ 1-\frac{1-z^2}{1+z}, & 0\leqslant z<1,\\ 1, & z\geqslant 1,\end{cases}$$

即得

$$F_N(z)=\begin{cases}0, & z<0,\\ z, & 0\leqslant z<1,\\ 1, & z\geqslant 1,\end{cases}$$

求导得 N 的概率密度为

$$f_N(z)=\begin{cases}1, & 0<z<1,\\ 0, & \text{其他},\end{cases}$$

例 15 设随机变量 $X_1,X_2,\cdots,X_n(n\geqslant 2)$独立同分布,且概率密度为

$$f(x)=\begin{cases}x\mathrm{e}^{-x}, & x>0,\\ 0, & x\leqslant 0,\end{cases}$$

求:(1)$M=\max(X_1,X_2,\cdots,X_n)$;(2)$N=\min(X_1,X_2,\cdots,X_n)$的概率密度.

解:先求 $X_1,X_2,\cdots,X_n$ 的分布函数 $F(x)$,容易得到

$$F(x)=\begin{cases}0, & x<0,\\ \int_0^x x\mathrm{e}^{-x}\mathrm{d}x, & x\geqslant 0,\end{cases}$$

$$=\begin{cases}0, & x<0,\\ 1-(1+x)\mathrm{e}^{-x}, & x\geqslant 0.\end{cases}$$

(1) 由(3.28a)式,M 的分布函数为

$$F_M(z)=\begin{cases}0, & z<0,\\ [1-(1+z)\mathrm{e}^{-z}]^n, & z\geqslant 0,\end{cases}$$

求导得 M 的概率密度为

$$f_M(z)=\begin{cases}0, & z<0,\\ nz\mathrm{e}^{-z}[1-(1+z)\mathrm{e}^{-z}]^{n-1}, & z\geqslant 0.\end{cases}$$

(2) 为求 N 的分布函数,先计算

$$1-F(x)=\begin{cases}1, & x<0,\\ (1+x)\mathrm{e}^{-x}, & x\geqslant 0,\end{cases},$$

于是由(3.28b)式,有

$$F_N(z)=1-\begin{cases}1, & z<0,\\ [(1+z)\mathrm{e}^{-z}]^n, & z\geqslant 0,\end{cases}$$

$$=\begin{cases}0, & z<0,\\ 1-[(1+z)\mathrm{e}^{-z}]^n, & z\geqslant 0,\end{cases}$$

即得

$$F_N(z)=\begin{cases}0, & z<0,\\ 1-[(1+z)\mathrm{e}^{-z}]^n, & z\geqslant 0,\end{cases}$$

求导得 N 的概率密度为

$$f_N(z)=\begin{cases}0, & z<0,\\ nze^{-z}[(1+z)e^{-z}]^{n-1}, & z\geqslant 0.\end{cases}$$

例 16 设随机变量 X 与 Y 独立同分布，且概率密度为

$$f(x)=\begin{cases}\dfrac{1}{x^2}, & x>1,\\ 0, & x\leqslant 1,\end{cases}$$

求 $Z=XY$ 的概率密度.

解：由(3.34)式并参考图 3.6，可以算得

$$\begin{aligned}
f_Z(z) &= \int_{-\infty}^{+\infty} f_X(x) f_Y\left(\frac{z}{x}\right)\frac{1}{|x|}\mathrm{d}x\\
&= \int_1^{+\infty}\frac{1}{x^2} f_Y\left(\frac{z}{x}\right)\frac{1}{x}\mathrm{d}x\\
&= \begin{cases}0, & z\leqslant 1,\\ \displaystyle\int_1^z \frac{1}{x^3}\cdot\frac{x^2}{z^2}\mathrm{d}x, & z>1,\end{cases}\\
&= \begin{cases}0, & z\leqslant 1,\\ \dfrac{1}{z^2}[\ln x]_1^z, & z>1,\end{cases}\\
&= \begin{cases}0, & z\leqslant 1,\\ \dfrac{\ln z}{z^2}, & z>1,\end{cases}
\end{aligned}$$

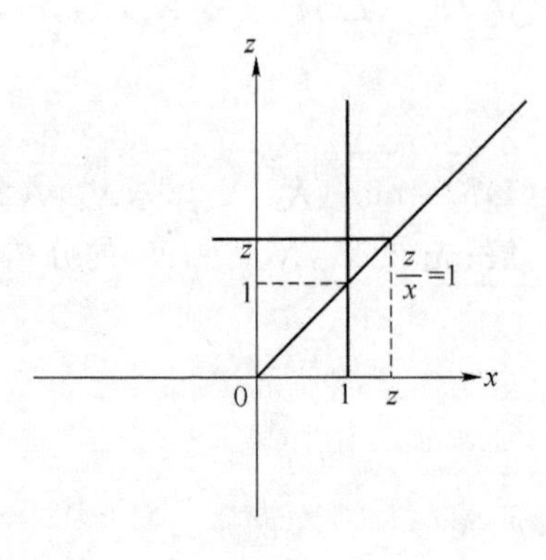

图 3.6

即得

$$f_Z(z)=\begin{cases}0, & z\leqslant 1,\\ \dfrac{\ln z}{z^2}, & z>1.\end{cases}$$

3.3.2 习题

1. 单项选择题

(1) 设随机变量(X,Y)的分布律为

X \ Y	1	2	3
2	$\frac{1}{12}$	a	$\frac{1}{16}$
3	b	$\frac{1}{8}$	$\frac{1}{8}$
4	$\frac{1}{8}$	$\frac{1}{16}$	$\frac{1}{8}$

且 $P\{X=Y\}=\frac{7}{24}$,则(　　).

A. $a=\frac{1}{6},b=\frac{1}{8}$　　　　B. $a=\frac{1}{8},b=\frac{1}{6}$

C. $a=\frac{1}{6},b=\frac{1}{18}$　　　　D. $a=\frac{5}{6},b=\frac{3}{8}$

(2) 设随机变量(X,Y)的概率密度为

$$f(x,y)=\begin{cases}\alpha x, & 0<x<1,0<y<1,\\ \beta y, & 0<x<1,1\leqslant y<2,\\ 0, & 其他,\end{cases}$$

且 $P\left\{\left(X<\frac{1}{2}\right)\cup\left(Y<\frac{1}{2}\right)\right\}=\frac{9}{16}$,则(　　).

A. $\alpha=-1,\beta=1$　　　　B. $\alpha=1,\beta=\frac{1}{3}$

C. $\alpha=\frac{1}{6},\beta=\frac{3}{2}$　　　　D. $\alpha=\frac{3}{8},\beta=\frac{7}{8}$

(3) 设 X 与 Y 是任意两个相互独立的连续型随机变量,它们的概率密度分别为 $f_1(x),f_2(x)$,分布函数分别为 $F_1(x),F_2(x)$,则(　　).

A. $f_1(x)+f_2(x)$必为某个随机变量的概率密度

B. $f_1(x)f_2(x)$必为某个随机变量的概率密度

C. $F_1(x)+F_2(x)$必为某个随机变量的分布函数

D. $F_1(x)F_2(x)$必为某个随机变量的分布函数

(4) 设(X,Y)的分布律为

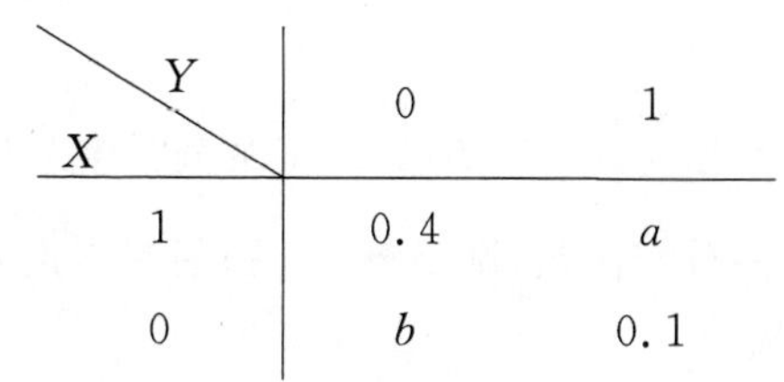

X \ Y	0	1
1	0.4	a
0	b	0.1

已知$\{X=0\}$与$\{X+Y=1\}$相互独立,则(　　).

A. $a=0.2,b=0.3$　　　　B. $a=0.4,b=0.1$

C. $a=0.3,b=0.2$　　　　D. $a=0.1,b=0.4$

(5) 设随机变量 X 与 Y 独立同分布,且 X 的分布函数为 $F(x)$,则 $Z=\max\{X,Y\}$的分布函数为(　　).

A. $F^2(x)$　　　　B. $F(x)F(y)$

C. $1-[1-F(x)]^2$　　　　D. $[1-F(x)][1-F(y)]$

(6) 设(X,Y)服从二维正态分布,且 X 与 Y 独立,$f_X(x)$,$f_Y(y)$分别是 X,Y 的概率

密度,则在$Y=y$条件下,X的条件概率密度为(　　).

A. $f_X(x)$　　　B. $f_Y(y)$　　　C. $f_X(x)f_Y(y)$　　　D. $\dfrac{f_X(x)}{f_Y(y)}$

(7) 设X的概率密度为

$$f_X(x)=\begin{cases}\dfrac{1}{2}, & -1<x<0,\\ \dfrac{1}{4}, & 0\leqslant x<2,\\ 0, & \text{其他},\end{cases}$$

令$Y=X^2$,$F(x,y)$为(X,Y)的分布函数,则$F\left(-\dfrac{1}{2},4\right)=$(　　).

A. $\dfrac{1}{2}$　　　B. $\dfrac{1}{3}$　　　C. $\dfrac{1}{4}$　　　D. $\dfrac{1}{5}$

(8) 设随机变量X与Y独立,且$X\sim N(\mu_1,\sigma_1^2)$,$Y\sim N(\mu_2,\sigma_2^2)$,则$Z=X+2Y+1\sim$(　　).

A. $N(\mu_1+\mu_2,\sigma_1^2+4\sigma_2^2)$　　　B. $N(\mu_1+2\mu_2+1,\sigma_1^2+4\sigma_2^2)$

C. $N(\mu_1+2\mu_2,\sigma_1^2+2\sigma_2^2+1)$　　　D. $N(\mu_1+2\mu_2,\sigma_1^2+4\sigma_2^2)$

(9) 设X与Y独立,X的分布律为$P\{X=i\}=\dfrac{1}{3}(i=-1,0,1)$,$Y$的概率密度为$f_Y(y)=\begin{cases}1, & 0\leqslant y\leqslant 1,\\ 0, & \text{其他},\end{cases}$记$Z=X+Y$,$Z$的概率密度为$f_Z(z)$,则当$-1<z<2$时,$f_Z(z)=$(　　).

A. z　　　B. $\dfrac{1}{2}z$　　　C. $\dfrac{2}{3}z$　　　D. $\dfrac{1}{3}$

(10) 设随机变量X与Y独立,且$X\sim N(0,1)$,Y的分布律为$P\{Y=0\}=P\{Y=1\}=\dfrac{1}{2}$,记$F_Z(z)$是随机变量$Z=XY$的分布函数,则函数$F_Z(z)$的间断点的个数为(　　).

A. 0　　　B. 1　　　C. 2　　　D. 3

2. 计算题和证明题

(1) 设在3个球上分别标上数字1,1,2,将这3个球随机地放入3个盒子中去,每个盒中放一个球,令X,Y分别表示放入第1、2个盒子中的球上标号.求

① (X,Y)的分布律;

② $P\{X+Y\leqslant 2\}$,$P\{X=Y\}$,$P\{X+Y=3\}$,$P\{X=1\}$.

(2) 设二维随机变量(X,Y)的概率密度为

$$f(x,y)=\begin{cases}Ay^2+\dfrac{xy}{3}, & 0<x<1,0<y<2,\\ 0, & \text{其他},\end{cases}$$

求:①常数 A;②$P\{X+Y<1\}$;③$P\{X<\frac{1}{2},Y<1)$;④$P\{X>Y\}$.

(3) 设二维随机变量(X,Y)的分布函数为

$$F(x,y)=\frac{4}{\pi^2}(\arctan \mathrm{e}^{1+x}\arctan \mathrm{e}^{2+y}),$$

求关于 X 和关于 Y 的边缘分布函数,问 X 与 Y 是否独立?

(4) 设随机变量(X,Y)的分布律为

$X\backslash Y$	-1	1	2
-1	$\frac{1}{12}$	$\frac{1}{6}$	$\frac{1}{12}$
0	$\frac{1}{12}$	$\frac{1}{6}$	$\frac{1}{12}$
1	$\frac{1}{12}$	$\frac{1}{6}$	$\frac{1}{12}$

求关于 X 和关于 Y 的边缘分布律,问 X 与 Y 是否独立?

(5) 设二维随机变量(X,Y)的概率密度为

$$f(x,y)=\begin{cases}\dfrac{1+xy}{4}, & |x|<1,|y|<1,\\ 0, & \text{其他},\end{cases}$$

求关于 X 和关于 Y 的边缘概率密度,问 X 与 Y 是否独立?

(6) 设随机变量(X,Y)的分布律为

$X\backslash Y$	-1	1	2
-1	$\frac{1}{12}$	$\frac{1}{3}$	$\frac{1}{6}$
0	$\frac{1}{12}$	$\frac{1}{6}$	$\frac{1}{6}$

求:① 在 $X=0$ 的条件下,Y 的条件分布律和条件分布函数;

② 在 $Y=2$ 的条件下,X 的条件分布律和条件分布函数.

(7) 设二维随机变量(X,Y)的概率密度为

$$f(x,y)=\begin{cases}\dfrac{3}{2}x, & 0<x<1,-x<y<x,\\ 0, & \text{其他},\end{cases}$$

求:① 条件概率密度;

② 在 $X=\frac{1}{2}$ 的条件下，Y 的条件分布函数.

(8) 设随机变量 (X,Y) 的分布律为

X \ Y	1	2	3
1	0	$\frac{2}{9}$	$\frac{1}{9}$
2	$\frac{1}{9}$	$\frac{1}{9}$	$\frac{2}{9}$
3	$\frac{1}{9}$	$\frac{1}{9}$	0

求：① $Z_1=X+Y$；② $Z_2=XY$；③ $Z_3=\frac{X}{Y}$；④ $Z_4=\max(X,Y)$ 的分布律.

(9) 设 X,Y 独立同分布，且分布律为

$$P\{X=n\}=P\{Y=n\}=\frac{1}{2^n},n=1,2,3,\cdots,$$

求 $Z=X+Y$ 的分布律.

(10) 设 X,Y 独立，且 $X\sim U(0,1)$，Y 的概率密度为

$$f_Y(y)=\begin{cases} ye^{-y}, & y>0, \\ 0, & y\leqslant 0, \end{cases}$$

求 $Z=X+Y$ 的概率密度.

(11) 设 X,Y 独立同分布，且概率密度为

$$f_X(x)=f_Y(x)=\begin{cases} \frac{1}{(1+x)^2}, & x>0, \\ 0, & x\leqslant 0, \end{cases}$$

求 $Z_1=\max(X,Y)$，$Z_2=\min(X, Y)$ 的概率密度.

(12) 设 (X,Y) 的概率密度为

$$f(x,y)=\begin{cases} \frac{x^2+y^2}{2\pi}, & x^2+y^2<2, \\ 0, & \text{其他}, \end{cases}$$

证明 $Z=\sqrt{X^2+Y^2}$ 的概率密度为

$$f_Z(z)=\begin{cases} z^3, & 0<z<\sqrt{2}, \\ 0, & \text{其他}. \end{cases}$$

(13) 设 X,Y 独立且同 $N(0,1)$ 分布，证明 $Z=\frac{X}{Y}$ 的概率密度为 $f_Z(z)=\frac{1}{\pi(1+z^2)}$.

3.4 B类例题和习题

3.4.1 例题

例1 举一例说明:二维连续型随机变量(X,Y)关于X,Y的边缘分布都是正态分布,但X与Y的联合分布却不是正态分布.

分析:不妨取边缘分布均为$N(0,1)$分布.为构造(X,Y)的概率密度$f(x,y)$,首先为使$f(x,y)$关于X和关于Y的边缘概率密度分别为$f_X(x)=\frac{1}{\sqrt{2\pi}}e^{-\frac{x^2}{2}}$,$f_Y(y)=\frac{1}{\sqrt{2\pi}}e^{-\frac{y^2}{2}}$,可以考虑将$f_X(x)f_Y(y)$作为$f(x,y)$的一部分.其次,为使$f(x,y)$不是二维正态分布的概率密度,可考虑找一个二元函数$g(x,y)$,使得$f(x,y)=f_X(x)f_Y(y)-g(x,y)$是一非正态的二元概率密度,且边缘概率密度仍是$N(0,1)$的概率密度,为此可以考虑$g(x,y)=\frac{1}{2\pi}\sin(xy)e^{-\frac{x^2+y^2}{2}}$.这个函数关于$x$和关于$y$都是奇函数,而且对任意取定的$x$,积分$\int_{-\infty}^{+\infty}\sin(xy)e^{-\frac{x^2+y^2}{2}}dy$收敛,因而积分为0,同理对任意取定的$y$,$\int_{-\infty}^{+\infty}\sin(xy)e^{-\frac{x^2+y^2}{2}}dx=0$.另外由于$|\sin(xy)|\leqslant 1$,因而$1-\sin(xy)\geqslant 0$.于是$f(x,y)=f_X(x)f_Y(y)-g(x,y)=\frac{1}{2\pi}[1-\sin(xy)]e^{-\frac{x^2+y^2}{2}}$满足:$f(x,y)\geqslant 0$,且关于$X$和关于$Y$的边缘概率密度都是$N(0,1)$的概率密度,是一非正态分布的概率密度.

解:令$f(x,y)=\frac{1}{2\pi}[1-\sin(xy)]e^{-\frac{x^2+y^2}{2}}$.

首先由于$1-\sin(xy)\geqslant 0$,因此$f(x,y)\geqslant 0$.又由于$\sin(xy)e^{-\frac{x^2+y^2}{2}}$关于$x$和$y$都是奇函数,而且对取定的$y$,积分$\int_{-\infty}^{+\infty}\sin(xy)e^{-\frac{x^2+y^2}{2}}dx$收敛,对取定的$x$,积分$\int_{-\infty}^{+\infty}\sin(xy)e^{-\frac{x^2+y^2}{2}}dy$收敛.因此有

$$\begin{aligned}&\frac{1}{2\pi}\int_{-\infty}^{+\infty}\int_{-\infty}^{+\infty}[1-\sin(xy)]e^{-\frac{x^2+y^2}{2}}dxdy\\&=\frac{1}{2\pi}\int_{-\infty}^{+\infty}dx\left[\int_{-\infty}^{+\infty}e^{-\frac{x^2+y^2}{2}}dy-\int_{-\infty}^{+\infty}\sin(xy)e^{-\frac{x^2+y^2}{2}}dy\right]\\&=\frac{1}{\sqrt{2\pi}}\int_{-\infty}^{+\infty}e^{-\frac{x^2}{2}}dx=1.\end{aligned}$$

可见，$f(x,y)$是一二维概率密度.①

由上面的计算容易得到

$$\frac{1}{2\pi}\int_{-\infty}^{+\infty}[1-\sin(xy)]e^{-\frac{x^2+y^2}{2}}dx=\frac{1}{2\pi}\left[\int_{-\infty}^{+\infty}e^{-\frac{x^2+y^2}{2}}dx-\int_{-\infty}^{+\infty}\sin(xy)e^{-\frac{x^2+y^2}{2}}dx\right]=\frac{1}{\sqrt{2\pi}}e^{-\frac{y^2}{2}},$$

$$\frac{1}{2\pi}\int_{-\infty}^{+\infty}[1-\sin(xy)]e^{-\frac{x^2+y^2}{2}}dy=\frac{1}{2\pi}\left[\int_{-\infty}^{+\infty}e^{-\frac{x^2+y^2}{2}}dy-\int_{-\infty}^{+\infty}\sin(xy)e^{-\frac{x^2+y^2}{2}}dy\right]=\frac{1}{\sqrt{2\pi}}e^{-\frac{x^2}{2}},$$

即 $f(x,y)$关于 X 和关于 Y 的边缘分布都是 $N(0,1)$分布，但 $f(x,y)$显然不是二维正态概率密度.

例 2 设二维随机变量(X,Y)的分布函数为

$$F(x,y)=\begin{cases}0, & x<0 \text{ 或 } y<0,\\ \dfrac{xy}{2}, & 0\leqslant x<1,0\leqslant y<2,\\ \dfrac{y}{2}, & x\geqslant 1,0\leqslant y<2,\\ x, & 0\leqslant x<1,y\geqslant 2,\\ 1, & x\geqslant 1,y\geqslant 2,\end{cases}$$

求关于 X 和关于 Y 的边缘分布函数，问 X 与 Y 是否独立？

分析:利用下列二式计算

$$F_X(x)=\lim_{y\to+\infty}F(x,y),\quad F_Y(y)=\lim_{x\to+\infty}F(x,y).$$

在计算时要注意的是，由于 $F(x,y)$是分区域定义的，因而需要分别对 x 和 y 分段计算 $F_X(x)$和 $F_Y(y)$.

解:为了计算方便，将 $F(x,y)$的函数值标在 xOy 坐标面上，如图 3.7 所示.

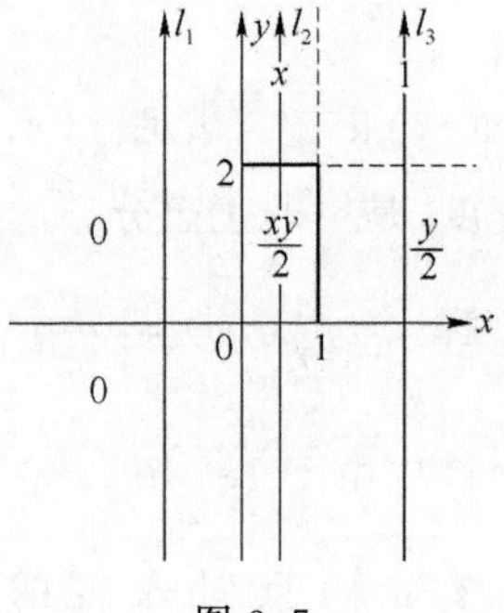

图 3.7

由于 $F(x,y)$是分区域定义的，故需要对 x 分段计算 $F_X(x)$.

当 $x<0,y\to+\infty$时，点(x,y)沿 l_1 所指的方向变动，故

$$F(x,y)=\lim_{y\to+\infty}F(x,y)=0;$$

$0\leqslant x<1,y\to+\infty$时，点$(x,y)$沿 l_2 所指的方向变动，故

$$F(x,y)=\lim_{y\to+\infty}F(x,y)=x;$$

$x\geqslant 1,y\to+\infty$时，点(x,y)沿 l_3 所指的方向变动，故

$$F(x,y)=\lim_{y\to+\infty}F(x,y)=1.$$

① 可以证明，如果一个二元连续函数 $f(x,y)$ 满足：(1) $f(x,y)\geqslant 0$；(2) $\int_{-\infty}^{+\infty}f(x,y)dxdy=1$，则 $f(x,y)$ 必是某二维连续型随机变量(X,Y) 的概率密度.

于是得关于 X 的边缘分布函数为

$$F_X(x)=\begin{cases}0, & x<0,\\ x, & 0\leqslant x<1,\\ 1, & x\geqslant 1.\end{cases}$$

类似地可以算得关于 Y 的边缘分布函数为

$$F_Y(y)=\begin{cases}0, & y<0,\\ \dfrac{y}{2}, & 0\leqslant y<2,\\ 1, & y\geqslant 2.\end{cases}$$

容易看到,对一切 x,y 有 $F(x,y)=F_X(x)F_Y(y)$,所以 X 与 Y 独立.

例 3 设二维随机变量(X,Y)的分布律为

$$P\{X=n,Y=m\}=\frac{\lambda^n p^m(1-p)^{n-m}}{m!\,(n-m)!}\mathrm{e}^{-\lambda},m=0,1,2,\cdots,n,n=0,1,2,\cdots,$$

求关于 X 和关于 Y 的边缘分布律,问 X 与 Y 是否独立?

分析:利用

$$P\{X=n\}=\sum_m p_{nm},P\{Y=m\}=\sum_n p_{nm},$$

计算关于 X 和关于 Y 的边缘分布律,不过要注意的是:当 $m\leqslant n$ 时,才有

$$P\{X=n,Y=m\}=\frac{\lambda^n p^m(1-p)^{n-m}}{m!\,(n-m)!}\mathrm{e}^{-\lambda},$$

否则 $P\{X=n,Y=m)=0$. 另外在求和时,用到二项公式及 $\sum\limits_{k=0}^{\infty}\dfrac{\lambda^k}{k!}=\mathrm{e}^{\lambda}$.

解:当 $n=0,1,2,\cdots$取定,

$$\begin{aligned}P\{X=n\}&=\sum_{m=0}^{\infty}P\{X=n,Y=m\}=\sum_{m=0}^{n}\frac{\lambda^n p^m(1-p)^{n-m}}{m!(n-m)!}\mathrm{e}^{-\lambda}\\&=\frac{\lambda^n}{n!}\mathrm{e}^{-\lambda}\sum_{m=0}^{n}\frac{n!}{m!(n-m)!}p^m(1-p)^{n-m}\\&=\frac{\lambda^n}{n!}\mathrm{e}^{-\lambda}\sum_{m=0}^{n}\mathrm{C}_n^m p^m(1-p)^{n-m}=\frac{\lambda^n}{n!}\mathrm{e}^{-\lambda},\end{aligned}$$

即得

$$P\{X=n\}=\frac{\lambda^n}{n!}\mathrm{e}^{-\lambda},n=0,1,2,\cdots,$$

$X\sim\pi(\lambda)$.

当 $m=0,1,2,\cdots$取定,

$$P\{Y=m\}=\sum_{n=0}^{\infty}P\{X=n,Y=m\}=\sum_{n=m}^{\infty}\frac{\lambda^n p^m(1-p)^{n-m}}{m!(n-m)!}\mathrm{e}^{-\lambda}$$

$$= \frac{(\lambda p)^m}{m!} e^{-\lambda} \sum_{n=m}^{\infty} \frac{[\lambda(1-p)]^{n-m}}{(n-m)!} (令\ k = n-m)$$

$$= \frac{(\lambda p)^m}{m!} e^{-\lambda} \sum_{k=0}^{\infty} \frac{[\lambda(1-p)]^{k}}{k!} = \frac{(\lambda p)^m}{m!} e^{-\lambda} e^{\lambda(1-p)}$$

$$= \frac{(\lambda p)^m}{m!} e^{-\lambda p},$$

即得

$$P\{Y=m\} = \frac{(\lambda p)^m}{m!} e^{-\lambda p}, m=0,1,2,\cdots,$$

$X \sim \pi(\lambda p)$.

由于当 $m > n = 0,1,2,\cdots$ 时，

$$P\{X=n, Y=m\} = 0 \neq P\{X=n\}P\{Y=m\} > 0,$$

可见 X 与 Y 不独立.

例 4 设三维随机变量(X,Y,Z)的概率密度为

$$f(x,y,z) = \begin{cases} (x+y)e^{-z}, & 0<x<1, 0<y<1, z>0, \\ 0, & 其他, \end{cases}$$

证明:X 与 Z 独立,Y 与 Z 独立,而 X 与 Y 不独立.

分析:要证明 X 与 Z 独立,先利用

$$f_{XZ}(x,z) = \int_{-\infty}^{+\infty} f(x,y,z)\mathrm{d}y$$

计算(X,Z)的概率密度,再利用

$$f_X(x) = \int_{-\infty}^{+\infty}\int_{-\infty}^{+\infty} f(x,y,z)\mathrm{d}y\mathrm{d}z,$$

$$f_Z(z) = \int_{-\infty}^{+\infty}\int_{-\infty}^{+\infty} f(x,y,z)\mathrm{d}x\mathrm{d}y$$

计算 $f_X(x)$,$f_Z(z)$,然后验证对一切连续点是否有 $f_{XZ}(x,z) = f_X(x)f_Z(z)$. 其他二结论的证明类似.不过在计算边缘概率密度时要注意的是,$f(x,y,z)$是分区域定义的,要分区域计算 $f_{XZ}(x,z)$,分段计算 $f_X(x)$和 $f_Z(z)$.

证:为证 X 与 Z 独立,先计算关于(X,Z)的边缘概率密度 $f_{XZ}(x,z)$.

$$f_{XZ}(x,z) = \int_{-\infty}^{+\infty} f(x,y,z)\mathrm{d}y$$

$$= \begin{cases} \int_0^1 (x+y)e^{-z}\mathrm{d}y, & 0<x<1, z>0, \\ 0, & 其他, \end{cases}$$

$$= \begin{cases} \left(x+\frac{1}{2}\right)e^{-z}, & 0<x<1, z>0, \\ 0, & 其他, \end{cases}$$

即得

$$f_{XZ}(x,z)=\begin{cases}\left(x+\dfrac{1}{2}\right)e^{-z}, & 0<x<1, z>0,\\ 0, & 其他.\end{cases}$$

然后计算 $f_X(x,)f_Y(y)$.

$$\begin{aligned}f_X(x) &= \int_{-\infty}^{+\infty}\int_{-\infty}^{+\infty} f(x,y,z)\mathrm{d}y\mathrm{d}z\\ &= \begin{cases}\displaystyle\int_0^1\int_0^{+\infty}(x+y)e^{-z}\mathrm{d}y\mathrm{d}z, & 0<x<1,\\ 0, & 其他,\end{cases}\\ &= \begin{cases}x+\dfrac{1}{2}, & 0<x<1,\\ 0, & 其他,\end{cases}\end{aligned}$$

即得

$$f_X(x)=\begin{cases}x+\dfrac{1}{2}, & 0<x<1,\\ 0, & 其他.\end{cases}$$

$$\begin{aligned}f_Z(z) &= \int_{-\infty}^{+\infty}\int_{-\infty}^{+\infty} f(x,y,z)\mathrm{d}x\mathrm{d}y\\ &= \begin{cases}\displaystyle\int_0^1\int_0^1(x+y)e^{-z}\mathrm{d}x\mathrm{d}y, & z>0,\\ 0, & 其他,\end{cases}\\ &= \begin{cases}e^{-z} & z>0,\\ 0, & 其他,\end{cases}\end{aligned}$$

即得

$$f_Z(z)=\begin{cases}e^{-z}, & z>0,\\ 0, & 其他.\end{cases}$$

由以上计算的结果,容易看到对 $f_{XZ}(x,z)$,$f_X(x)$,$f_Z(z)$的一切连续点(x,z)有 $f_{XZ}(x,z)=f_X(x)f_Z(z)$,可见 X 与 Z 独立.

类似可以算得

$$f_{YZ}(y,z)=\begin{cases}\left(\dfrac{1}{2}+y\right)e^{-z}, & 0<y<1, z>0,\\ 0, & 其他,\end{cases}$$

$$f_Y(y)=\begin{cases}\dfrac{1}{2}+y, & 0<y<1,\\ 0, & 其他,\end{cases}$$

可见对 $f_{YZ}(y,z)$,$f_Y(y)$,$f_Z(z)$的一切连续点(y,z)有 $f_{YZ}(y,z)=f_Y(y)f_Z(z)$,可见 Y 与 Z 独立.

最后由计算得

$$f_{XY}(x,y)=\begin{cases}x+y, & 0<x<1,0<y<1,\\ 0, & \text{其他},\end{cases}$$

而对于 $f_{XY}(x,y)$，$f_X(x)$，$f_Y(y)$ 的连续点 $\left(\frac{1}{4},\frac{1}{4}\right)$，

$$f_X\left(\frac{1}{4}\right)f_Y\left(\frac{1}{4}\right)=\frac{3}{4}\times\frac{3}{4}\neq\frac{1}{2}=f_{XY}\left(\frac{1}{4},\frac{1}{4}\right),$$

即知 X 与 Y 不独立.

例 5 设二维随机变量 (X,Y) 的分布律为

$$P\{X=m,Y=n\}=p^2q^{n-2},0<p<1,q=1-p,m=1,2,\cdots,n=m+1,m+2,\cdots,$$

求条件分布律.

分析：为求条件分布律，首先求边缘分布律，这可用下面的式子计算：

$$P\{X=m\}=\sum_{n=2}^{\infty}P\{X=m,Y=n\},P\{Y=n\}=\sum_{m=1}^{\infty}P\{X=m,Y=n\}.$$

然后用下面的式子计算条件分布律：

$$P\{X=m|Y=n\}=\frac{P\{X=m,Y=n\}}{P\{Y=n\}},P\{Y=n|X=m\}=\frac{P\{X=m,Y=n\}}{P\{X=m\}}.$$

在上面的计算中注意：只有当 $n\geqslant m+1$ 时，才有 $P\{X=m,Y=n\}=p^2q^{n-2}$，否则 $P\{X=m,Y=n\}=0$.

解：先求边缘分布律，对取定的 $m=1,2,\cdots$，

$$\begin{aligned}P\{X=m\}&=\sum_{n=2}^{\infty}P\{X=m,Y=n\}\\&=\sum_{n=m+1}^{\infty}p^2q^{n-2}=pq^{m-1}\end{aligned}$$

即得

$$P\{X=m\}=pq^{m-1},m=1,2,\cdots.$$

对取定的 $n=2,3,\cdots$，

$$\begin{aligned}P\{Y=n\}&=\sum_{m=1}^{\infty}P\{X=m,Y=n\}\\&=\sum_{m=1}^{n-1}p^2q^{n-2}=(n-1)p^2q^{n-2}\end{aligned}$$

即得

$$P\{Y=n\}=(n-1)p^2q^{n-2},n=2,3,\cdots.$$

下面求条件分布律，当 $X=m=1,2,\cdots$ 时，

$$P\{Y=n|X=m\}=\frac{P\{X=m,Y=n\}}{P\{X=m\}}=\frac{p^2q^{n-2}}{pq^{m-1}}=pq^{n-m-1},n=m+1,m+2,\cdots,$$

即得在 $X=m$ 的条件下，Y 的条件分布律为

$$P\{Y=n|X=m\}=pq^{n-m-1},n=m+1,m+2,\cdots.$$

当 $Y=n=2,3,\cdots$ 时，

$$P\{X=m|Y=n\}=\frac{P\{X=m,Y=n\}}{P\{Y=n\}}=\frac{p^2q^{n-2}}{(n-1)p^2q^{n-2}}=\frac{1}{n-1},m=1,2,\cdots,n-1,$$

即得在 $Y=n$ 的条件下，X 的条件分布律为

$$P\{X=m|Y=n\}=\frac{1}{n-1},n=1,2,\cdots,n-1.$$

例 6 设二维随机变量(X,Y)的概率密度为

$$f(x,y)=\begin{cases}\frac{1}{2x^2y}, & x\geqslant 1,\frac{1}{x}<y<x,\\ 0, & \text{其他},\end{cases}$$

求条件概率密度.

分析:为求条件概率密度，首先求边缘概率密度，这可用下面的式子计算：

$$f_X(x)=\int_{-\infty}^{+\infty}f(x,y)\mathrm{d}y,f_Y(y)=\int_{-\infty}^{+\infty}f(x,y)\mathrm{d}x$$

计算，然后用下面的式子计算条件概率密度：

$$f_{X|Y}(x|y)=\frac{f(x,y)}{f_Y(y)},f_{Y|X}(y|x)=\frac{f(x,y)}{f_X(x)}.$$

在上面的计算中注意：只有当 $x\geqslant 1,\frac{1}{x}<y<x$ 时，才有 $f(x,y)=\frac{1}{2x^2y}$，否则 $f(x,y)=0$，如图 3.8 所示.

解:先求边缘概率密度，参照图 3.8，

$$f_X(x)=\int_{-\infty}^{+\infty}f(x,y)\mathrm{d}y=\begin{cases}\int_{\frac{1}{x}}^{x}\frac{1}{2x^2y}\mathrm{d}y, & x\geqslant 1,\\ 0, & x<1,\end{cases}$$

$$=\begin{cases}\frac{\ln x}{x^2}, & x\geqslant 1,\\ 0, & x<1,\end{cases}$$

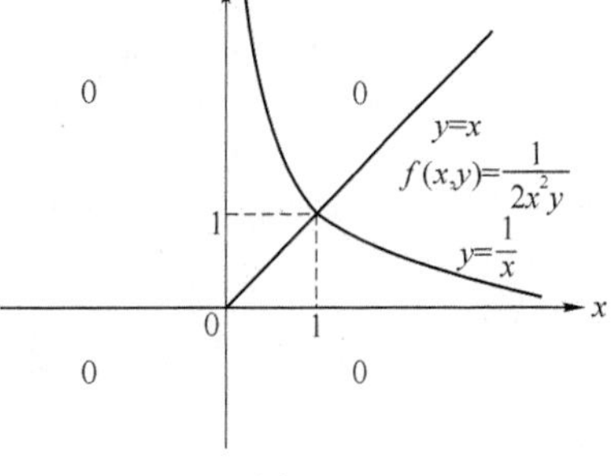

图 3.8

即得

$$f_X(x)=\begin{cases}\frac{\ln x}{x^2}, & x\geqslant 1,\\ 0, & x<1.\end{cases}$$

$$f_Y(y)=\int_{-\infty}^{+\infty}f(x,y)\mathrm{d}x=\begin{cases}\int_{\frac{1}{y}}^{+\infty}\frac{1}{2x^2y}\mathrm{d}x, & 0<y<1,\\ \int_{y}^{+\infty}\frac{1}{2x^2y}\mathrm{d}x, & y\geqslant 1,\\ 0, & y\leqslant 0\end{cases}$$

$$=\begin{cases}\frac{1}{2}, & 0<y<1,\\ \frac{1}{2y^2}, & y\geqslant 1,\\ 0, & y\leqslant 0,\end{cases}$$

即得

$$f_Y(y)=\begin{cases}\dfrac{1}{2}, & 0<y<1,\\ \dfrac{1}{2y^2}, & y\geqslant 1\\ 0, & y\leqslant 0.\end{cases}$$

下面求条件概率密度，当 $X=x>1$ 时，

$$f_{Y|X}(y|x)=\frac{f(x,y)}{f_X(x)}=\begin{cases}\dfrac{1}{2y\ln x}, & \dfrac{1}{x}<y<x,\\ 0, & \text{其他},\end{cases}$$

即得在 $X=x(x>1)$的条件下，Y 的条件概率密度为

$$f_{Y|X}(y|x)=\frac{f(x,y)}{f_X(x)}=\begin{cases}\dfrac{1}{2y\ln x}, & \dfrac{1}{x}<y<x,\\ 0, & \text{其他}.\end{cases}$$

当 $Y=y(0<y<1)$时，

$$f_{X|Y}(x|y)=\frac{f(x,y)}{f_Y(y)}=\begin{cases}\dfrac{1}{x^2y}, & x>\dfrac{1}{y},\\ 0, & x\leqslant\dfrac{1}{y},\end{cases}$$

即得在 $Y=y(0<y<1)$的条件下，X 的条件概率密度为

$$f_{X|Y}(x|y)=\begin{cases}\dfrac{1}{x^2y}, & x>\dfrac{1}{y},\\ 0, & x\leqslant\dfrac{1}{y}.\end{cases}$$

当 $Y=y(y\geqslant 1)$时，

$$f_{X|Y}(x|y)=\frac{f(x,y)}{f_Y(y)}=\begin{cases}\dfrac{y}{x^2}, & x>y,\\ 0, & x\leqslant y,\end{cases}$$

即得在 $Y=y(y\geqslant 1)$的条件下，X 的条件概率密度为

$$f_{X|Y}(x|y)=\begin{cases}\dfrac{y}{x^2}, & x>y,\\ 0, & x\leqslant y.\end{cases}$$

例 7 设随机变量 X 的概率密度为

$$f_X(x)=\begin{cases}x\mathrm{e}^{-x}, & x>0,\\ 0, & x\leqslant 0,\end{cases}$$

当 $X=x(x>0)$时，Y 的条件概率密度为

$$f_{Y|X}(y|x)=\begin{cases}x\mathrm{e}^{-xy}, & y>0,\\ 0, & y\leqslant 0,\end{cases}$$

求:(X,Y)的概率密度 $f(x,y)$,$P\{X-y>1\}$.

分析:由 $f(x,y)=f_X(x)f_{Y|X}(y\mid x)$ 计算 $f(x,y)$,再由 $P\{X-Y>1\}=\iint\limits_{x-y>1}f(x,y)\mathrm{d}x\mathrm{d}y$ 计算 $P\{X-Y>1\}$.

解:当 $x>0$ 时,由 $f_{Y|X}(y|x)=\dfrac{f(x,y)}{f_X(x)}$,得

$$f(x,y)=f_X(x)f_{Y|X}(y|x)=\begin{cases}x^2\mathrm{e}^{-x(1+y)}, & y>0,\\ 0, & y\leqslant 0,\end{cases}$$

当 $x\leqslant 0$ 时,$f_X(x)=0$,知 $f(x,y)=0$,于是得

$$f(x,y)=\begin{cases}x^2\mathrm{e}^{-x(1+y)}, & x>0,y>0,\\ 0, & \text{其他}.\end{cases}$$

由 $f(x,y)$可以算得

$$\begin{aligned}P\{X-Y>1\}&=\iint\limits_{x-y>1}f(x,y)\mathrm{d}x\mathrm{d}y=\int_1^{+\infty}\mathrm{d}x\int_0^{x-1}x^2\mathrm{e}^{-x(1+y)}\mathrm{d}y\\&=\int_1^{+\infty}x[-\mathrm{e}^{-x(1+y)}]_0^{x-1}\mathrm{d}x=\int_1^{+\infty}x(\mathrm{e}^{-x}-\mathrm{e}^{-x^2})\mathrm{d}x\\&=\int_1^{+\infty}x\mathrm{e}^{-x}\mathrm{d}x-\int_1^{+\infty}x\mathrm{e}^{-x^2}\mathrm{d}x\\&=[-x\mathrm{e}^{-x}-\mathrm{e}^{-x}]_1^{+\infty}+\frac{1}{2}\int_1^{+\infty}\mathrm{e}^{-x^2}\mathrm{d}(-x^2)\\&=\frac{2}{\mathrm{e}}+\frac{1}{2}\left(\mathrm{e}^{-x^2}\right)_1^{+\infty}=\frac{2}{\mathrm{e}}-\frac{1}{2\mathrm{e}}=\frac{3}{2\mathrm{e}}.\end{aligned}$$

例 8 设随机变量 X 与 Y 独立同分布,且分布律为

$$P\{X=n\}=P\{Y=n\}=\frac{1}{2^n},n=1,2,\cdots,$$

求 $Z=X-Y$ 的分布律.

分析:首先可以写出 $Z=X-Y$ 所有可能的取值为 $0,\pm1,\pm2,\cdots$,其次当 $k\geqslant 0$ 时.要计算 $P\{Z=k\}=P\{X-Y=k\}$,由于 $X,Y=1,2,\cdots$,事件$\{X-Y=k\}=\bigcup\limits_{i=k+1}^{\infty}\{X=i,Y=i-k\}$,而并中诸事件互不相容,再利用 X 与 Y 独立和它们的分布律,就可以计算 $P\{Z=k\}$.对 $k<0$,$P\{Z=k\}=P\{X-Y=k\}=P\{Y-X=-k\}$,而 $-k>0$,X,Y 独立同分布,故只需将上面计算结果中 k 换成 $-k$ 即得 $P\{Z=k\}$.

解:容易看到 $Z=X-Y$ 所有可能的取值为 $0,\pm1,\pm2,\cdots$.当 $k=1,2,\cdots$时,

$$\begin{aligned}P\{Z=k\}&=P\{X-Y=k\}=P\left(\bigcup_{i=k+1}^{\infty}\{X=i,Y=i-k\}\right)\\&=\sum_{i=k+1}^{\infty}P\{X=i,Y=i-k\}=\sum_{i=k+1}^{\infty}\frac{1}{2^i}\times\frac{1}{2^{i-k}}\\&=2^k\sum_{i=k+1}^{\infty}\frac{1}{4^i}=2^k\times\frac{\frac{1}{4^k+1}}{1-\frac{1}{4}}=\frac{1}{3\times 2^k}.\end{aligned}$$

当 $k=-1,-2,\cdots$ 时，由 X 与 Y 独立同分布，$-k=1,2,\cdots$ 及上一段计算的结果，有

$$P\{Z=k\}=P\{X-Y=k\}=P\{Y-X=-k\}=\frac{1}{3\times 2^{-k}}.$$

综合上面计算的结果，有

$$P\{Z=k\}=\frac{1}{3\times 2^{|k|}},k=0,\pm 1,\pm 2,\cdots.$$

例 9 设随机变量 (X,Y) 的概率密度为

$$f(x,y)=\begin{cases}2-x-y, & 0<x<1,0<y<1,\\ 0, & \text{其他},\end{cases}$$

求 $Z=X+Y$ 的概率密度.

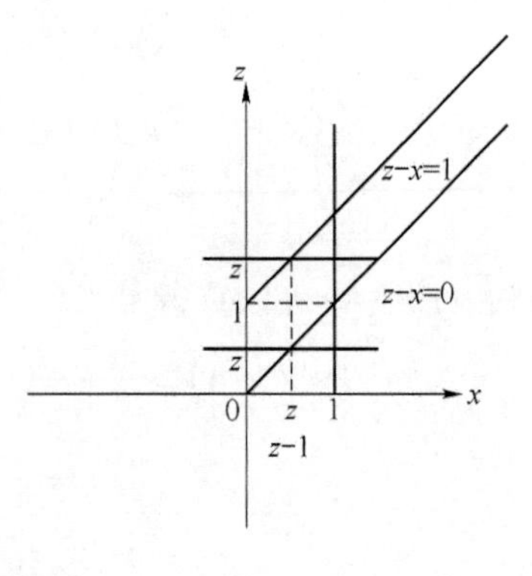

图 3.9

分析：这里的问题是 X 与 Y 不独立，只能用 (3.29) 式计算 $Z=X+Y$ 的概率密度. 由 (X,Y) 的概率密度，在计算 $f_Z(z)=\int_{-\infty}^{+\infty}f(x,z-x)\mathrm{d}x$ 时要注意，只有当 (x,z) 满足 $0<x<1,0<z-x<1$ 时，$f(x,y)=2-x-y$，否则 $f(x,y)=0$，然后借助图 3.9，再讨论 z 的取值. 以分段计算 $f_Z(z)$

解：由 (3.29) 式，

$$f_Z(z)=\int_{-\infty}^{+\infty}f(x,z-x)\mathrm{d}x=\begin{cases}\int_0^z(2-z)\mathrm{d}x, & 0<z<1,\\ \int_{z-1}^1(2-z)\mathrm{d}x, & 1\leqslant z<2,\\ 0, & \text{其他},\end{cases}$$

$$=\begin{cases}z(2-z), & 0<z<1,\\ (2-z)^2, & 1\leqslant z<2,\\ 0, & \text{其他},\end{cases}$$

即得 $Z=X+Y$ 的概率密度为

$$f_Z(z)=\begin{cases}z(2-z), & 0<z<1,\\ (2-z)^2, & 1\leqslant z<2,\\ 0, & \text{其他}.\end{cases}$$

3.4.2 习题

1. 设二维随机变量 (X,Y) 的分布函数为

$$F(x,y)=\begin{cases}0, & x<0 \text{ 或 } y<0,\\ 1-\frac{1}{1+x}-\frac{1}{1+y}+\frac{1}{1+x+y}, & x\geqslant 0,y\geqslant 0,\end{cases}$$

求关于 X 和关于 Y 的边缘分布函数，问 X 与 Y 是否独立？

2. 设二维离散型随机变量(X,Y)的分布律为

$$P\{X=m,Y=n\}=\frac{K!}{(K-m)!\ n!\ (m-n)!}p^{m+n}q^{K-n},$$

$$m=0,1,2,\cdots,K,n=0,1,\cdots,m,\quad 0<p<1,q=1-p,$$

其中K为已知正整数,求关于X和关于Y的边缘分布律,问X与Y是否独立?

3. 设三维随机变量(X,Y,Z)的概率密度为

$$f(x,y,z)=\begin{cases}\frac{1}{8\pi^3}(1-\sin x\sin y\sin z), & 0\leqslant x,y,z\leqslant 2\pi,\\ 0 & \text{其他},\end{cases}$$

证明X,Y,Z两两独立而不相互独立.

4. 在第2题中求条件分布律.

5. 设二维随机变量(X,Y)的概率密度为

$$f(x,y)=\begin{cases}\frac{1}{8}(x^2-y^2)\mathrm{e}^{-x}, & x\geqslant 0,|y|\leqslant x,\\ 0, & \text{其他},\end{cases}$$

求条件概率密度.

6. 设二维随机变量$(X,Y)\sim N(\mu_1,\mu_2,\sigma_1^2,\sigma_2^2,\rho)$,证明:当$X=x$时,$Y\sim N\left(\mu_2+\frac{\sigma_2\rho(x-\mu_1)}{\sigma_1},\sigma_2^2(1-\rho^2)\right)$;当$Y=y$时,$X\sim N\left(\mu_1+\frac{\sigma_1\rho(y-\mu_2)}{\sigma_2},\sigma_1^2(1-\rho^2)\right)$.

7. 设随机变量Y的概率密度为

$$f_Y(y)=\begin{cases}5y^4, & 0<y<1,\\ 0, & \text{其他},\end{cases}$$

当$Y=y(0<y<1)$时,X的条件概率密度为

$$f_{X|Y}(x|y)=\begin{cases}\frac{3x^2}{y^3}, & 0<x<y,\\ 0, & \text{其他},\end{cases}$$

求:(X,Y)的概率密度$f(x,y)$,$P\left\{x>\frac{1}{2}\right\}$.

8. 设随机变量X与Y独立同几何分布,即

$$P\{X=k\}=P\{Y=k\}=pq^{k-1},k=1,2,\cdots,0<p<1,q=1-p,$$

求$Z=X+Y$的分布律.

9. 设二维随机变量(X,Y)的概率密度为

$$f(x,y)=\begin{cases}3x, & 0<x<1,0<y<x,\\ 0, & \text{其他},\end{cases}$$

求$Z=X-Y$的概率密度.

10. 设随机变量X与Y独立,且$X\sim N(\mu,\sigma^2)$,$Y\sim U(-\pi,\pi)$,证明$Z=X+Y$的概率密度为$f_Z(z)=\frac{1}{2\pi}\left[\Phi\left(\frac{z+\pi-\mu}{\sigma}\right)-\Phi\left(\frac{z-\pi-\mu}{\sigma}\right)\right]$,$\Phi(x)$是$N(0,1)$的分布函数.

3.5 习题答案

3.5.1 A类习题答案

1. 单项选择题

(1)A. (2)B. (3)D. (4)B. (5)A. (6)A. (7)C. (8)B. (9)D. (10)B.

2. 计算题和证明题

(1) ①

X \ Y	1	2
1	$\frac{1}{3}$	$\frac{1}{3}$
2	$\frac{1}{3}$	0

; ② $\frac{1}{3},\frac{1}{3},\frac{2}{3},\frac{2}{3}$.

(2) ①$\frac{1}{4}$;②$\frac{5}{144}$;③$\frac{1}{16}$;④$\frac{1}{16}$. (3)$F_X(x)=\frac{2}{\pi}\arctan e^{1+x}$,$F_Y(y)=\frac{2}{\pi}\arctan e^{2+y}$,$X$与$Y$独立.

(4)

X	-1	0	1
P	$\frac{1}{3}$	$\frac{1}{3}$	$\frac{1}{3}$

,

Y	-1	1	2
P	$\frac{1}{4}$	$\frac{1}{2}$	$\frac{1}{4}$

,X与Y独立.

(5) $f_X(x)=\begin{cases}\frac{1}{2}, & |x|<1,\\ 0, & 其他,\end{cases}$ $f_Y(y)=\begin{cases}\frac{1}{2}, & |y|<1,\\ 0, & 其他,\end{cases}$ X与Y不独立.

(6) ①

X	-1	1	2
$P\{Y=j\mid X=0\}$	$\frac{1}{5}$	$\frac{2}{5}$	$\frac{2}{5}$

,$F_{Y|X}(y\mid X=0)=\begin{cases}0, & y<-1,\\ \frac{1}{5}, & -1\leqslant y<1,\\ \frac{3}{5}, & 1\leqslant y<2,\\ 1, & y\geqslant 2;\end{cases}$

②

X	-1	0
$P\{X=i\mid Y=2\}$	$\frac{1}{2}$	$\frac{1}{2}$

,$F_{X|Y}(x\mid Y=2)=\begin{cases}0, & x<-1,\\ \frac{1}{2}, & -1\leqslant x<0,\\ 1, & x\geqslant 0.\end{cases}$

(7) ①当$0<x<1$时,$f_{Y|X}(y\mid x)=\begin{cases}\frac{1}{2x}, & -x<y<x,\\ 0, & 其他,\end{cases}$

当$-1<y<1$时，$f_{X|Y}(x|y)=\begin{cases}\dfrac{2x}{1-y^2}, & |y|<x<1,\\ 0, & \text{其他};\end{cases}$ ②$F_{Y|X}\left(y\middle|x=\dfrac{1}{2}\right)=\begin{cases}0, & y<-\dfrac{1}{2},\\ y+\dfrac{1}{2}, & -\dfrac{1}{2}\leqslant y<\dfrac{1}{2},\\ 1, & y\geqslant\dfrac{1}{2}.\end{cases}$

(8) ①

Z_1	3	4	5
P	$\frac{1}{3}$	$\frac{1}{3}$	$\frac{1}{3}$

；②

Z_2	2	3	4	6
P	$\frac{1}{3}$	$\frac{2}{9}$	$\frac{1}{9}$	$\frac{1}{3}$

；③

Z_3	$\frac{1}{3}$	$\frac{1}{2}$	$\frac{2}{3}$	1	$\frac{3}{2}$	2	3
P	$\frac{1}{9}$	$\frac{2}{9}$	$\frac{2}{9}$	$\frac{1}{9}$	$\frac{1}{9}$	$\frac{1}{9}$	$\frac{1}{9}$

；

④

Z_4	2	3
P	$\frac{4}{9}$	$\frac{5}{9}$

.

(9) $P\{Z=n\}=\dfrac{n-1}{2^n}, N=2,3,\cdots.$

(10) $f_Z(z)=\begin{cases}1-(z+1)e^{-z}, & 0<z<1,\\ 2e^{-(z-1)}-(z+1)e^{-z}, & z\geqslant 1,\\ 0, & z\leqslant 0,\end{cases}$.

(11) $f_{Z_1}(z)\begin{cases}\dfrac{2z}{(1+z)^3}, & z>0,\\ 0, & z\leqslant 0;\end{cases}$ $f_{Z_2}(z)=\begin{cases}\dfrac{2}{(1+z)^3}, & z>0,\\ 0, & z\leqslant 0.\end{cases}$ (12)～(13) 证明略.

3.5.2 B类习题答案

1. $F_X(x)=\begin{cases}0, & x<0,\\ 1-\dfrac{1}{1+x}, & x\geqslant 0,\end{cases}$ $F_Y(y)=\begin{cases}0, & y<0,\\ 1-\dfrac{1}{1+y}, & y\geqslant 0,\end{cases}$ X与Y不独立.

2. $X\sim b(K,p)$，$Y\sim b(K,p^2)$，X与Y不独立. 3. 证明略. 4. 当$X=m(m=0,1,2,\cdots,K)$时，$P\{Y=n\mid X=m\}=C_m^n p^n q^{m-n}$，$n=0,1,2,\cdots,m$，$q=1-p$，当$Y=n(n=0,1,2,\cdots,K)$时，$P\{X=m|Y=n\}=C_{K-n}^{K-m}\left(\dfrac{1}{1+p}\right)^{K-m}\left(\dfrac{p}{1+p}\right)^{m-n}$，$m=n,n+1,\cdots,K$，$q=1-p$.

5. $f_{X|Y}(x|y)=\begin{cases}\dfrac{x^2-y^2}{2(1+|y|)}e^{-x+|y|}, & x\geqslant|y|,\\ 0, & \text{其他},\end{cases}$ 当$x>0$时，$f_{Y|X}(y|x)=\begin{cases}\dfrac{3(x^2-y^2)}{4x^3}, & |y|\leqslant x,\\ 0, & \text{其他}.\end{cases}$

6. 证明略. 7. $f(x,y)=\begin{cases}15x^2y, & 0<x<y<1,\\ 0, & \text{其他},\end{cases}$ $\dfrac{47}{64}$.

8. $P\{Z=k\}=(k-1)p^2q^{k-2}$，$k=2,3,\cdots$.

9. $f_Z(z)=\begin{cases}\dfrac{3}{2}(1-z^2), & 0<z<1,\\ 0, & \text{其他}.\end{cases}$ 10. 证明略.

第 4 章　随机变量的数字特征

4.1　内 容 提 要

4.1.1　数学期望

1. 数学期望的定义

(1) 设离散型随机变量 X 的分布律为 $P\{X=x_i\}=p_i, i=1,2,\cdots$,若 $\sum_i |x_i| p_i<+\infty$,称 $\sum_i x_i p_i$ 为 X 的数学期望,记为 $E(X)$,即

$$E(X)=\sum_i x_i p_i. \tag{4.1}$$

若 $\sum_i |x_i| p_i=+\infty$,则称 X 的数学期望不存在.

(2) 设连续型随机变量 X 的概率密度为 $f(x)$,若 $\int_{-\infty}^{+\infty}|x| f(x)\mathrm{d}x<+\infty$,称 $\int_{-\infty}^{+\infty} x f(x)\mathrm{d}x$ 为 X 的数学期望,记为 $E(X)$,即

$$E(X)=\int_{-\infty}^{+\infty} x f(x)\mathrm{d}x. \tag{4.2}$$

若 $\int_{-\infty}^{+\infty}|x| f(x)\mathrm{d}x=+\infty$,则称 X 的数学期望不存在.

随机变量 X 的数学期望 $E(X)$ 表示 X 取值的集中位置或散布中心.

2. 随机变量函数的数学期望公式

(1) 设离散型随机变量 X 的分布律为 $P\{X=x_i\}=p_i, i=1,2,\cdots, g(x)$ 为已知连续函数,若 $\sum_i |g(x_i)| p_i<+\infty$,则

$$E[g(X)]=\sum_i g(x_i) p_i; \tag{4.3}$$

(2) 设连续型随机变量 X 的概率密度为 $f(x)$，$g(x)$ 为已知连续函数，若 $\int_{-\infty}^{+\infty}|g(x)|f(x)dx<+\infty$，则

$$E[g(X)]=\int_{-\infty}^{+\infty}g(x)f(x)\mathrm{d}x; \tag{4.4}$$

(3) 设二维离散型随机变量(X,Y)的分布律为 $P\{X=x_i,Y=y_j\}=p_{ij},i,j=1,2,\cdots$，$g(x,y)$为已知二元连续函数，若 $\sum_i\sum_j|g(x_i,y_j)|p_{ij}<+\infty$，则

$$E[g(X,Y)]=\sum_i\sum_j g(x_i,y_j)p_{ij}; \tag{4.5}$$

(4) 设二维连续型随机变量(X,Y)的概率密度为 $f(x,y)$，$g(x,y)$为已知二元连续函数，若 $\int_{-\infty}^{+\infty}\int_{-\infty}^{+\infty}|g(x,y)|f(x,y)\mathrm{d}x\mathrm{d}y<+\infty$，则

$$E[g(X,Y)]=\int_{-\infty}^{+\infty}\int_{-\infty}^{+\infty}g(x,y)f(x,y)\mathrm{d}x\mathrm{d}y. \tag{4.6}$$

3. 数学期望的性质

以下假设所涉及到的随机变量的数学期望都存在.

(1) 若 C 为常数，则 $E(C)=C$；

(2) 若 C 为常数，则 $E(CX)=CE(X)$；

(3) $E(X+Y)=E(X)+E(Y)$；

[推广]$E\left(\sum_{i=1}^{n}X_i\right)=\sum_{i=1}^{n}E(X_i)$.

(4) 设 X 与 Y 相互独立，则 $E(XY)=E(X)E(Y)$；

[推广] 若 $X_i,i=1,2,\cdots,n$ 相互独立，则 $E\left(\prod_{i=1}^{n}X_i\right)=\prod_{i=1}^{n}E(X_i)$.

(5) 若 $X\geqslant 0$，则 $E(X)\geqslant 0$，$|E(X)|\leqslant E(|X|)$.

4.1.2 方差

1. 方差的定义

设随机变量 X 的数学期望 $E(X)$存在，且 $E\{[X-E(X)]^2\}$存在，称$E\{[X-E(X)]^2\}$为 X 的方差，记为 $D(X)$，即

$$D(X)=E\{[X-E(X)]^2\}.$$

随机变量 X 的方差 $D(X)$表示 X 取值与其均值 $E(X)$的平均偏离程度的大小或集中程度的好坏.

2. 方差的计算

(1) 按定义计算

设离散型随机变量 X 的分布律为 $P\{X=x_i\}=p_i,i=1,2,\cdots$，则

$$D(X)=\sum_{i=1}^{n}[x_i-E(X)]^2p_i. \tag{4.7}$$

设连续型随机变量 X 的概率密度为 $f(x)$，则

$$D(X)=\int_{-\infty}^{+\infty}[x-E(X)]^2 f(x)\mathrm{d}x. \tag{4.8}$$

(2) 用下列公式计算

$$D(X)=E(X^2)-[E(X)]^2. \tag{4.9}$$

大多数场合用方法(2)计算，计算过程较为简捷，少数情况用方法(1)计算.

3. 方差的性质

以下假设所涉及到的随机变量的方差都存在.

(1) 若 C 为常数，则 $D(C)=0$.

(2) 若 C 为常数，则 $D(CX)=C^2D(X)$.

(3) 若 X 与 Y 相互独立，则 $D(X\pm Y)=D(X)+D(Y)$；

[推广] 设 $X_i, i=1.2,\cdots,n$，相互独立，则 $D\left(\sum\limits_{i=1}^{n}X_i\right)=\sum\limits_{i=1}^{n}D(X_i)$.

(4) $D(X)=0$ 的充分必要条件是 $P\{X=E(X)\}=1$.

4.1.3 常用分布的数学期望和方差

1. 若 $X\sim b(n,p)$，其分布律为 $P\{X=k\}=\mathrm{C}_n^k p^k q^{n-k}, k=0,1,2,\cdots,n, 0<p<1, q=1-p$，则

$$E(X)=np,\quad D(X)=npq;$$

当 $n=1$ 时，$b(n,p)$ 化为(0-1)分布，此时 $E(X)=p, D(X)=pq$.

2. 若 $X\sim\pi(\lambda)$，其分布律为 $P\{X=k\}=\dfrac{\lambda^k}{k!}\mathrm{e}^{-\lambda}, k=0,1,2,\cdots,\lambda>0$，则

$$E(X)=\lambda, D(X)=\lambda;$$

3. 若 $X\sim U(a,b)$，其概率密度为 $f(x)=\begin{cases}\dfrac{1}{b-a}, & a<x<b,\\ 0, & \text{其他},\end{cases}$ 则

$$E(X)=\frac{a+b}{2},\quad D(X)=\frac{(b-a)^2}{12};$$

4. 若 $X\sim N(\mu,\sigma^2)$，其概率密度为 $f(x)=\dfrac{1}{\sqrt{2\pi}\sigma}\mathrm{e}^{-\frac{(x-\mu)^2}{2\sigma^2}}$，则

$$E(X)=\mu,\quad D(X)=\sigma^2;$$

5. 设 X 服从参数为 λ 的指数分布，其概率密度为 $f(x)=\begin{cases}\lambda\mathrm{e}^{-\lambda x}, & x>0,\\ 0, & x\leqslant 0,\end{cases}$ 则

$$E(X)=\frac{1}{\lambda},\quad D(X)=\frac{1}{\lambda^2}.$$

4.1.4 协方差

1. 协方差的定义

若(X,Y)为二维随机变量，且X,Y的数学期望和方差都存在，称$E\{[X-E(X)][Y-E(Y)]\}$为X与Y的协方差，记为$\mathrm{Cov}(X,Y)$，即

$$\mathrm{Cov}(X,Y)=E\{[X-E(X)][Y-E(Y)]\}.$$

2. 协方差的计算

(1) 接定义计算

若(X,Y)为二维离散型随机变量，其分布律为$P\{X=x_i,Y=y_j\}=P_{ij},i,j=1,2,\cdots$，则

$$\mathrm{Cov}(X,Y)=\sum_i\sum_j[x_i-E(X)][y_j-E(Y)]p_{ij}. \tag{4.10}$$

若(X,Y)为二维连续型随机变量，其概率密度为$f(x,y)$，则

$$\mathrm{Cov}(X,Y)=\int_{-\infty}^{+\infty}\int_{-\infty}^{+\infty}[x-E(X)][y-E(Y)]f(x,y)\mathrm{d}x\mathrm{d}y. \tag{4.11}$$

(2) 用下列公式计算

$$\mathrm{Cov}(X,Y)=E(XY)-E(X)E(Y). \tag{4.12}$$

大多数场合用方法(2)计算，计算过程较为简捷，少数情况用方法(1)计算.

3. 协方差的性质

(1) $\mathrm{Cov}(X,Y)=\mathrm{Cov}(Y,X)$；

(2) 若a,b为常数，则$\mathrm{Cov}(aX,bY)=ab\mathrm{Cov}(X,Y)$；

(3) $\mathrm{Cov}(X_1+X_2,Y)=\mathrm{Cov}(X_1,Y)+\mathrm{Cov}(X_2,Y)$；

(4) $D(X+Y)=D(X)+D(Y)+2\mathrm{Cov}(X,Y)$.

4.1.5 相关系数

1. 相关系数的定义

若(X,Y)为二维随机变量，且X,Y的数学期望和方差都存在，称$\dfrac{E\{[X-E(X)][Y-E(Y)]\}}{\sqrt{D(X)}\sqrt{D(Y)}}$为$X$与$Y$的相关系数，记为$\rho_{XY}$，即

$$\rho_{XY}=\frac{\mathrm{Cov}(X,Y)}{\sqrt{D(X)}\sqrt{D(Y)}}=\frac{E\{[X-E(X)][Y-E(Y)]\}}{\sqrt{D(X)}\sqrt{D(Y)}} \tag{4.13}$$

X与Y的相关系数表示X与Y线性相关程度的好坏.

2. 相关系数的性质

(1) $|\rho_{XY}|\leqslant 1$；

(2) $\rho_{XY}=1$的充分必要条件是存在常数a,b，使得$P\{Y=aX+b\}=1$；

(3) 不相关与独立性.

若 $\rho_{XY}=0$，则称 X 与 Y 不(线性)相关.

若 X,Y 相互独立，且数学期望和方差都存在，则 X 与 Y 不相关. 反之，若 X 与 Y 不相关，但 X,Y 未必相互独立.

(4) 正态随机变量的不相关与独立性

若 $(X,Y)\sim N(\mu_1,\mu_2,\sigma_1^2,\sigma_2^2,\rho)$，则 $\rho_{XY}=\rho$，且 X,Y 相互独立的充分必要条件是 X 与 Y 不相关.

4.1.6 随机变量的矩

1. 定义

若 $E(X^k)(k=1,2,\cdots)$ 存在，称 $a_k \stackrel{\triangle}{=} E(X_k)$ 为 X 的 k 阶原点矩，简称 k 阶矩.

若 $E(|X|^k)(k=1,2,\cdots)$ 存在，称 $E(|X|^k)$ 为 X 的 k 阶绝对原点矩，简称 k 阶绝对矩.

若 $E(X^kY^l)(k,l=1,2,\cdots)$ 存在，称 $E(X^kY^l)$ 为 X,Y 的 $k+l$ 阶混合原点矩，简称 $k+l$ 阶混合矩.

若 $E(|X|^k|Y|^l)(k,l=1,2,\cdots)$ 存在，称 $E(|X|^k|Y|^l)$ 为 X,Y 的 $k+l$ 阶混合绝对原点矩，简称 $k+l$ 阶混合绝对矩.

若 $E(X)$ 存在，且 $E\{[X-E(X)]^k\}(k=1,2,\cdots)$ 存在，称 $b_k \stackrel{\triangle}{=} E\{[X-E(X)]^k\}$ 为 X 的 k 阶中心矩.

若 $E(X)$ 存在，且 $E[|X-E(X)|^k](k=1,2,\cdots)$ 存在，称 $E[|X-E(X)|^k]$ 为 X 的 k 阶绝对中心矩.

若 $E(X)$，$E(Y)$ 存在，且 $E\{[X-E(X)]^k[Y-E(Y)]^l\}(k=1,2,\cdots)$ 存在，称 $E\{[X-E(X)]^k[Y-E(Y)]^l\}$ 为 X,Y 的 $k+l$ 阶混合中心距.

若 $E(X)$，$E(Y)$ 存在，且 $E[|X-E(X)|^k|Y-E(Y)|^l](k=1,2,\cdots)$ 存在，称 $E[|X-E(X)|^k|Y-E(Y)|^l]$ 为 X,Y 的 $k+l$ 阶混合绝对中心矩.

2. 切比雪夫不等式

切比雪夫不等式：设随机变量 X 的数学期望和方差都存在，并记 $E(X)=\mu$，$D(X)=\sigma^2$，则对任意 $\varepsilon>0$，有

$$P\{|X-\mu|\geqslant\varepsilon\}\leqslant\frac{\sigma^2}{\varepsilon^2}. \tag{4.14}$$

(4.14)式的等价形式为，对任意 $\varepsilon>0$，有

$$P\{|X-\mu|<\varepsilon\}\geqslant 1-\frac{\sigma^2}{\varepsilon^2}. \tag{4.15}$$

3. 柯西-许瓦兹不等式

设 X,Y 是 S 上的随机变量，则有 $[E(|XY|)]^2\leqslant E(X^2)E(Y^2)$.

4.1.7 多维随机变量的数字特征

1. 多维随机变量的数学期望

设 $\boldsymbol{X}=(X_1,X_2,\cdots,X_n)$ 为 n 维随机变量，称 $[E(X_1),E(X_2),\cdots,E(X_n)]$ 为 $\boldsymbol{X}$ 的数学期望，记为 $E(\boldsymbol{X})$，即

$$E(\boldsymbol{X})=E(X_1,X_2,\cdots,X_n)=[E(X_1),E(X_2),\cdots,E(X_n)]$$

$\boldsymbol{X}$ 的数学期望 $E(\boldsymbol{X})$ 表示 $\boldsymbol{X}$ 取值的集中位置或散布中心.

2. 多维随机变量的协方差矩阵

定义　设 $\boldsymbol{X}=(X_1,X_2,\cdots,X_n)$ 为 n 维随机变量，$X_i(i=1,2,\cdots,n)$ 的数学期望和方差都存在，记 $c_{ij}=E\{[X_i-E(X_i)][X_j-E(X_j)]\}$，$i,j=1,2,\cdots,n$，称矩阵

$$\boldsymbol{C}\overset{\triangle}{=}\begin{pmatrix} c_{11} & c_{12} & \cdots & c_{1n} \\ c_{21} & c_{22} & \cdots & c_{2n} \\ \vdots & \vdots & \vdots & \vdots \\ c_{n1} & c_{n2} & \cdots & c_{nn} \end{pmatrix},\ [c_{ii}=\sigma_i^2\overset{\triangle}{=}D(X_i),i=1,2,\cdots,n]$$

为 $\boldsymbol{X}$ 的协方差矩阵.

3. 协方差矩阵的性质

(1) 对称性. $c_{ij}=c_{ji}$，$i,j=1,2,\cdots,n$；

(2) 非负定性. 对任意的实数 $t_1,t_2,\cdots,t_n$，有 $\sum_{i=1}^{n}\sum_{j=1}^{n}c_{ij}t_it_j\geqslant 0$；

(3) $D(X_1+X_2+\cdots+X_n)=\sum_{i=1}^{n}\sum_{j=1}^{n}c_{ij}=\sum_{i=1}^{n}\sum_{j=1}^{n}\rho_{ij}\sigma_i\sigma_j$，其中 ρ_{ij} 是 X_i,X_j 的相关系数.

若记 $\mu_i=E(X_i)$，$i=1,2,\cdots,n$，$\mu=(\mu_1,\mu_2,\cdots,\mu_n)$，则 $\boldsymbol{X}$ 的协方差矩阵可表为 $\boldsymbol{C}=E[(\boldsymbol{X}-\boldsymbol{\mu})^{\mathrm{T}}(\boldsymbol{X}-\boldsymbol{\mu})]$.

$\boldsymbol{X}$ 的协方差矩阵表示各分量关于它们的数学期望的集中程度，在一定意义上它起着一维随机变量方差的作用.

设 n 维随机变量 $\boldsymbol{X}=(X_1,X_2,\cdots,X_n)$ 的数学期望为 $\boldsymbol{\mu}$，协方差矩阵为 $\boldsymbol{C}$，$\boldsymbol{A}=(a_{ij})$ 是一 $m\times n$ 矩阵. $\boldsymbol{Y}=(Y_1,Y_2,\cdots,Y_m)$ 是一 m 维随机变量，且 $\boldsymbol{Y}^{\mathrm{T}}=\boldsymbol{A}\boldsymbol{X}^{\mathrm{T}}$，则 $\boldsymbol{Y}$ 的数学期望 $\boldsymbol{\mu}^*$ 和协方差矩阵 $\boldsymbol{C}^*$ 分别为

$$\boldsymbol{\mu}^*=\boldsymbol{\mu}\boldsymbol{A}^{\mathrm{T}},\tag{4.16}$$

$$\boldsymbol{C}^*=\boldsymbol{A}\boldsymbol{C}\boldsymbol{A}^{\mathrm{T}}.\tag{4.17}$$

4.1.8 多维正态分布

1. 多维正态分布

设 $\boldsymbol{X}=(X_1,X_2)\sim N(\mu_1,\mu_2,\sigma_1^2,\sigma_2^2,\rho)$，可以算得

$$\boldsymbol{\mu}=(\mu_1,\mu_2),\quad \boldsymbol{C}=\begin{pmatrix}\sigma_1^2 & \rho\sigma_1\sigma_2\\ \rho\sigma_1\sigma_2 & \sigma_2^2\end{pmatrix}.$$

若记 $\boldsymbol{X}=(x_1,x_2)$，则 $\boldsymbol{X}$ 的概率密度可表为

$$f(x_1,x_2)=\frac{1}{(2\pi)^{2/2}|\boldsymbol{C}|^{1/2}}\mathrm{e}^{-\frac{1}{2}(\boldsymbol{x}-\boldsymbol{\mu})\boldsymbol{C}^{-1}(\boldsymbol{x}-\boldsymbol{\mu})^{\mathrm{T}}}.$$

如果 n 维随机变量 $\boldsymbol{X}=(X_1,X_2,\cdots,X_n)$ 的概率密度为

$$f(x_1,x_2,\cdots,x_n)=\frac{1}{(2\pi)^{n/2}|\boldsymbol{C}|^{1/2}}\mathrm{e}^{-\frac{1}{2}(\boldsymbol{x}-\boldsymbol{\mu})\boldsymbol{C}^{-1}(\boldsymbol{x}-\boldsymbol{\mu})^{\mathrm{T}}},$$

其中

$$\boldsymbol{x}=(x_1,x_2,\cdots,x_n),\boldsymbol{\mu}=(\mu_1,\mu_2,\cdots,\mu_n),$$

$\boldsymbol{C}=(c_{ij})$ 为 n 阶实对称正定矩阵，则称 $\boldsymbol{X}$ 服从 n 维正态分布 $N(\boldsymbol{\mu},\boldsymbol{C})$，记作 $\boldsymbol{X}\sim N(\boldsymbol{\mu},\boldsymbol{C})$.

2. 多维正态分布的性质

(1) 若 $\boldsymbol{X}=(X_1,X_2,\cdots,X_n)\sim N(\boldsymbol{\mu},\boldsymbol{C})$，则

$$E(X_i)=\mu_i,i=1,2,\cdots,n,$$

$$\mathrm{Cov}(X_i,X_j)=c_{ij},i,j=1,2,\cdots,n.$$

(2) $\boldsymbol{X}=(X_1,X_2,\cdots,X_n)$ 服从 n 维正态分布的充分必要条件是 $X_1,X_2,\cdots,X_n$ 的任意线性组合

$$Y=\sum_{i=1}^{n}l_iX_i+l_0$$

服从一维正态分布，其中 $l_1,l_2,\cdots,l_n$ 不全为 0，l_0 任意.

(3) 若 $\boldsymbol{X}=(X_1,X_2,\cdots,X_n)\sim N(\boldsymbol{\mu},\boldsymbol{C})$，$\boldsymbol{A}=(a_{ij})$ 为 $m\times n$ 矩阵，使得 $\boldsymbol{ACA}^{\mathrm{T}}$ 为正定矩阵，且 $\boldsymbol{Y}=(Y_1,Y_2,\cdots,Y_n)$，$\boldsymbol{Y}^{\mathrm{T}}=\boldsymbol{AX}^{\mathrm{T}}$，则 $Y\sim N(\boldsymbol{\mu A}^{\mathrm{T}},\boldsymbol{ACA}^{\mathrm{T}})$.

(4) 若 $\boldsymbol{X}=(X_1,X_2,\cdots,X_n)\sim N(\boldsymbol{\mu},\boldsymbol{C})$，则 $X_1,X_2,\cdots,X_n$ 相互独立的充分必要条件是 $c_{ij}=0,i\neq j$，即 $X_1,X_2,\cdots,X_n$ 两两不相关.

4.1.9 大数定律和中心极限定理

1. 大数定律

(1) **切比雪夫定理** 设随机变量 $X_1,X_2,\cdots,X_n,\cdots$ 独立，且具有相同的数学期望和方差：$E(X_k)=\mu,D(X_k)=\sigma^2(k=1,2,\cdots)$，则对任意 $\varepsilon>0$，有

$$\lim_{n\to\infty}P\left\{\left|\frac{1}{n}\sum_{k=1}^{n}X_k-\mu\right|<\varepsilon\right\}=1;$$

(2) **贝努利定理** 设 n_A 是在 n 次重复独立试验中事件 A 出现的次数，p 是事件 A 在每次试验中出现的概率，则对任意 $\varepsilon>0$，有

$$\lim_{n\to\infty}P\left\{\left|\frac{n_A}{n}-p\right|<\varepsilon\right\}=1.$$

2. 中心极限定理

(1) **独立同分布的中心极限定理**　设随机变量 $X_1, X_2, \cdots, X_n$,独立,服从同一分布,且有数学期望和方差:$E(X_k)=\mu, D(X_k)=\sigma^2>0(k=1,2,\cdots)$,则对任意 x 有

$$\lim_{n\to\infty} P\left\{\frac{\sum_{k=1}^{n} X_k - n\mu}{\sqrt{n}\sigma} \leqslant x\right\} = \Phi(x),$$

应用:当 n 充分大,有

$$\frac{\sum_{k=1}^{n} X_k - n\mu}{\sqrt{n}\sigma} \overset{\text{近似}}{\sim} N(0,1). \tag{4.18}$$

(2) **棣莫弗-拉普拉斯定理**　设 $Y_n \sim b(n,p)$,则对任意 x 有

$$\lim_{n\to\infty} P\left\{\frac{Y_n - np}{\sqrt{np(1-p)}} \leqslant x\right\} = \Phi(x),$$

应用:当 n 充分大,有

$$\frac{Y_n - np}{\sqrt{np(1-p)}} \overset{\text{近似}}{\sim} N(0,1). \tag{4.19}$$

4.2 要　求

1. 理解随机变量的数学期望的定义和意义、二维随机变量相关系数的定义和意义及多维随机变量的数学期望和协方差矩阵的定义和意义.

2. 会计算随机变量的数学期望和方差、二维随机变量的相关系数及多维随机变量的协方差矩阵.

3. 熟练掌握几个常用分布的数学期望和方差的计算,它们是二项分布、泊松分布、均匀分布、正态分布和指数分布.

4. 要记忆和熟练运用数学期望、方差、协方差和相关系数的基本性质.

5. 要掌握二维正态随机变量的数字特征,知道多维正态随机变量的定义和性质.

6. 会利用切比雪夫不等式作简单的概率估计,会利用柯西-许瓦兹不等式作基本的证明题.

4.3 A类例题和习题

4.3.1　例题

例 1　讨论下列随机变量的数学期望和方差是否存在:

(1) 随机变量 X 的分布律为

$$P\left\{X=(-1)^{k}\frac{2^{k}}{k}\right\}=\frac{1}{2^{k}},k=1,2,\cdots;$$

(2) 随机变量 X 的概率密度为

$$f(x)=\begin{cases}\dfrac{2}{(1+x)^{3}}, & x>0,\\ 0, & x\leqslant 0.\end{cases}$$

解:(1) 对离散型随机变量 X,如果它的分布律为 $P\{X=x_k\}=p_k,k=1,2,\cdots$,由数学期望的定义.当 $\sum\limits_{k=1}^{\infty}|x_k|p_k$ 收敛时,数学期望 $E(X)$ 存在.这里由于 $\sum\limits_{k=1}^{\infty}|x_k|p_k=\sum\limits_{k=1}^{\infty}\frac{1}{k}$ 是调和级数,发散,故 X 的数学期望不存在,因而方差也不存在.

(2) 对连续型随机变量 X,如果它的概率密度为 $f(x)$,由数学期望的定义.当 $\int_{-\infty}^{+\infty}|x|f(x)\mathrm{d}x$ 收敛时,数学期望 $E(X)$ 存在.这里由于

$$\int_{-\infty}^{+\infty}|x|f(x)\mathrm{d}x=2\int_{0}^{+\infty}\frac{x}{(1+x)^{3}}\mathrm{d}x=2\int_{0}^{+\infty}\frac{1}{(1+x)^{2}}\mathrm{d}x-2\int_{0}^{+\infty}\frac{1}{(1+x)^{3}}\mathrm{d}x=1$$

收敛,故 $E(X)$ 存在.然而,$\int_{-\infty}^{+\infty}x^{2}f(x)\mathrm{d}x=2\int_{0}^{+\infty}\frac{x^{2}}{(1+x)^{3}}\mathrm{d}x$ 发散,故方差不存在.

例 2 设离散型随机变量 X 的分布律为

X	0	1	2
P	0.25	0.5	0.25

求:(1) $E(X)$;(2) $E(X^2)$;(3) $E(3X+2)$;(4) $E(X^2+X)$.

解:(1) 由(4.1)式,

$$E(X)=0\times 0.25+1\times 0.5+2\times 0.25=1.$$

(2) 由(4.3)式,

$$E(X^{2})=0^{2}\times 0.25+1^{2}\times 0.5+2^{2}\times 0.25=1.5.$$

(3) 由数学期望的性质,$E(3X+2)=3E(X)+2=5$.

(4) 由数学期望的性质,$E(X^2+X)=E(X^2)+E(X)=2.5$.

例 3 设连续型随机变量 X 的概率密度为

$$f(x)=\begin{cases}\dfrac{1}{2}\cos x, & |x|<\dfrac{\pi}{2},\\ 0, & \text{其他},\end{cases}$$

求:(1) $E(X)$;(2) $E(X^2)$;(3) $E(2X+4X^2)$.

解:(1) 由(4.2)式及奇函数在对称区间上积分的性质,

$$E(X)=\frac{1}{2}\int_{-\frac{\pi}{2}}^{\frac{\pi}{2}}x\cos x\mathrm{d}x=0;$$

(2) 由(4.4)式、偶函数在对称区间上积分的性质及分部积分法.

$$\begin{aligned}E(X^2)&=\frac{1}{2}\int_{-\frac{\pi}{2}}^{\frac{\pi}{2}}x^2\cos x\mathrm{d}x=\int_0^{\frac{\pi}{2}}x^2\cos x\mathrm{d}x\\&=\int_0^{\frac{\pi}{2}}x^2\mathrm{d}(\sin x)=x^2\sin x\Big|_0^{\frac{\pi}{2}}-2\int_0^{\frac{\pi}{2}}x\sin x\mathrm{d}x\\&=\frac{\pi^2}{4}+2\int_0^{\frac{\pi}{2}}x\mathrm{d}(\cos x)=\frac{\pi^2}{4}+2\left[x\cos x\Big|_0^{\frac{\pi}{2}}-\int_0^{\frac{\pi}{2}}\cos x\mathrm{d}x\right]\\&=\frac{\pi^2}{4}-2\sin x\Big|_0^{\frac{\pi}{2}}=\frac{\pi^2}{4}-2;\end{aligned}$$

(3) 由数学期望的性质，$E(2X+4X^2)=2E(X)+4E(X^2)=\pi^2-8$.

例 4 设二维离散型随机变量(X,Y)的分布律为

$X \backslash Y$	0	1	2
0	0	$\frac{2}{12}$	$\frac{1}{12}$
1	$\frac{2}{12}$	$\frac{2}{12}$	$\frac{2}{12}$
2	$\frac{1}{12}$	$\frac{2}{12}$	0

求：(1) $E(X)$；(2) $E(Y)$；(3) $E(XY)$；(4) $E(X^2Y)$.

解：(1) 容易算得关于 X 的边缘分布律为

X	0	1	2
P	$\frac{1}{4}$	$\frac{1}{2}$	$\frac{1}{4}$

，

于是得 $E(X)=0\times\frac{1}{4}+1\times\frac{1}{2}+2\times\frac{1}{4}=1$.

(2) 类似可以算得关于 Y 的边缘分布律为

Y	0	1	2
P	$\frac{1}{4}$	$\frac{1}{2}$	$\frac{1}{4}$

，

于是得 $E(Y)=0\times\frac{1}{4}+1\times\frac{1}{2}+2\times\frac{1}{4}=1$.

(3) 由(4.5)式,

$$E(XY) = \sum_i \sum_j x_i y_j p_{ij}$$

$$= 0\times0\times0+0\times1\times\frac{2}{12}+0\times2\times\frac{1}{12}+1\times0\times\frac{2}{12}+1\times1\times\frac{2}{12}+$$

$$1\times2\times\frac{2}{12}+2\times0\times\frac{1}{12}+2\times1\times\frac{2}{12}+2\times2\times0=\frac{5}{6}.$$

(4) 由(4.5)式,

$$E(X^2Y) = \sum_i \sum_j x_i^2 y_j p_{ij}$$

$$= 0^2\times0\times0+0^2\times1\times\frac{2}{12}+0^2\times2\times\frac{1}{12}+1^2\times0\times\frac{2}{12}+1^2\times1\times\frac{2}{12}+$$

$$1^2\times2\times\frac{2}{12}+2^2\times0\times\frac{1}{12}+2^2\times1\times\frac{2}{12}+2^2\times2\times0=\frac{7}{6}.$$

例 5 设二维连续型随机变量(X,Y)的概率密度为

$$f(x,y)=\begin{cases}\frac{3}{2}(x^2+y^2), & 0<x<1,0<y<1,\\ 0, & \text{其他},\end{cases}$$

求:(1) $E(X)$;(2) $E(Y)$;(3) $E(XY)$;(4) $E(XY^2)$.

解:(1) 由(4.6)式,

$$E(X)=\frac{3}{2}\int_0^1\int_0^1 x(x^2+y^2)\,\mathrm{d}x\mathrm{d}y=\frac{3}{2}\left(\int_0^1 x^3\,\mathrm{d}x+\frac{1}{3}\int_0^1 x\,\mathrm{d}x\right)=\frac{5}{8}.$$

(2) 同样由(4.6)式可以算得

$$E(X)=\frac{3}{2}\int_0^1\int_0^1 y(x^2+y^2)\,\mathrm{d}x\mathrm{d}y=\frac{3}{2}\left(\frac{1}{3}\int_0^1 y\,\mathrm{d}y+\int_0^1 y^3\,\mathrm{d}y\right)=\frac{5}{8}.$$

(3) 类似可以算得

$$E(XY)=\frac{3}{2}\int_0^1\int_0^1 xy(x^2+y^2)\,\mathrm{d}x\mathrm{d}y=\frac{3}{2}\left(\frac{1}{2}\int_0^1 x^3\,\mathrm{d}x+\frac{1}{2}\int_0^1 y^3\,\mathrm{d}y\right)=\frac{3}{8}.$$

(4) 类似可以算得

$$E(XY^2)=\frac{3}{2}\int_0^1\int_0^1 xy^2(x^2+y^2)\,\mathrm{d}x\mathrm{d}y=\frac{3}{2}\left(\frac{1}{3}\int_0^1 x^3\,\mathrm{d}x+\frac{1}{2}\int_0^1 y^4\,\mathrm{d}y\right)=\frac{11}{40}.$$

例 6 设加工出来的正圆锥形物件的高 X 和底圆直径 Y 是相互独立的随机变量,它们的概率密度分别为

$$f_X(x)=\begin{cases}\frac{x^2}{9}, & 0<x<3,\\ 0, & \text{其他},\end{cases}\quad, f_Y(y)=\begin{cases}2y, & 0<y<1,\\ 0, & \text{其他},\end{cases}$$

求加工出来的正圆锥形物件的体积 V 的平均值.

解:加工出来的正圆锥形物件的体积 $V=\frac{1}{12}\pi Y^2X$. 由于 X 与 Y 独立,因此它的体积

的平均值为 $E(V)=E\left(\frac{1}{12}\pi Y^2 X\right)=\frac{1}{12}\pi E(Y^2)E(X)$，而

$$E(Y^2)=\int_0^1 2y^3\mathrm{d}y=\frac{1}{2},$$

$$E(X)=\int_0^3 \frac{x^3}{9}\mathrm{d}x=\frac{9}{4},$$

于是得该圆锥形物件体积的平均值为 $E(V)=\frac{1}{12}\pi\times\frac{1}{2}\times\frac{9}{4}=\frac{3}{32}\pi$.

例 7 对某一目标进行射击，直到击中目标为止. 若每次射击命中率为 p，$0<p<1$，求射击次数 X 的数学期望和方差.

解：先求 X 的分布律，显然 X 取值 1，2，…，若令 A_k 表示第 k 次射击命中目标，$k=1$，2，…，则

$$\begin{aligned}P\{X=k\}&=P(\overline{A}_1\overline{A}_2\cdots\overline{A}_{k-1}A_k)=P(\overline{A}_1)P(\overline{A}_2)\cdots P(\overline{A}_{k-1})P(A_k)\\&=(1-p)^{k-1}p=q^{k-1}p,k=1,2,\cdots,q=1-p.\end{aligned}$$

即得 X 的分布律为

$$P\{X=k\}=q^{k-1}p,k=1,2,\cdots,q=1-p.$$

通常称 X 服从参数为 p 的几何分布.

由(4.1)式可以算得

$$E(X)=\sum_{k=1}^{\infty}kq^{k-1}p=p\sum_{k=1}^{\infty}kq^{k-1}=p\left(\sum_{k=1}^{\infty}q^k\right)'_q=p\left(\frac{q}{1-q}\right)'_q=\frac{p}{(1-q)^2}=\frac{1}{p}.$$

由上面的计算知 $\sum_{k=1}^{\infty}kq^{k-1}=\frac{1}{(1-q)^2}$，有 $\sum_{k=1}^{\infty}kq^k=\frac{q}{(1-q)^2}$，于是得 $\sum_{k=1}^{\infty}k^2q^{k-1}=\left[\frac{q}{(1-q)^2}\right]'_q=\frac{1+q}{(1-q)^3}$. 由(4.3)式及上面的计算结果可以算得

$$E(X^2)=\sum_{k=1}^{\infty}k^2q^{k-1}p=p\sum_{k=1}^{\infty}k^2q^{k-1}=p\frac{1+q}{(1-q)^3}=\frac{1+q}{p^2},$$

因此

$$D(X)=E(X^2)-[E(X)]^2=\frac{1+q}{p^2}-\frac{1}{p^2}=\frac{q}{p^2}.$$

例 8 设连续型随机变量 X 的概率密度为

$$f(x)=\begin{cases}\frac{x}{\sigma^2}\mathrm{e}^{-\frac{x^2}{2\sigma^2}}, & x>0,\\0, & 其他,\end{cases}$$

其中 $\sigma>0$ 为常数，求 $E(X)$和 $D(X)$.

解：利用分部积分法和积分值 $\int_0^{+\infty}\mathrm{e}^{-\frac{x^2}{2\sigma^2}}\mathrm{d}x=\frac{\sqrt{2\pi}\sigma}{2}=\sqrt{\frac{\pi}{2}}\sigma$，可以算得

$$E(X)=\frac{1}{\sigma^2}\int_0^{+\infty}x^2\mathrm{e}^{-\frac{x^2}{2\sigma^2}}\mathrm{d}x=\int_0^{+\infty}x\mathrm{d}(-\mathrm{e}^{-\frac{x^2}{2\sigma^2}})$$

$$=-x\mathrm{e}^{-\frac{x^2}{2\sigma^2}}\Big|_0^{+\infty}+\int_0^{+\infty}\mathrm{e}^{-\frac{x^2}{2\sigma^2}}\mathrm{d}x=\sqrt{\frac{\pi}{2}}\sigma.$$

再由分部积分得

$$E(X^2)=\frac{1}{\sigma^2}\int_0^{+\infty}x^3\mathrm{e}^{-\frac{x^2}{2\sigma^2}}\mathrm{d}x=\int_0^{+\infty}x^2\mathrm{d}(-\mathrm{e}^{-\frac{x^2}{2\sigma^2}})$$

$$=-x^2\mathrm{e}^{-\frac{x^2}{2\sigma^2}}\Big|_0^{+\infty}+2\int_0^{+\infty}x\mathrm{e}^{-\frac{x^2}{2\sigma^2}}\mathrm{d}x$$

$$=-2\sigma^2\mathrm{e}^{-\frac{x^2}{2\sigma^2}}\Big|_0^{+\infty}=2\sigma^2,$$

于是得

$$D(X)=2\sigma^2-\left(\sqrt{\frac{\pi}{2}}\sigma\right)^2=\frac{4-\pi}{2}\sigma^2.$$

例 9 设二维离散型随机变量(X,Y)的分布律为

X \ Y	0	1
0	$\frac{1}{6}$	$\frac{1}{3}$
1	$\frac{1}{8}$	$\frac{1}{4}$
3	$\frac{1}{24}$	$\frac{1}{12}$

求 X 与 Y 的相关系数和(X,Y)的协方差矩阵.

解:由 X 与 Y 的联合分布律容易得到关于 X,Y 的边缘分布律分别为

X	0	1	3
P	$\frac{1}{2}$	$\frac{3}{8}$	$\frac{1}{8}$

,

Y	0	1
P	$\frac{1}{3}$	$\frac{2}{3}$

,

因而容易算得

$$E(X)=\frac{3}{4},E(X^2)=\frac{3}{2},D(X)=\frac{15}{16};$$

$$E(Y)=\frac{2}{3},E(Y^2)=\frac{2}{3},D(Y)=\frac{2}{9}.$$

由 X 与 Y 的联合分布律,可以算得

$$E(XY)=0\times0\times\frac{1}{6}+0\times1\times\frac{1}{3}+1\times0\times\frac{1}{8}+1\times1\times\frac{1}{4}+3\times0\times\frac{1}{24}+3\times1\times\frac{1}{12}=\frac{1}{2}.$$

由上面的计算结果及(4.12)式、(4.13)式,得

$$\mathrm{Cov}(X,Y)=\frac{1}{2}-\frac{3}{4}\times\frac{2}{3}=0,\rho_{XY}=\frac{0}{\sqrt{15/16}\times\sqrt{2/9}}=0.$$

容易写出(X,Y)的协方差矩阵为

$$\boldsymbol{C}=\begin{pmatrix}\frac{15}{16} & 0\\ 0 & \frac{2}{9}\end{pmatrix}.$$

例 10 设二维连续型随机变量(X,Y)在区域$D=\{(x,y):x^2+y^2\leqslant 1\}$上均匀分布，求$X$与$Y$的相关系数和$(X,Y)$的协方差矩阵. 问$X$与$Y$是否不相关？是否独立？

解:(X,Y)的概率密度为

$$f(x,y)=\begin{cases}\frac{1}{\pi}, & x^2+y^2\leqslant 1,\\ 0, & \text{其他},\end{cases}$$

由(4.6)式可以算得

$$E(X)=\frac{1}{\pi}\iint\limits_{x^2+y^2\leqslant 1}x\mathrm{d}x\mathrm{d}y=\frac{1}{\pi}\int_0^{2\pi}\int_0^1\rho^2\cos\theta\mathrm{d}\rho\mathrm{d}\theta=0,$$

$$E(X^2)=\frac{1}{\pi}\iint\limits_{x^2+y^2\leqslant 1}x^2\mathrm{d}x\mathrm{d}y=\frac{1}{\pi}\int_0^{2\pi}\int_0^1\rho^3\cos^2\theta\mathrm{d}\rho\mathrm{d}\theta$$

$$=\frac{1}{\pi}\int_0^1\rho^3\mathrm{d}\rho\int_0^{2\pi}\frac{1+\cos 2\theta}{2}\mathrm{d}\theta=\frac{1}{4},$$

因而$D(X)=\frac{1}{4}$.

类似可以算得

$$E(Y)=\frac{1}{\pi}\iint\limits_{x^2+y^2\leqslant 1}y\mathrm{d}x\mathrm{d}y=\frac{1}{\pi}\int_0^{2\pi}\int_0^1\rho^2\sin\theta\mathrm{d}\rho\mathrm{d}\theta=0,$$

$$E(Y^2)=\frac{1}{\pi}\iint\limits_{x^2+y^2\leqslant 1}y^2\mathrm{d}x\mathrm{d}y=\frac{1}{\pi}\int_0^{2\pi}\int_0^1\rho^3\sin^2\theta\mathrm{d}\rho\mathrm{d}\theta$$

$$=\frac{1}{\pi}\int_0^1\rho^3\mathrm{d}\rho\int_0^{2\pi}\frac{1-\cos 2\theta}{2}\mathrm{d}\theta=\frac{1}{4},$$

因而$D(Y)=\frac{1}{4}$.

同样由(4.6)式可得

$$E(XY)=\frac{1}{\pi}\iint\limits_{x^2+y^2\leqslant 1}xy\mathrm{d}x\mathrm{d}y=\frac{1}{\pi}\int_0^{2\pi}\int_0^1\rho^3\sin\theta\cos\theta\mathrm{d}\rho\mathrm{d}\theta$$

$$=\frac{1}{2\pi}\int_0^1\rho^3\mathrm{d}\rho\int_0^{2\pi}\sin 2\theta\mathrm{d}\theta=0,$$

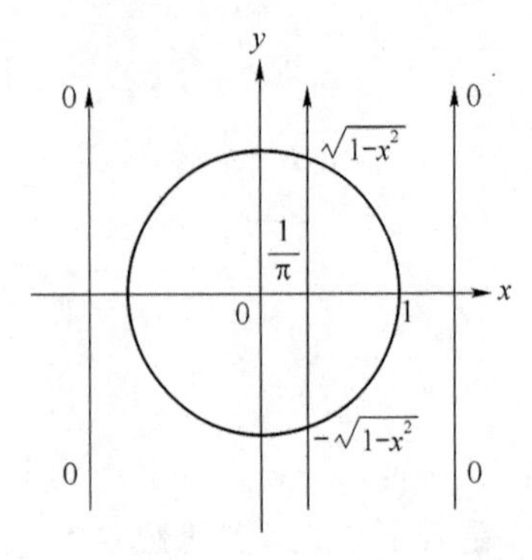

图 4.1

因而，

$$\mathrm{Cov}(X,Y)=0, \quad \rho_{XY}=0.$$

容易写出(X,Y)的协方差矩阵为

$$\boldsymbol{C}=\begin{pmatrix} \frac{1}{4} & 0 \\ 0 & \frac{1}{4} \end{pmatrix}.$$

由于$\rho_{XY}=0$，故X与Y不相关.

下面计算关于X的边缘概率密度$f_X(x)$，如图4.1所示.

当$|x|<1$时，

$$f_X(x)=\frac{1}{\pi}\int_{-\sqrt{1-x^2}}^{\sqrt{1-x^2}}\mathrm{d}y=\frac{2\sqrt{1-x^2}}{\pi},$$

当$|x|\geqslant 1$时，

$$f_X(x)=0,$$

即得

$$f_X(x)=\begin{cases}\frac{2\sqrt{1-x^2}}{\pi}, & |x|<1, \\ 0, & |x|\geqslant 1.\end{cases}$$

由对称性，关于Y的边缘概率密度为

$$f_Y(y)=\begin{cases}\frac{2\sqrt{1-y^2}}{\pi}, & |y|<1, \\ 0, & |y|\geqslant 1.\end{cases}$$

显然$(0,0)$是$f(x,y)$，$f_X(x)$，$f_Y(y)$的连续点，而

$$f(0,0)=\frac{1}{\pi}\neq\frac{4}{\pi^2}=f_X(0)f_Y(0),$$

可见X与Y不独立.

例 11 设$X=aX+b$，$Y=cX+d$. 其中a,b,c,d为常数，且$a\neq 0$，$c\neq 0$，$D(X)\neq 0$，求ρ_{XY}.

解：由方差的性质(2)、(3)及常数与任何随机变量独立，有

$$D(X)=D(aX+b)=a^2D(X)+D(b)=a^2D(X),$$
$$D(Y)=D(cX+d)=c^2D(X)+D(d)=c^2D(X),$$

由协方差的性质(2)、(3)及常数与任何随机变量独立，有

$$\mathrm{Cov}(X,Y)=\mathrm{Cov}(aX+b,cX+d)=acD(X)+a\mathrm{Cov}(X,d)+c\mathrm{Cov}(X,b)=acD(X),$$

于是，由$a\neq 0$，$c\neq 0$，$D(X)\neq 0$，得

$$\rho_{XY}=\frac{acD(X)}{\sqrt{a^2D(X)}\sqrt{c^2D(X)}}=\frac{ac}{|ac|}=\begin{cases}1, & a,c\text{ 同号}, \\ -1, & a,c\text{ 异号}.\end{cases}$$

例 12 对于随机变量X,Y,Z，若已知

$$E(X)=E(Y)=-1,E(Z)=1,D(X)=D(Y)=D(Z)=4,$$

$$\rho_{XY}=\frac{1}{2},\rho_{XZ}=0,\rho_{YZ}=-\frac{1}{4},$$

求 $E(X+Y+Z),D(X+Y+Z)$.

解: 由数学期望的性质(3),容易得到

$$E(X+Y+Z)=E(X)+E(Y)+E(Z)=-1-1+1=-1.$$

由(4.13)式,可得

$$\mathrm{Cov}(X,Y)=\frac{1}{2}\times2\times2=2,\mathrm{Cov}(X,Z)=0\times2\times2=0,\mathrm{Cov}(Y,Z)=-\frac{1}{4}\times2\times2=-1,$$

再由协方差矩阵的性质(3),有

$$D(X+Y+Z)=D(X)+D(Y)+D(Z)+2\mathrm{Cov}(X,Y)+2\mathrm{Cov}(X,Z)+2\mathrm{Cov}(Y,Z)=14.$$

例 13 已知随机变量(X_1,X_2,X_3)的协方差矩阵为

$$\boldsymbol{C}=\begin{pmatrix}9&1&-2\\1&20&3\\-2&3&12\end{pmatrix}.$$

设 $Y_1=2X_1+3X_2+X_3,Y_2=X_1-2X_2+5X_3,Y_3=X_2-X_3$,求$(Y_1,Y_2,Y_3)$的协方差矩阵 $\boldsymbol{C}^*$.

解: 记 $\boldsymbol{X}=(X_1,X_2,X_3),\boldsymbol{Y}=(Y_1,Y_2,Y_3),\boldsymbol{A}=\begin{pmatrix}2&3&1\\1&-2&5\\0&1&-1\end{pmatrix}$,由题设有 $\boldsymbol{Y}^{\mathrm{T}}=\boldsymbol{A}\boldsymbol{X}^{\mathrm{T}}$,

于是由(4.17)式,得

$$\boldsymbol{C}^*=\boldsymbol{A}\boldsymbol{C}\boldsymbol{A}^{\mathrm{T}}=\begin{pmatrix}2&3&1\\1&-2&5\\0&1&-1\end{pmatrix}\begin{pmatrix}9&1&-2\\1&20&3\\-2&3&12\end{pmatrix}\begin{pmatrix}2&1&0\\3&-2&1\\1&5&-1\end{pmatrix}=\begin{pmatrix}250&-26&48\\-26&305&-76\\48&-76&26\end{pmatrix}.$$

例 14 设二维随机变量$(X_1,X_2)\sim N\left(1,1,2^2,2^2,\frac{1}{2}\right),Y_1=X_1+X_2,Y_2=X_1-2X_2$,求$(Y_1,Y_2)$的分布.

解: 由题设知 $E(X_1)=E(X_2)=1,D(X_1)=D(X_2)=2^2,\rho_{X_1X_2}=\frac{1}{2}$,因而 $\mathrm{Cov}(X_1,X_2)=\frac{1}{2}\times2\times2=2$. 记 $\boldsymbol{X}=(X_1,X_2),\boldsymbol{\mu}=(1,1),\boldsymbol{C}=\begin{pmatrix}4&2\\2&4\end{pmatrix}$. 则 $\boldsymbol{X}\sim N(\boldsymbol{\mu},\boldsymbol{C})$.

记 $\boldsymbol{Y}=(Y_1,Y_2),\boldsymbol{A}=\begin{pmatrix}1&1\\1&-2\end{pmatrix}$ 则 $\boldsymbol{Y}^{\mathrm{T}}=\boldsymbol{A}\boldsymbol{X}^{\mathrm{T}}$. 由正态随机变量的性质(3)知 $\boldsymbol{Y}\sim N(\boldsymbol{\mu}\boldsymbol{A}^{\mathrm{T}},\boldsymbol{A}\boldsymbol{C}\boldsymbol{A}^{\mathrm{T}})$.

容易算得

$$\boldsymbol{\mu}^*=\boldsymbol{\mu}\boldsymbol{A}^{\mathrm{T}}=(1,1)\begin{pmatrix}1&1\\1&-2\end{pmatrix}=(2,-1),$$

$$C^*=ACA^{\mathrm{T}}=\begin{pmatrix}1&1\\1&-2\end{pmatrix}\begin{pmatrix}4&2\\2&4\end{pmatrix}\begin{pmatrix}1&1\\1&-2\end{pmatrix}=\begin{pmatrix}12&-6\\-6&12\end{pmatrix}.$$

由此可见，

$$E(Y_1)=2,E(Y_2)=-1,D(Y_1)=D(Y_2)=12,\mathrm{Cov}(Y_1,Y_2)=-6,\rho_{Y_1Y_2}=-\frac{1}{2},$$

于是有$(Y_1,Y_2)\sim N(\boldsymbol{\mu}^*,\boldsymbol{C}^*)$或$(Y_1,Y_2)\sim N\left(2,-1,12,12,-\frac{1}{2}\right)$.

例 15 设$X\sim N(0,\sigma^2)$,求$E(X^n)$,$n=1,2,\cdots$.

解:X的概率密度为

$$f(x)=\frac{1}{\sqrt{2\pi}\sigma}\mathrm{e}^{-\frac{x^2}{2\sigma^2}}.$$

由于$\mathrm{e}^{-\frac{x^2}{2\sigma^2}}$为偶函数,且$\int_{-\infty}^{+\infty}|x^n|\mathrm{e}^{-\frac{x^2}{2\sigma^2}}\mathrm{d}x$,$n=1,2,\cdots$收敛,故当$n$为奇数时,有

$$E(X^n)=\frac{1}{\sqrt{2\pi}\sigma}\int_{-\infty}^{+\infty}x^n\mathrm{e}^{-\frac{x^2}{2\sigma^2}}\mathrm{d}x=0.$$

当n为偶数时,下面用归纳法计算$E(X^n)$;

当$n=2$时,由于$E(X)=0$,所以

$$E(X^2)=\frac{1}{\sqrt{2\pi}\sigma}\int_{-\infty}^{+\infty}x^2\mathrm{e}^{-\frac{x^2}{2\sigma^2}}\mathrm{d}x=D(X)=\sigma^2;$$

当$n=4$时,由分部积分法,有

$$\begin{aligned}E(X^4)&=\frac{1}{\sqrt{2\pi}\sigma}\int_{-\infty}^{+\infty}x^4\mathrm{e}^{-\frac{x^2}{2\sigma^2}}\mathrm{d}x=\frac{\sigma^2}{\sqrt{2\pi}\sigma}\int_{-\infty}^{+\infty}x^3\mathrm{d}\left(-\mathrm{e}^{-\frac{x^2}{2\sigma^2}}\right)\\&=\frac{\sigma^2}{\sqrt{2\pi}\sigma}\left(-x^3\mathrm{e}^{-\frac{x^2}{2\sigma^2}}\Big|_{-\infty}^{+\infty}+3\int_{-\infty}^{+\infty}x^2\mathrm{e}^{-\frac{x^2}{2\sigma^2}}\mathrm{d}x\right)\\&=3\sigma^2\frac{1}{\sqrt{2\pi}\sigma}\int_{-\infty}^{+\infty}x^2\mathrm{e}^{-\frac{x^2}{2\sigma^2}}\mathrm{d}x=3\sigma^2\cdot\sigma^2=3\sigma^4.\end{aligned}$$

一般地,当n为偶数时,设$E(X^n)=(n-1)(n-3)\cdots3\times1\sigma^n=(n-1)!!\ \sigma^n$,则有

$$\begin{aligned}E(X^{n+2})&=\frac{1}{\sqrt{2\pi}\sigma}\int_{-\infty}^{+\infty}x^{n+2}\mathrm{e}^{-\frac{x^2}{2\sigma^2}}\mathrm{d}x=\frac{\sigma^2}{\sqrt{2\pi}\sigma}\int_{-\infty}^{+\infty}x^{n+1}\mathrm{d}\left(-\mathrm{e}^{-\frac{x^2}{2\sigma^2}}\right)\\&=\frac{\sigma^2}{\sqrt{2\pi}\sigma}\left(-x^{n+1}\mathrm{e}^{-\frac{x^2}{2\sigma^2}}\Big|_{-\infty}^{+\infty}+(n+1)\int_{-\infty}^{+\infty}x^n\mathrm{e}^{-\frac{x^2}{2\sigma^2}}\mathrm{d}x\right)\\&=(n+1)\sigma^2\frac{1}{\sqrt{2\pi}\sigma}\int_{-\infty}^{+\infty}x^n\mathrm{e}^{-\frac{x^2}{2\sigma^2}}\mathrm{d}x=(n+1)\sigma^2E(X^n)\\&=(n+1)\sigma^2(n-1)!!\sigma^2=(n+1)!!\sigma^{n+2}.\end{aligned}$$

综合上面的计算结果,有

$$E(X^n)=\begin{cases}0, & n\text{ 为奇数时},\\(n-1)!!\ \sigma^n, & n\text{ 为偶数时},\end{cases}\quad n=1,2,\cdots.$$

例 16 某灯泡厂生产的灯泡的平均寿命原为 2 000 小时，标准差为 250 小时．采用一项新工艺后使得平均寿命提高到 2 250 小时，标准差不变．为了确认这一新工艺的效果，技术部门要派人来检查，办法如下：任意抽取若干只灯泡作寿命试验，若这些灯泡的平均寿命超过 2 200 小时，就承认该新工艺有效．用中心极限定理计算，求任意抽取 100 只灯泡作寿命试验，新工艺得以通过的概率．如要使确认新工艺得以通过的概率不低于0.975，问至少要检查多少只灯泡？

解：令 $X_i, i=1,2,\cdots,n$ 表示采用新工艺后，抽查的第 i 个灯泡的寿命，则 $X_i, i=1,2,\cdots,n$ 独立同分布，且 $E(X)=\mu=2\,250, D(X)=\sigma^2=250^2$.

若抽查 100 只灯泡，要求概率 $P\left\{\frac{1}{100}\sum_{i=1}^{100}X_i > 2\,200\right\}$，由(4.18)式，

$$P\left\{\frac{1}{100}\sum_{i=1}^{100}X_i > 2\,200\right\} = 1-P\left\{\frac{\sum_{i=1}^{100}X_i-100\mu}{\sqrt{100}\sigma} \leqslant \frac{220\,000-100\times 2\,250}{\sqrt{100}\times 250}\right\}$$

$$= 1-P\left\{\frac{\sum_{i=1}^{100}X_i-100\mu}{\sqrt{100}\sigma} \leqslant -2\right\}$$

$$= 1-\Phi(-2) = \Phi(2) = 0.977\,2.$$

如要使确认新工艺得以通过的概率不低于 0.975，求至少要检查的灯泡数，就是求最小的 n，使得 $P\left\{\frac{1}{n}\sum_{i=1}^{n}X_i>2\,200\right\}\geqslant 0.975$，由(4.18)式，

$$P\left\{\frac{1}{n}\sum_{i=1}^{n}X_i > 2\,200\right\} = 1-P\left\{\frac{\sum_{i=1}^{n}X_i-n\mu}{\sqrt{n}\sigma} \leqslant \frac{2\,200n-2\,250n}{\sqrt{n}\times 250}\right\}$$

$$= 1-P\left\{\frac{\sum_{i=1}^{n}X_i-n\mu}{\sqrt{n}\sigma} \leqslant -0.2\sqrt{n}\right\}$$

$$= 1-\Phi(-0.2\sqrt{n}) = \Phi(0.2\sqrt{n}) \geqslant 0.975.$$

查附表 2，知 $\Phi(1.96)=0.975$，于是应有 $0.2\sqrt{n}\geqslant 1.96$．解此不等式，得 $n\geqslant 96.04$，即至少要检验 97 只灯泡，才能使新工艺得以通过的概率不低于 0.975.

例 17 设某车间有 200 台车床，由于种种原因每台车床有 60%的时间在开动，每台车床在开动期间所耗电能为 E．若由于限电只能供应 $100E$ 的电能，利用中心极限定理求车间出现供电不足的概率．若要求以不低于 99.7%的概率保证此车间不因供电不足而影响生产，应至少供给此车间多少电能？

解：设 Y_{200} 表示 200 台车床正在开动的车床数，则 $Y_{200}\sim b(200,0.6)$.

当供应电能为 $100E$ 时，车间出现供电不足的概率为 $P\{Y_{200}>100\}$. 由(4.19)式，其中 $np=200\times0.6=120$, $np(1-p)=200\times0.6\times0.4=48$，于是可以算得

$$P\{Y_{200}>100\}=1-P\left\{\frac{Y_{200}-np}{\sqrt{np(1-p)}}\leqslant\frac{100-120}{\sqrt{48}}\right\}$$

$$=1-P\left\{\frac{Y_{200}-np}{\sqrt{np(1-p)}}\leqslant-2.89\right\}=1-\Phi(-2.89)=\Phi(2.89)=0.9981.$$

为使以不低于99.7%的概率保证此车间不因供电不足而影响生产，求至少供给此车间的电能，即求最小的 N，使得 $P\{Y_{200}\leqslant N\}\geqslant0.997$，由(4.19)式，其中 $np=120$, $np(1-p)=48$，有

$$P\{Y_{200}\leqslant N\}=P\left\{\frac{Y_{200}-np}{\sqrt{np(1-p)}}\leqslant\frac{N-120}{\sqrt{48}}\right\}=\Phi\left(\frac{N-120}{\sqrt{48}}\right)\geqslant0.997,$$

查附表2知 $\Phi(2.75)=0.997$，所以应有 $\frac{N-120}{\sqrt{48}}\geqslant2.75$，解得 $N\geqslant139.1$. 至少要供应 $140E$ 的电能，才能以不低于99.7%的概率保证此车间不因供电不足而影响生产.

4.3.2 习题

1. 单项选择题

(1) 设离散型随机变量 X 的分布律为 $\{X=n\}=\frac{2}{n(n+1)(n+2)}$, $n=1,2,\cdots$，则(　　).

A. $E(X)$存在，$D(X)$存在　　B. $E(X)$不存在，$D(X)$存在

C. $E(X)$存在，$D(X)$不存在　　D. $E(X)$不存在，$D(X)$不存在

(2) 设离散型随机变量 X 的分布律为

X	-2	a	2
P	0.25	0.5	0.25

，其中 $a>0$，且 $E(X+X^2)=3$，则 $a=$(　　).

A. 1　　B. -1　　C. 2　　D. -2

(3) 设连续型随机变量 X 的概率密度为 $f(x)=\begin{cases}ax+bx^2, & 0<x<1,\\ 0, & 其他,\end{cases}$ 且 $E(X^2)=\frac{21}{40}$，则(　　).

A. $a=\frac{2}{3}, b=\frac{4}{3}$　　B. $a=\frac{3}{2}, b=\frac{3}{4}$

C. $a=\frac{3}{2}, b=\frac{4}{3}$　　D. $a=\frac{2}{3}, b=\frac{3}{4}$

(4) 设二维离散型随机变量的分布律为

X \ Y	0	1	2
0	α	$\frac{2}{12}$	$\frac{1}{12}$
1	$\frac{1}{12}$	β	$\frac{1}{12}$
2	$\frac{1}{12}$	$\frac{2}{12}$	$\frac{1}{12}$

且 $E(XY)=1$,则(　　).

A. $\alpha=\frac{2}{12},\beta=\frac{1}{12}$　　　　B. $\alpha=\frac{3}{24},\beta=\frac{3}{24}$

C. $\alpha=\frac{1}{12},\beta=\frac{1}{12}$　　　　D. $\alpha=\frac{1}{12},\beta=\frac{2}{12}$

(5) 设二维连续型随机变量(X,Y)的概率密度为 $f(x,y)=\begin{cases}ax+by, & 0<x<1,0<y<1,\\ 0, & \text{其他},\end{cases}$ 且 $E(X^2Y)=\frac{11}{48}$,则(　　).

A. $a=\frac{1}{2},b=\frac{3}{2}$　　　　B. $a=1,b=1$

C. $a=\frac{1}{4},b=\frac{7}{4}$　　　　D. $a=\frac{7}{4},b=\frac{1}{4}$

(6) 设随机变量 X 的数学期望 $E(X)\geqslant 0$,且 $E\left(\frac{X^2}{2}-1\right)=2,D\left(\frac{X}{2}-1\right)=\frac{1}{2}$,则 $E(X)=$(　　).

A. 0　　B. 1　　C. 2　　D. 3

(7) 设 $X_1,X_2,\cdots,X_n$ 独立同分布,且其方差 $\sigma^2>0$. 令 $Y=\frac{1}{n}\sum_{i=1}^{n}X_i$,则(　　).

A. $\mathrm{Cov}(X_1,Y)=\frac{\sigma^2}{n}$　　　　B. $\mathrm{Cov}(X_1,Y)=\sigma^2$

C. $D(X_1+Y)=\frac{n+2}{n}\sigma^2$　　　　D. $D(X_1-Y)=\frac{n+1}{n}\sigma^2$

(8) 设 X 服从参数为 2 的指数分布,则 $E(X+\mathrm{e}^{-2X})=$(　　).

A. 0　　B. 1　　C. 2　　D. 3

(9) 设(X,Y)服从二维正态分布,$X=X+2Y,Y=X-2Y$,则 X,Y 不相关的充要条件是(　　).

A. $D(X)=D(Y)$　B. $D(X)=2D(Y)$　C. $D(X)=3D(Y)$　D. $D(X)=4D(Y)$

(10) 将一枚硬币重复掷 n 次,以 X 和 Y 分别表示正面向上和反面向上的次数,则 X 与 Y 的相关系数等于(　　).

A. -1　　　　　B. 0　　　　　C. 1　　　　　D. 2

(11) 设 $D(X)=2$,用切比雪夫不等式估计 $P\{|X-E(X)|<2\}\geqslant$(　　).

A. $\frac{2}{3}$　　　　　B. $\frac{1}{2}$　　　　　C. $\frac{4}{5}$　　　　　D. $\frac{5}{6}$

2. 计算题和证明题

(1) 设随机变量 X 的概率密度为

$$f(x)=\begin{cases}\frac{1}{2}\cos\frac{x}{2}, & 0\leqslant x\leqslant\pi,\\ 0, & \text{其他},\end{cases}$$

① 求 $E(X),D(X)$;

② 对 X 独立地重复观察 4 次,用 Y 表示观察值大于 $\frac{\pi}{3}$ 的次数,求 $E(Y^2)$.

(2) 设 X 的概率密度为 $f(x)=\frac{1}{2}e^{-|x|}$,

① 求 $E(X)$ 和 $D(X)$;

② 求 X 与 $|X|$ 的协方差,问 X 与 $|X|$ 是否不相关?

③ 问 X 与 $|X|$ 是否相互独立,为什么?

(3) 某流水生产线上每个产品不合格的概率为 $p(0<p<1)$,各产品合格与否相互独立,当出现一个不合格产品时就停工检修一次,设开机后第一次检修所生产的产品数为 X,求 $E(X),D(X)$.

(4) 设(X,Y)服从二维正态分布,且 $X\sim N(1,3^2),Y\sim N(0,4^2),\rho_{XY}=-\frac{1}{2},Z=\frac{X}{3}+\frac{Y}{2}$,

① 求 $E(Z),D(Z)$;

② 求 ρ_{XZ};

③ 问 X 与 Z 是否相互独立?为什么?

(5) 设随机变量(X,Y)的分布律为

X \ Y	-1	0	1
-1	$\frac{1}{8}$	$\frac{1}{8}$	$\frac{1}{16}$
0	$\frac{1}{16}$	$\frac{1}{16}$	$\frac{1}{4}$
1	$\frac{1}{8}$	$\frac{1}{16}$	$\frac{1}{8}$

求:① X 与 Y 的相关系数;② (X,Y)的协方差矩阵.

(6) 设随机变量(X,Y)的概率密度为

$$f(x,y)=\begin{cases}6y, & 0<x<1,0<y<x,\\ 0, & \text{其他},\end{cases}$$

求:① X 与 Y 的相关系数;② (X,Y)的协方差矩阵.

(7) 设随机变量(X,Y,Z)的概率密度为

$$f(x,y,z)=\begin{cases}(x+y)e^{-z}, & 0<x<1,0<y<1,z>0,\\ 0, & \text{其他},\end{cases}$$

求(X,Y,Z)的协方差矩阵.

(8) 设随机变量(X,Y)在区域 $D=\{(x,y):0\leqslant x\leqslant 1,|y|\leqslant 1\}$上服从均匀分布,求 X 与 Y 的相关系数及(X,Y)的协方差矩阵,问 X 与 Y 是否独立?是否不相关?

(9) 设三维随机变量(X,Y,Z)的协方差矩阵为

$$\begin{pmatrix}9 & 1 & -2\\ 1 & 20 & 3\\ -2 & 3 & 12\end{pmatrix}.$$

若 $U=2X+3Y+Z,V=X-2Y+5Z,W=Y-Z$,求$(U,V,W)$的协方差矩阵.

(10) 设随机变量$(X_1,X_2)\sim N\left(0,1,3^2,3^2,-\frac{1}{9}\right),Y_1=X_1+X_2,Y_2=X_1-X_2$.求$(Y_1,Y_2)$的分布,问 X 与 Y 是否独立?

(11) 设 X 服从参数为λ 的指数分布,证明 $E(X^n)=\frac{n!}{\lambda^n},n=1,2,\cdots$.

(12) 已知随机变量 X 与 Y 的相关系数为$\rho,X=aX+b,Y=cY+d$.其中 a,b,c,d 为常数,且 $a\neq 0,c\neq 0$,证明 $\rho_{XY}=\begin{cases}\rho, & ac>0,\\ -\rho, & ac<0.\end{cases}$

(13) 某系统有若干个备用元件 $D_1,D_2,\cdots,D_n$,若 D_i 损坏立即使用 D_{i+1}.设每个备用元件的寿命(小时)服从参数为 $\lambda=0.1$ 的指数分布.利用中心极限定理计算:①30 个备用元件使用的总时间超过 350 小时的概率;(2)为使备用元件使用的总时间超过 500 小时的概率不低于 0.95,至少要有多少个备用元件?

(14) 某电视机厂每月生产 10 000 台电视机,但它的显像管车间的正品率为 0.8.为了以不低于 0.975 的概率出厂的电视机都装上正品的显像管.利用中心极限定理求该车间每月应至少生产多少只显像管?

4.4 B 类例题和习题

4.4.1 例题

例 1 设随机变量 X 与 Y 独立,且方差有限,证明:

$$D(XY)=D(X)D(Y)+[E(X)]^2D(Y)+D(X)[E(Y)]^2.$$

分析:可以从左端由方差的定义出发证明.为了能推出右边多项之和,中间可考虑插入一交叉项,展开时用到数学期望的性质、(4.9)式以及下面的结论:若随机变量 X 与 Y 独立,则它们各自的函数 $g(X)$ 与 $h(Y)$ 也独立.

证明:由方差的定义、X 与 Y 的独立性及数学期望的性质,有

$$\begin{aligned}D(XY)&=E\{[XY-E(XY)]^2\}=E\{[XY-E(X)E(Y)]^2\}\\&=E\{[XY-XE(Y)+XE(Y)-E(X)E(Y)]^2\}\\&=E\{X^2[Y-E(Y)]^2+[X-E(X)]^2[E(Y)]^2+2XE(Y)[X-E(X)][Y-E(Y)]\}\\&=E\{X^2[Y-E(Y)]^2\}+E\{[X-E(X)]^2[E(Y)]^2\}+E\{2XE(Y)[X-E(X)][Y-E(Y)]\}\\&=E(X^2)E\{[Y-E(Y)]^2\}+E\{[X-E(X)]^2\}[E(Y)]^2+2E(Y)E\{X[X-E(X)]\}\\&\quad E[Y-E(Y)],\end{aligned}$$

由于 $E\{[X-E(X)]^2\}=D(X)$,$E\{[Y-E(Y)]^2\}=D(Y)$,$E[Y-E(Y)]=0$,及 $E(X^2)=D(X)+[E(X)]^2$,得到

$$\begin{aligned}D(XY)&=\{D(X)+[E(X)]^2\}D(Y)+D(X)[E(Y)]^2\\&=D(X)D(Y)+[E(X)]^2D(Y)+D(X)[E(Y)]^2.\end{aligned}$$

例 2 设 $X\sim N(0,1)$,$Y\sim N(0,1)$,且 $\rho_{XY}=0$,问 X 与 Y 是否独立?

分析:此题很容易使人给出错误的回答:X 与 Y 独立.这个答案之所以错误就在于忽略了下面关于正态随机变量的一个结论中的条件:"若 (X,Y) 服从二维正态分布".这个结论是:若 (X,Y) 服从二维正态分布,则 X 与 Y 独立的充分必要条件是 X 与 Y 不相关.因而要说明本例中的 X 与 Y 可以不独立,只需举一这样的例子.(X,Y) 不服从二维正态分布且不相互独立,但关于 X 和关于 Y 的边缘分布是一维正态分布,又 $\rho_{XY}=0$.

这个例子可以这样做:先令 $g(x,y)=\frac{1}{2\pi}e^{-\frac{x^2+y^2}{2}}$,再做一个二元函数 $h(x,y)$,使得对任意 x,有 $\int_{-\infty}^{+\infty}h(x,y)dy=0$.对任意 y,有 $\int_{-\infty}^{+\infty}h(x,y)dy=0$.又 $\int_{-\infty}^{+\infty}\int_{-\infty}^{+\infty}xyh(x,y)dxdy=0$,而且 $f(x,y)=g(x,y)+h(x,y)\geqslant 0$,这样可以保证 $f(x,y)$ 为二维概率密度.边缘分布都是 $N(0,1)$,而且 $f(x,y)$ 对应的协方差为零.

解:如果 (X,Y) 服从二维正态分布,则结论是肯定的:X 与 Y 一定独立.如果没有"(X,Y) 服从二维正态分布"的条件,X 与 Y 有可能不独立.见下面的例子.

令 $g(x,y)=\frac{1}{2\pi}e^{-\frac{x^2+y^2}{2}}$,则显然 $g(x,y)$ 为连续函数,而且 $\lim\limits_{\substack{x\to 0\\y\to 0}}g(x,y)=\frac{1}{2\pi}>0$.不妨取 $a=\frac{1}{4\pi}$,由 $g(x,y)$ 的连续性,存在 $l>0$,使当 $|x|\leqslant l$,$|y|\leqslant l$ 时,$g(x,y)\geqslant a$.令

$$h(x,y)=\begin{cases}a, & |x|\leqslant l,-|x|\leqslant|y|\leqslant|x|,\\-a, & |y|\leqslant l,-|y|\leqslant|x|\leqslant|y|,\\0, & \text{其他},\end{cases}$$

则 $h(x,y)$ 满足

$$\text{对任意的 } x,\quad \int_{-\infty}^{+\infty} h(x,y)\mathrm{d}y = 0,$$

$$\text{对任意的 } y,\quad \int_{-\infty}^{+\infty} h(x,y)\mathrm{d}x = 0,$$

$$\int_{-\infty}^{+\infty}\int_{-\infty}^{+\infty} xyh(x,y)\mathrm{d}x\mathrm{d}y = 0,$$

令

$$f(x,y) = g(x,y) + h(x,y),$$

则由 $g(x,y)$ 和 $h(x,y)$ 的构造及上述特性. 可见

$$f(x,y) \geqslant 0,\quad \int_{-\infty}^{+\infty}\int_{-\infty}^{+\infty} f(x,y)\mathrm{d}x\mathrm{d}y = 1,$$

因而是一个二维随机变量的概率密度.

设 (X,Y) 的概率密度为 $f(x,y)$. 则关于 X 和关于 Y 的边缘概率密度分别为

$$f_X(x) = \int_{-\infty}^{+\infty} f(x,y)\mathrm{d}y = \int_{-\infty}^{+\infty} g(x,y)\mathrm{d}y + \int_{-\infty}^{+\infty} h(x,y)\mathrm{d}y = \frac{1}{\sqrt{2\pi}}\mathrm{e}^{-\frac{x^2}{2}},$$

$$f_Y(x) = \int_{-\infty}^{+\infty} f(x,y)\mathrm{d}x = \int_{-\infty}^{+\infty} g(x,y)\mathrm{d}x + \int_{-\infty}^{+\infty} h(x,y)\mathrm{d}x = \frac{1}{\sqrt{2\pi}}\mathrm{e}^{-\frac{y^2}{2}},$$

即 $X \sim N(0,1), Y \sim N(0,1)$. 因而 $E(X) = E(Y) = 0, D(X) = D(Y) = 1$. 而且

$$\begin{aligned} E(XY) &= \int_{-\infty}^{+\infty}\int_{-\infty}^{+\infty} xyf(x,y)\mathrm{d}x\mathrm{d}y \\ &= \int_{-\infty}^{+\infty}\int_{-\infty}^{+\infty} xyg(x,y)\mathrm{d}x\mathrm{d}y + \int_{-\infty}^{+\infty}\int_{-\infty}^{+\infty} xyh(x,y)\mathrm{d}x\mathrm{d}y = 0, \end{aligned}$$

因而 $\mathrm{Cov}(X,Y)=0, \rho_{XY}=0$. 然而, 显然有

$$f(x,y) \neq f_X(x)f_Y(y), |x| \leqslant l, |y| \leqslant l,$$

可见 X 与 Y 不独立.

例 3 设离散型随机变量 X 服从巴斯卡分布, 其分布律为

$$P\{X=k\} = \mathrm{C}_{k-1}^{r-1} p^r q^{k-r}, k=r, r+1, r+2, \cdots, 0<p<1, q=1-p,$$

其中 $r>0$ 为已知正整数, 求 $E(X)$ 和 $D(X)$.

分析: 在独立试验概型中, 巴斯卡分布是常见的分布. 例如, 重复独立地做贝努利试验, 直到事件 A 出现 r 次为止的试验次数 X 就服从巴斯卡分布. 当 $r=1$ 时, 巴斯卡分布化为几何分布. 用(4.1)式和(4.3)式计算 $E(X)$ 和 $E(X^2)$, 计算过程比较繁杂. 利用下面的方法计算要简单得多. 令 X 表示重复独立地做贝努利试验, 直到事件 A 出现 r 次为止所需要的试验次数, 则可将 X 表示为相互独立的 r 个服从几何分布的随机变量之和. 利用几何分布的数学期望和方差及数学期望和方差的性质, 可简便地求出 $E(X)$ 和 $D(X)$.

解: 若令 X 表示重复独立地做贝努利试验, 直到事件 A 出现 r 次为止所需要的试验次数, 则 X 服从巴斯卡分布. 令 X_i 表示在第 $i-1$ 次 A 出现后到第 i 次 A 出现的试验次数, $i=1,2,\cdots,r$, 则 X_i 服从参数为 p 的几何分布, 而且 $X_1, X_2, \cdots, X_r$ 相互独立. $X=$

$X_1+X_2+\cdots+X_r$，由数学期望和方差的性质可得

$$E(X)=\sum_{i=1}^{r}E(X_i)=\frac{r}{p},D(X)=\sum_{i=1}^{r}D(X_i)=\frac{rq}{p^2}.$$

例 4 设连续型随机变量 X 的概率密度为

$$f(x)=\frac{1}{2}|x-\mu|\mathrm{e}^{-|x-\mu|},\mu\text{ 为常数},$$

求 $E(X)$ 和 $D(X)$.

分析：在计算 $E(X)$ 时，作代换 $y=x-\mu$，以及

$$\int_{-\infty}^{+\infty}y\mid y\mid \mathrm{e}^{-|y|}\mathrm{d}y=0,\int_{-\infty}^{+\infty}\mid y\mid \mathrm{e}^{-|y|}\mathrm{d}y=2,$$

可以算得 $E(X)=\mu$，然后用 $D(X)=E[(X-\mu)^2]$ 计算 $D(X)$. 这是由于 $E[(X-\mu)^2]=\int_{-\infty}^{+\infty}(x-\mu)^2f(x)\mathrm{d}x$. 在 $f(x)$ 也有 $x-\mu$ 的项，因而计算过程比较简捷.

解：

$$\begin{aligned}E(X)&=\int_{-\infty}^{+\infty}xf(x)\mathrm{d}x=\frac{1}{2}\int_{-\infty}^{+\infty}x\mid x-\mu\mid \mathrm{e}^{-|x-\mu|}\mathrm{d}x(\text{令 }y=x-\mu)\\&=\frac{1}{2}\int_{-\infty}^{+\infty}(y+\mu)\mid y\mid \mathrm{e}^{-|y|}\mathrm{d}y=\frac{1}{2}\left[\int_{-\infty}^{+\infty}y\mid y\mid \mathrm{e}^{-|y|}\mathrm{d}y+\mu\int_{-\infty}^{+\infty}\mid y\mid \mathrm{e}^{-|y|}\mathrm{d}y\right]\\&=\mu\int_{0}^{+\infty}y\mathrm{e}^{-y}\mathrm{d}y=\mu\left[-y\mathrm{e}^{-y}\mathrm{d}y\Big|_0^{+\infty}-\int_0^{+\infty}\mathrm{e}^{-y}\mathrm{d}y\right]=\mu.\end{aligned}$$

$$\begin{aligned}D(X)&=E[(X-\mu)^2]=\frac{1}{2}\int_{-\infty}^{+\infty}\mid x-\mu\mid^3\mathrm{e}^{-|x-\mu|}\mathrm{d}x(\text{令 }y=x-\mu)\\&=\frac{1}{2}\int_{-\infty}^{+\infty}\mid y\mid^3\mathrm{e}^{-|y|}\mathrm{d}y=\int_0^{+\infty}y^3\mathrm{e}^{-y}\mathrm{d}y\\&=-y^3\mathrm{e}^{-y}\Big|_0^{+\infty}+3\int_0^{+\infty}y^2\mathrm{e}^{-y}\mathrm{d}y\\&=3\left[-y^2\mathrm{e}^{-y}\Big|_0^{+\infty}+2\int_0^{+\infty}y\mathrm{e}^{-y}\mathrm{d}y\right]=6.\end{aligned}$$

例 5 设随机变量 $X\sim\pi(\lambda)$，求 $E[|X-E(X)|]$.

分析：这是求离散型随机变量函数的数学期望的题目. $X\sim\pi(\lambda)$，它的分布律和数学期望应当是熟记的. 这里在计算中求和的关键是打开绝对值，将和 $\sum_{k=0}^{\infty}\mid k-\lambda\mid p_k$ 化为 $\sum_{k=0}^{[\lambda]}\mid k-\lambda\mid p_k+\sum_{k=[\lambda]+1}^{\infty}\mid k-\lambda\mid p_k$，便可打开绝对值，然后求和.

解：X 的分布律为

$$P\{X=k\}=\frac{\lambda^k}{k!}\mathrm{e}^{-\lambda},k=0,1,2,\cdots,$$

$E(X)=\lambda$，由(4.3)式，

$$\begin{aligned}E[|X-E(X)|] &= \sum_{k=0}^{\infty}|k-\lambda|p_k = \sum_{k=0}^{[\lambda]}|k-\lambda|p_k + \sum_{k=[\lambda]+1}^{\infty}|k-\lambda|p_k \\ &= \sum_{k=0}^{[\lambda]}(\lambda-k)\frac{\lambda^k}{k!}e^{-\lambda} + \sum_{k=[\lambda]+1}^{\infty}(k-\lambda)\frac{\lambda^k}{k!}e^{-\lambda}(\text{令 } j=k-1) \\ &= \lambda e^{-\lambda}\left\{\sum_{k=0}^{[\lambda]}\frac{\lambda^k}{k!} - \sum_{j=0}^{[\lambda]-1}\frac{\lambda^j}{j!} + \sum_{j=[\lambda]}^{\infty}\frac{\lambda^j}{j!} - \sum_{k=[\lambda]+1}^{\infty}\frac{\lambda^k}{k!}\right\} \\ &= 2e^{-\lambda}\frac{\lambda^{[\lambda]+1}}{[\lambda]!}.\end{aligned}$$

例 6 设随机变量 X 的概率密度为 $f(x)=\frac{1}{\pi(1+x^2)}$,求 $E[\min(|X|,1)]$ 和 $D[\min(|X|,1)]$.

分析:这是求连续型随机变量函数 $g(X)=\min(|X|,1)$ 的数学期望和方差的题目.可先计算 $E[g(X)]$,然后计算 $E\{[g(X)]^2\}$,最后计算 $D[g(X)]$.X 的概率密度已给,在计算 $E[g(X)]$ 时,相应的 $g(x)=\min(|x|,1)=\begin{cases}|x|, & |x|<1,\\ 1, & |x|\geqslant 1,\end{cases}$.在计算 $E\{[g(X)]^2\}$ 时,相应的函数为 $[g(x)]^2$,剩下的问题是计算 $\int_{-\infty}^{+\infty}g(x)f(x)\mathrm{d}x$ 和 $\int_{-\infty}^{+\infty}[g(x)]^2f(x)\mathrm{d}x$.

解:X 的概率密度为 $f(x)=\frac{1}{\pi(1+x^2)}$,由(4.4)式,

$$\begin{aligned}E[\min(|X|,1)] &= \int_{-\infty}^{+\infty}\min(|x|,1)f(x)\mathrm{d}x \\ &= \frac{1}{\pi}\int_{|x|\leqslant 1}\frac{|x|}{1+x^2}\mathrm{d}x + \frac{1}{\pi}\int_{|x|>1}\frac{1}{1+x^2}\mathrm{d}x \\ &= \frac{2}{\pi}\left[\int_0^1\frac{x}{1+x^2}\mathrm{d}x + \int_1^{+\infty}\frac{1}{1+x^2}\mathrm{d}x\right] \\ &= \frac{2}{\pi}\left[\frac{1}{2}\ln(1+x^2)\Big|_0^1 + \arctan x\Big|_1^{+\infty}\right] \\ &= \frac{\ln 2}{\pi}+\frac{1}{2}.\end{aligned}$$

同样,

$$\begin{aligned}E[\min(|X|,1)^2] &= \int_{-\infty}^{+\infty}[\min(|x|,1)]^2f(x)\mathrm{d}x \\ &= \frac{1}{\pi}\int_{|x|\leqslant 1}\frac{x^2}{1+x^2}\mathrm{d}x + \frac{1}{\pi}\int_{|x|>1}\frac{1}{1+x^2}\mathrm{d}x \\ &= \frac{2}{\pi}\left[\int_0^1\frac{x^2}{1+x^2}\mathrm{d}x + \int_1^{+\infty}\frac{1}{1+x^2}\mathrm{d}x\right] \\ &= \frac{2}{\pi}\left[(x-\arctan x)\Big|_0^1 + \arctan x\Big|_1^{+\infty}\right] \\ &= \frac{2}{\pi}.\end{aligned}$$

因此

$$D[\min(|X|,1)]=\frac{2}{\pi}-\left(\frac{\ln 2}{\pi}+\frac{1}{2}\right)^2=\frac{2\pi-\pi\ln 2-\ln^2 2}{\pi^2}-\frac{1}{4}.$$

例 7 设二维随机变量(X,Y)的分布律为

$$P\{X=n,Y=m\}=\frac{\lambda^n p^m(1-p)^{n-m}}{m!\ (n-m)!}e^{-\lambda},m=0,1,\cdots,n,n=0,1,2,\cdots,$$

求 X 与 Y 的相关系数 ρ_{XY}.

分析:这是求二维离散型随机变量的相关系数的题目. 可以考虑先求关于 X 和关于 Y 的边缘分布律,从而求出 $E(X)$,$D(X)$ 和 $E(Y)$,$D(Y)$,再用(4.5)式求出 $E(XY)$,从而算出 $\mathrm{Cov}(X,Y)$. 在计算 $E(XY)$ 时,要用到计算二项分布数学期望时的计算结果: $\sum_{k=0}^{n}kC_n^k p^k(1-p)^{n-k}=np$,以及在计算泊松分布的随机变量的平方的数学期望的计算结果: $\sum_{k=0}^{\infty}k^2\frac{\lambda^k}{k!}e^{-\lambda}=\lambda+\lambda^2$,最后算出 ρ_{XY}. 在求边缘分布律时,要注意当 n 取定,m 的求和范围是 $0\sim n$. 当 m 取定时,n 的求和范围是 $m\sim+\infty$. 在求和时,用到二项公式和 e^x 的幂级数展开式.

解:先求关于 X 的边缘分布律,对取定的 $n=0,1,2,\cdots$,

$$\begin{aligned}P\{X=n\}&=\sum_{m=0}^{n}\frac{\lambda^n p^m(1-p)^{n-m}}{m!(n-m)!}e^{-\lambda}\\&=\frac{\lambda^n}{n!}e^{-\lambda}\sum_{m=0}^{n}\frac{n!}{m!(n-m)!}p^m(1-p)^{n-m}\\&=\frac{\lambda^n}{n!}e^{-\lambda}\sum_{m=0}^{n}C_n^m p^m(1-p)^{n-m}=\frac{\lambda^n}{n!}e^{-\lambda}\end{aligned}$$

即得

$$P\{X=n\}=\frac{\lambda^n}{n!}e^{-\lambda},n=0,1,2,\cdots,$$

可见 $X\sim\pi(\lambda)$,因此

$$E(X)=\lambda,D(X)=\lambda.$$

再求关于 Y 的边缘分布律,对取定的 $m=0,1,2,\cdots$,

$$\begin{aligned}P\{Y=m\}&=\sum_{n=m}^{\infty}\frac{\lambda^n p^m(1-p)^{n-m}}{m!(n-m)!}e^{-\lambda}\\&=\frac{(\lambda p)^m}{m!}e^{-\lambda}\sum_{n=m}^{\infty}\frac{[\lambda(1-p)]^{n-m}}{(n-m)!}(j=n-m)\\&=\frac{(\lambda p)^m}{m!}e^{-\lambda}\sum_{j=0}^{\infty}\frac{[\lambda(1-p)]^j}{j!}\\&=\frac{(\lambda p)^m}{m!}e^{-\lambda}e^{\lambda(1-p)}=\frac{(\lambda p)^m}{m!}e^{-\lambda p},\end{aligned}$$

即得

$$P\{Y=m\}=\frac{(\lambda p)^m}{m!}\mathrm{e}^{-\lambda p},m=0,1,2,\cdots,$$

可见 $Y\sim\pi(\lambda p)$，因此

$$E(Y)=\lambda p,D(Y)=\lambda p.$$

下面利用(4.5)式计算 $E(XY)$，并注意 $\sum_{k=0}^{n}kC_n^k p^k(1-p)^{n-k}=np$ 及 $\sum_{k=0}^{\infty}k^2\frac{\lambda^k}{k!}\mathrm{e}^{-\lambda}=\lambda+\lambda^2$，则有

$$\begin{aligned}E(XY)&=\sum_{n=0}^{n}\sum_{m=0}^{n}mn\frac{\lambda^n p^m(1-p)^{n-m}}{m!(n-m)!}\mathrm{e}^{-\lambda}\\&=\sum_{n=0}^{\infty}\frac{n\lambda^n}{n!}\mathrm{e}^{-\lambda}\sum_{m=0}^{n}mC_n^m p^m(1-p)^{n-m}\\&=p\sum_{n=0}^{\infty}\frac{n^2\lambda^n}{n!}\mathrm{e}^{-\lambda}\\&=(\lambda+\lambda^2)p,\end{aligned}$$

于是有

$$\mathrm{Cov}(X,Y)=(\lambda+\lambda^2)p-\lambda^2p=\lambda p,$$

$$\begin{aligned}\rho_{XY}&=\frac{\lambda p}{\sqrt{\lambda}\sqrt{\lambda p}}\\&=\sqrt{p}.\end{aligned}$$

例 8 设连续型随机变量(X,Y)的概率密度为

$$f(x,y)=\begin{cases}\frac{1}{2}x^3\mathrm{e}^{-x(1+y)}, & x>0,\ y>0,\\0, & \text{其他},\end{cases}$$

求 X 与 Y 的相关系数 ρ_{XY}.

分析：这是求二维连续型随机变量的相关系数的题目，计算过程同上. 求 X,Y 的期望和方差，可以用二维概率密度计算也可以用边缘概率密度计算. 本例计算的关键是如何积分，积分时主要用到分部积分.

解：利用二维概率密度可以算得

$$\begin{aligned}E(X)&=\frac{1}{2}\int_0^{+\infty}\int_0^{+\infty}x^4\mathrm{e}^{-x(1+y)}\mathrm{d}x\mathrm{d}y=\frac{1}{2}\int_0^{+\infty}x^3\mathrm{d}x\int_0^{+\infty}x\mathrm{e}^{-x(1+y)}\mathrm{d}y\\&=\frac{1}{2}\int_0^{+\infty}x^3\left[-\mathrm{e}^{-x(1+y)}\right]_0^{+\infty}\mathrm{d}x=\frac{1}{2}\int_0^{+\infty}x^3\mathrm{e}^{-x}\mathrm{d}x\\&=\frac{1}{2}\left[-x^3\mathrm{e}^{-x}\Big|_0^{+\infty}+3\int_0^{+\infty}x^2\mathrm{e}^{-x}\mathrm{d}x\right]\\&=\frac{3}{2}\left[-x^2\mathrm{e}^{-x}\Big|_0^{+\infty}+2\int_0^{+\infty}x\mathrm{e}^{-x}\mathrm{d}x\right]=3,\end{aligned}$$

$$E(X^2) = \frac{1}{2}\int_0^{+\infty}\int_0^{+\infty} x^5 \mathrm{e}^{-x(1+y)} \mathrm{d}x\mathrm{d}y = \frac{1}{2}\int_0^{+\infty} x^4 \mathrm{d}x \int_0^{+\infty} x\mathrm{e}^{-x(1+y)} \mathrm{d}y$$

$$= \frac{1}{2}\int_0^{+\infty} x^4 [-\mathrm{e}^{-x(1+y)}]_0^{+\infty} \mathrm{d}x = \frac{1}{2}\int_0^{+\infty} x^4 \mathrm{e}^{-x} \mathrm{d}x$$

$$= \frac{1}{2}\left[-x^4 \mathrm{e}^{-x}\Big|_0^{+\infty} + 4\int_0^{+\infty} x^3 \mathrm{e}^{-x} \mathrm{d}x\right] = 12,$$

$$D(X) = 3,$$

$$E(Y) = \frac{1}{2}\int_0^{+\infty}\int_0^{+\infty} x^3 y\mathrm{e}^{-x(1+y)} \mathrm{d}x\mathrm{d}y = \frac{1}{2}\int_0^{+\infty} y\mathrm{d}y \int_0^{+\infty} x^3 \mathrm{e}^{-x(1+y)} \mathrm{d}x$$

$$= \frac{1}{2}\int_0^{+\infty} y\left[-\frac{x^3}{1+y}\mathrm{e}^{-x(1+y)}\Big|_0^{+\infty} + \frac{3}{1+y}\int_0^{+\infty} x^2 \mathrm{e}^{-x(1+y)} \mathrm{d}x\right]\mathrm{d}y$$

$$= \frac{3}{2}\int_0^{+\infty} \frac{y}{1+y}\left[-\frac{x^2}{1+y}\mathrm{e}^{-x(1+y)}\Big|_0^{+\infty} + \frac{2}{1+y}\int_0^{+\infty} x\mathrm{e}^{-x(1+y)}\right]\mathrm{d}y$$

$$= 3\int_0^{+\infty} \frac{y}{(1+y)^2}\left[-\frac{x}{1+y}\mathrm{e}^{-x(1+y)}\Big|_0^{+\infty} + \frac{1}{1+y}\int_0^{+\infty} \mathrm{e}^{-x(1+y)} \mathrm{d}x\right]\mathrm{d}y$$

$$= 3\int_0^{+\infty} \frac{y}{(1+y)^4}\mathrm{d}y = 3\left[-\frac{1}{2(1+y)^2} + \frac{1}{3(1+y)^3}\right]_0^{+\infty} = \frac{1}{2},$$

$$E(Y^2) = \frac{1}{2}\int_0^{+\infty}\int_0^{+\infty} x^3 y^2 \mathrm{e}^{-x(1+y)} \mathrm{d}x\mathrm{d}y = \frac{1}{2}\int_0^{+\infty} y^2 \mathrm{d}y \int_0^{+\infty} x^3 \mathrm{e}^{-x(1+y)} \mathrm{d}x$$

$$= \frac{1}{2}\int_0^{+\infty} y^2\left[-\frac{x^3}{1+y}\mathrm{e}^{-x(1+y)}\Big|_0^{+\infty} + \frac{3}{1+y}\int_0^{+\infty} x^2 \mathrm{e}^{-x(1+y)} \mathrm{d}x\right]\mathrm{d}y$$

$$= \frac{3}{2}\int_0^{+\infty} \frac{y^2}{1+y}\left[-\frac{x^2}{1+y}\mathrm{e}^{-x(1+y)}\Big|_0^{+\infty} + \frac{2}{1+y}\int_0^{+\infty} x\mathrm{e}^{-x(1+y)}\right]\mathrm{d}y$$

$$= 3\int_0^{+\infty} \frac{y^2}{(1+y)^2}\left[-\frac{x}{1+y}\mathrm{e}^{-x(1+y)}\Big|_0^{+\infty} + \frac{1}{1+y}\int_0^{+\infty} \mathrm{e}^{-x(1+y)} \mathrm{d}x\right]\mathrm{d}y$$

$$= 3\int_0^{+\infty} \frac{y^2}{(1+y)^4}\mathrm{d}y = 3\left[-\frac{1}{1+y} + \frac{1}{(1+y)^2} - \frac{1}{3(1+y)^3}\right]_0^{+\infty} = 1,$$

$$D(Y) = \frac{3}{4},$$

$$E(XY) = \frac{1}{2}\int_0^{+\infty}\int_0^{+\infty} x^4 y\mathrm{e}^{-x(1+y)} \mathrm{d}x\mathrm{d}y = \frac{1}{2}\int_0^{+\infty} y\mathrm{d}y \int_0^{+\infty} x^4 \mathrm{e}^{-x(1+y)} \mathrm{d}x$$

$$= \frac{1}{2}\int_0^{+\infty} y\left[-\frac{x^4}{1+y}\mathrm{e}^{-x(1+y)}\Big|_0^{+\infty} + \frac{4}{1+y}\int_0^{+\infty} x^3 \mathrm{e}^{-x(1+y)} \mathrm{d}x\right]\mathrm{d}y$$

$$= 2\int_0^{+\infty} \frac{y}{1+y}\left[-\frac{x^3}{1+y}\mathrm{e}^{-x(1+y)}\Big|_0^{+\infty} + \frac{3}{1+y}\int_0^{+\infty} x^2 \mathrm{e}^{-x(1+y)} \mathrm{d}x\right]\mathrm{d}y$$

$$= 6\int_0^{+\infty} \frac{y}{(1+y)^2}\left[-\frac{x^2}{1+y}\mathrm{e}^{-x(1+y)}\Big|_0^{+\infty} + \frac{2}{1+y}\int_0^{+\infty} x\mathrm{e}^{-x(1+y)} \mathrm{d}x\right]\mathrm{d}y$$

$$= 12\int_0^{+\infty} \frac{y}{(1+y)^3} = \left[-\frac{x}{1+y}\mathrm{e}^{-x(1+y)|_0^{+\infty}} + \frac{1}{1+y}\int_0^{+\infty} \mathrm{e}^{-x(1+y)} \mathrm{d}x\right]\mathrm{d}y$$

$$= 12\int_0^{+\infty} \frac{y}{(1+y)^5}\mathrm{d}y = 12\left[-\frac{1}{3(1+y)^3} + \frac{1}{4(1+y)^4}\right]_0^{+\infty} = 1,$$

于是得

$$\mathrm{Cov}(X,Y)=-\frac{1}{2},\rho_{XY}=-\frac{1}{3}.$$

例 9 设随机变量 X 的方差有限,证明对任意的常数 c,有

$$D(X)\leqslant E[(X-c)^2].$$

分析:该式的右端作为 c 的函数求极值.

证:记 $g(c)=E[(X-c)^2]=E(X^2-2cX+c^2)=E(X^2)-2cE(X)+c^2$,令 $g'(c)=-2E(X)+2c=0$,解得驻点 $c=E(X)$. 又 $g''(c)=2>0$,故当 $c=E(X)$时,$g(c)$取得最小值,即有

$$g(c)=E[(X-c)^2]\geqslant g[E(X)]=E\{[X-E(X)]^2)=D(X).$$

例 10 设 X 是取值于(a,b)上的随机变量,证明不等式

$$a\leqslant E(X)\leqslant b,D(X)\leqslant\left(\frac{b-a}{2}\right)^2.$$

分析:首先由题设知 X 的概率密度 $f(x)$ 只在(a,b)上满足 $f(x)\geqslant 0$. 在证第一式时,注意 $af(x)\leqslant xf(x)\leqslant bf(x),a\leqslant x\leqslant b$;在证第二式时,先利用上例的结果,取 $c=\frac{a+b}{2}$,并注意$\left(x-\frac{a+b}{2}\right)^2 f(x)\leqslant\left(b-\frac{a+b}{2}\right)^2 f(x),a\leqslant x\leqslant b$. 二式的证明都用到$\int_a^b f(x)\mathrm{d}x=1$.

证:由题设知 X 的概率密度只在(a,b)内满足 $f(x)\geqslant 0$,于是有

$$E(X)=\int_{-\infty}^{+\infty}xf(x)\mathrm{d}x=\int_a^b xf(x)\mathrm{d}x\geqslant a\int_a^b f(x)\mathrm{d}x=a,$$

$$E(X)=\int_{-\infty}^{+\infty}xf(x)\mathrm{d}x=\int_a^b xf(x)\mathrm{d}x\leqslant b\int_a^b f(x)\mathrm{d}x=b,$$

即得

$$a\leqslant E(X)\leqslant b.$$

由例 9 的结果,取 $c=\frac{a+b}{2}$,有 $D(X)\leqslant E\left[\left(X-\frac{a+b}{2}\right)^2\right]$,并注意到当 $a\leqslant x\leqslant b$ 时,有$\left(x-\frac{a+b}{2}\right)^2\leqslant\left(b-\frac{a+b}{2}\right)^2$,于是有

$$D(X)\leqslant E\left[\left(X-\frac{a+b}{2}\right)^2\right]=\int_a^b\left(x-\frac{a+b}{2}\right)^2 f(x)\mathrm{d}x$$

$$\leqslant\left(b-\frac{a+b}{2}\right)^2\int_a^b f(x)\mathrm{d}x=\left(\frac{a-b}{2}\right)^2.$$

例 11 设随机变量 X 与 Y 独立,且都服从 $N(0,\sigma^2)$,证明

$$E[\min(X,Y)]=-\frac{\sigma}{\sqrt{\pi}},E[\max(X,Y)]=\frac{\sigma}{\sqrt{\pi}}.$$

分析:首先 $\min(X,Y)=\frac{X+Y-|X-Y|}{2}$,$\max(X,Y)=\frac{X+Y+|X-Y|}{2}$,其次 $X-Y\sim N(0,2\sigma^2)$,因而可以算出 $E(|X-Y|)$,再利用 $E(X)$,$E(Y)$和数学期望的性质便可算出 $E[\min(X,Y)]$、$E[\max(X,Y)]$.

解:显然有

$$\min(X,Y)=\frac{X+Y-|X-Y|}{2},\max(X,Y)=\frac{X+Y+|X-Y|}{2}.$$

令 $Z=X-Y$,由 X 与 Y 是正态随机变量且相互独立及第 3 章的相关结论知 $Z\sim N(0,2\sigma^2)$,它的概率密度为

$$f(z)=\frac{1}{2\sqrt{\pi}\sigma}\mathrm{e}^{-\frac{z^2}{4\sigma^2}},$$

因此可以算得

$$E(|X-Y|)=E(|Z|)=\frac{1}{2\sqrt{\pi}\sigma}\int_{-\infty}^{+\infty}|z|\mathrm{e}^{-\frac{z^2}{4\sigma^2}}\mathrm{d}z=\frac{1}{\sqrt{\pi}\sigma}\int_0^{+\infty}z\mathrm{e}^{-\frac{z^2}{4\sigma^2}}\mathrm{d}z$$

$$=-\frac{2\sigma}{\sqrt{\pi}}\int_0^{+\infty}\mathrm{e}^{-\frac{z^2}{4\sigma^2}}\mathrm{d}\left(-\frac{z^2}{4\sigma^2}\right)=-\frac{2\sigma}{\sqrt{\pi}}\mathrm{e}^{-\frac{z^2}{4\sigma^2}}\Big|_0^{+\infty}=\frac{2\sigma}{\sqrt{\pi}}.$$

利用 $E(X)=E(Y)=0$ 及数学期望的性质,得到

$$E[\min(X,Y)]=E\left(\frac{X+Y-|X-Y|}{2}\right)=\frac{1}{2}[E(X)+E(Y)-E(|X-Y|)]=-\frac{\sigma}{\sqrt{\pi}},$$

$$E[\max(X,Y)]=E\left(\frac{X+Y+|X-Y|}{2}\right)=\frac{1}{2}[E(X)+E(Y)+E(|X-Y|)]=-\frac{\sigma}{\sqrt{\pi}}.$$

例 12 设二维随机变量(X,Y)满足:

$$E(X)=E(Y)=0,D(X)=D(Y)=1,\mathrm{Cov}(X,Y)=c,$$

证明:

$$E[\min(X^2,Y^2)]\geqslant 1-\sqrt{1-c^2}.$$

分析:用表示式 $\min(X^2,Y^2)=\frac{X^2+Y^2-|X^2-Y^2|}{2}$取数学期望. 对 $E(|X^2-Y^2|)$用柯西-许瓦兹不等式,并注意到 $E(XY)=c$.

证:由

$$E[\min(X^2,Y^2)]=E\left(\frac{X^2+Y^2-|X^2-Y^2|}{2}\right)=\frac{1}{2}[E(X^2)+E(Y^2)-E(|X^2-Y^2|)],$$

其中

$$E(X^2)=D(X)=1,E(Y^2)=D(Y)=1,$$

$$E(|X^2-Y^2|)=E(|X+Y||X-Y|)\leqslant\sqrt{E[(X+Y)^2]E[(X-Y)^2]}=2\sqrt{1-c^2},$$

于是得

$$E[\min(X^2,Y^2)]\geqslant\frac{1}{2}(2-2\sqrt{1-c^2})=1-\sqrt{1-c^2}.$$

4.4.2 习题

1. 设离散型随机变量 X 服从超几何分布,其分布律为

$$P\{X=k\}=\frac{C_M^k C_{N-M}^{n-k}}{C_N^n},k=0,1,\cdots,l,$$

其中 $N>0,M>0,n\leqslant N-M,l=\min\{M,n\}$. 求 $E(X)$和 $D(X)$.

2. 设连续型随机变量 X 的概率密度为 $f(x)=\frac{x^2}{\sqrt{2\pi}}e^{-\frac{x^2}{2}}$,求 $E(X)$和 $D(X)$.

3. 设随机变量 $X\sim b(n,p)$,求 $E(|X-E(X)|)$.

4. 设随机变量 $X\sim N(\mu,\sigma^2)$,求 $E(|X-\mu|)$.

5. 设二维随机变量(X,Y)服从参数为 n,p_1,p_2 的三项分布,即

$$P\{X=i,Y=j\}=C_n^i C_{n-i}^j p_1^i p_2^j (1-p_1-p_2)^{n-i-j},$$

$$i,j=0,1,2,\cdots,n,i+j\leqslant n,0<p_1<1,0<p_2<1,p_1+p_2<1,$$

求 X 与 Y 的协方差和相关系数.

6. 设袋中装有 m 个颜色各不相同的球,有放回地从其中取 n 次,取到 X 种颜色的球,求 $E(X)$.

7. 袋中有 2^n 个球,其中 C_n^k 个球上标有数字 k,$k=0,1,\cdots,n$. 不放回取 m 个球,X 表示这些球上的数字之和,求 $E(X)$.

8. 设随机变量 X 与 Y 独立,且都服从 $N(\mu,\sigma^2)$,求 $E[\max(X,Y)]$,$E[\min(X,Y)]$.

9. 设随机变量 X 与 Y 独立,且都服从 $N(0,\sigma^2)$,证明:

(1) $E[\max(|X|,|Y|)]=\frac{2\sigma}{\sqrt{\pi}}$;

(2) $E\{[\max(|X|,|Y|)]^2\}=\left(1+\frac{2}{\pi}\right)\sigma^2$.

10. 设随机变量 X 的概率密度 $f(x)$关于 $x=c$(为常数)对称,即对任意 x 有

$$f(c-x)=f(c+x),$$

且 $E(X)$存在. 证明 $E(X)=c$.

4.5 习题答案

4.5.1 A类习题答案

1. 单项选择题

(1)C. (2)A. (3)B. (4)D. (5)A. (6)C. (7)A. (8)B. (9)D. (10)A. (11)B.

2. 计算题和证明题

(1) ① $\pi-2$,$4\pi-12$;② 8.

(2) ①0,2;②0,X 与 Y 不相关;③X 与$|X|$不独立,因为 $0<P\{X<1\}<1,P\{|X|<1\}\neq 0$, $P\{X<1,|X|<1\}=P\{|X|<1\}\neq P\{X<1\}P\{|X|<1\}$.

(3) $\frac{1-p}{p},\frac{1-p}{p^2}$. (4)① $\frac{1}{3}$,3;②0;③X 与 Z 独立. 因为(X,Z)服从二维正态分布. 它们独立的充要条件是 $\rho_{XZ}=0$.

(5) ①$\rho_{XY}=\frac{\sqrt{470}}{235}$;②$\boldsymbol{C}=\begin{pmatrix}\frac{5}{8} & \frac{1}{16}\\ \frac{1}{16} & \frac{47}{64}\end{pmatrix}$. (6) ①$\rho_{XY}=\frac{\sqrt{3}}{3}$;②$\boldsymbol{C}=\begin{pmatrix}\frac{3}{80} & \frac{1}{40}\\ \frac{1}{40} & \frac{1}{20}\end{pmatrix}$.

(7) $\boldsymbol{C}=\begin{pmatrix}\frac{11}{144} & -\frac{11}{144} & 0\\ -\frac{11}{144} & \frac{11}{144} & 0\\ 0 & 0 & 1\end{pmatrix}$. (8) $\rho_{XY}=0,\boldsymbol{C}=\begin{pmatrix}\frac{1}{12} & 0\\ 0 & \frac{1}{3}\end{pmatrix}$,$X$ 与 Y 不独立,X 与 Y 不相关.

(9) $\begin{pmatrix}250 & -26 & 48\\ -26 & 305 & -76\\ 48 & -76 & 26\end{pmatrix}$. (10) $(Y_1,Y_2)\sim N(1,-1,16,20,0)$,$X$ 与 Y 独立.

(11)~(12) 证明略. (13) ① 0.181 4;② 366. (14) 12 611.

4.5.2 B类习题答案

1. $\frac{nM}{N},\frac{nM(N-n)(N-M)}{N^2(N-1)}$(提示:在计算 $E(X)$ 时,要用到组合公式 $kC_M^k=MC_{M-1}^{k-1},\sum_{k=0}^{l}C_M^kC_{N-M}^{n-k}=C_N^n,n\leqslant N-M,l=\min\{M,n\}$. 在计算 $E(X^2)$ 时用到 $E(X)$ 的计算结果).

2. 0,3. 3. $2nC_{n-1}^{m-1}p^m(1-p)^n-m-1,m=[np+1]$ 为 $np+1$ 的整数部分.

4. $\sqrt{\frac{2}{\pi}}\sigma$. 5. $-np_1p_2,-\frac{\sqrt{p_1p_2}}{\sqrt{(1-p_1)(1-p_2)}}$.

6. $m\left[1-\left(1-\frac{1}{m}\right)^n\right]$(提示:令 $X_i=\begin{cases}1, & \text{若第 } i \text{ 个球被取到},\\ 0, & \text{否则},\end{cases}\quad i=1,2,\cdots,m$, 则 $X=\sum_{i=1}^{m}X_i$).

7. $\frac{mn}{2}$(提示:令 $X_i(i=1,2,\cdots,m)$ 表示第 i 次取到的球上的数字,则 $X=\sum_{i=1}^{m}X_i$).

8. $\mu+\frac{\sigma}{\sqrt{\pi}},\mu-\frac{\sigma}{\sqrt{\pi}}$. 9. 证明略. 10. 对积分用变量替换.

第二篇

随 机 过 程

第5章　随机过程的概念

5.1　内容提要

1. 直观背景举例

在初等概率论及数理统计的一般教材中所讨论的随机现象,通常可由一个或有限个随机变量来描述,它所考虑的实验结果一般都可用一个或有限个数来表示. 但可以看到,许多随机现象仅研究一个或有限个随机变量,不能揭示这些随机现象的全部统计规律. 这是因为在研究这些现象时,必须考虑其发展变化过程,它所考虑的实验结果要用一个函数或无穷多个数表示,随机过程的产生和发展就是适应这一客观需要的.

实例1　考虑某一电话交换台在正常工作条件下于时刻 t 以前接到的呼叫次数,一般情形下它是一随机变量,并且依赖于时间 t. 因此当考虑它随时间 t 变化时,必须研究依赖于时间 t 的随机变量 $X(t)$,若考虑一天的情形,则 $t\in[0,24]$.

实例2　在商业活动中,需要研究某一商品的销售量. 设某日的销售量为 X,一般来说,它是一随机变量,若研究它的每天销售量变化情况,则需要研究依赖于时间 t 的随机变量 $X(t)$,$t=1,2,\cdots$.

实例3　在数字通信中,若传输过程是用数0和1两个码元通过编码来传递消息,由于接收者事先并不知道传送什么消息,加上传送过程受干扰影响,因此在某一时刻 t,它传送的是0还是1,都不能事先预言,因而是一随机变量. 若进行长时间观察,每隔单位时间观察一次,则这个随机变量 $X(n)$依赖于时间 $n=0,1,2,\cdots$.

实例4　在地震勘测中,人们通过检波器把混有随机干扰的随时间变化的地层结构信号波记录下来,例如在点 O 处放炮,而在另一点 A 处,记录仪把接收到的混有干扰的地震信号波记录下来,若在相同条件下做 n 次记录,则得 n 个彼此有差异的记录. 在时间 t_0 观察逐信号波的值 $X(t_0)$,可发现它们是不规则的,即 $X(t_0)$为一随机变量,且依赖于时间 $t\in[0,+\infty)$.

实例5　在机械加工中,由于各种随机因素的影响,工件尺寸在加工过程中都会产生误差,若令 $X(t)$表示时刻 t 加工工件尺寸的大小,则它是一随机变量,且依赖时刻 t,$t\in$

$[0,+\infty)$.

实例 6 考虑一个国家经济活动中的国民收入时,某一年的国民收入即使在有计划的情况下,仍然受诸多随机因素的影响而随机变化. 逐年研究其变化,则需研究依赖时间 t(年)的随机变量 $Y(t)$,如果考虑国民收入的合成,一般有 $Y(t)=C(t)+I(t)$,其中 $C(t)$,$I(t)$分别表示 t 年的消费和积累,这时就必须研究多于一个依赖时间 t 的随机变量 $Y(t)$,$C(t)$和 $I(t)$,其中 $t=1,2,\cdots$.

实例 7 考虑某一海域在固定时间 t 时某一指定点的海水温度,由于其受诸多随机因素的影响,故它是一随机变量. 于是,这一海域内随时间变化的海水温度是一个依赖于四个参数的随机变量 $X(x,y,z,t)$,其中(x,y,z)为空间坐标,t 为时间.

总之,在研究自然界或社会经济现象时,经常需要研究的对象不仅具有随机性,而且又是一个变化过程. 有时不仅要考虑一个或有限个随机变量,而且要研究一族无穷多个随机变量——随机过程.

2. 随机过程的分类

根据状态空间和参数集的不同情况,可以将随机过程进行分类:对于每一固定时间 $t\in T$,若随机变量 X_t 是离散型的,则称随机过程具有离散状态空间,否则就称是非离散的. 参数集也可以是离散的,如 $T=\mathbf{N}$ 或 $\mathbf{N}^+$;也可以是连续的,如 $T=\mathbf{R}$ 或 $\mathbf{R}^+$,这时分别称相应的随机过程为离散参数随机过程或连续参数随机过程,如表 5.1 所示。

表 5.1 随机过程分类

随机过程 $X(t)$ 状态空间 E / 参数集 T	离散	非离散
离散	离散参数链	离散参数随机过程
连续	连续参数链	连续参数随机过程

3. 随机过程的有穷维分布函数族

(1) 一维分布函数族:$\{F(x;t):t\in T,x\in\mathbf{R}^1\}$,其中 $F(x;t)=P\{X(t)\leqslant x\}$;

(2) 二维分布函数族:$\{F(x,y;t,s)=P\{X(t)\leqslant x,X(s)\leqslant y\}:x,y\in\mathbf{R},t,s\in T\}$.

4. 随机过程的数字特征

设随机过程$\{X(t),t\in T\}$相关数字特征存在,则其

(1) 均值函数

$$\mu_X(t)=E[X(t)]=\int_{-\infty}^{+\infty}x\mathrm{d}F(x;t);$$

(2) 方差函数

$$\sigma_X^2(t)=D[X(t)]=E[X(t)-\mu_X(t)]^2;$$

(3) 相关函数

$$R_X(t_1,t_2)=E[X(t_1)X(t_2)];$$

(4) 协方差函数

$$C_X(t_1,t_2)=E[X(t_1)X(t_2)]-\mu_X(t_1)\mu_X(t_2)$$
$$=R_X(t_1,t_2)-\mu_X(t_1)\mu_X(t_2).$$

显然 $\sigma_X^2(t)=C_X(t,t)=R_X(t,t)-\mu_X^2(t)$.

5.2 例题与习题

5.2.1 例题

例 1 设$\{X_n,n\geqslant 1\}$为一随机序列,且 $X_1,X_2,\cdots,X_n$,相互独立,服从同一分布,且诸 $X_n\sim N(\mu,\sigma^2)$,则$\{X_n,n\geqslant 1\}$的有穷维分布密度族为

$$f(x_1,\cdots,x_n)=\frac{1}{(2\pi\sigma^2)^{n/2}}\exp\left\{-\frac{1}{2\sigma^2}\sum_{i=1}^{n}(x_i-\mu)^2\right\},n\geqslant 1.$$

例 2 设随机变量 X,Y 相互独立,服从同一分布,且 $E(X)=0,D(X)=1$,令 $X(t)=X+Yt,t\geqslant 0$,则

$$\mu(t)=E[X(t)]=E(X+Yt)$$
$$=E(X)+E(Yt)=E(X)+tE(Y)=0,$$
$$\sigma^2(t)=D[X(t)]=D(X+Yt)$$
$$=D(X)+D(Yt)=D(X)+t^2D(Y)=1+t^2,$$
$$R(t,s)=E[X(t)X(s)]=E[(X+Yt)(X+Ys)]$$
$$=E(X^2)+tsE(Y^2)+(t+s)E(X)E(Y)=1+ts.$$

5.2.2 习题

1. 如 $X(t)=\xi t+\eta$ 定义的随机过程$\{X(t),t\in T\}$中,ξ,η 是同在区间$[0,1]$上均匀分布的相互独立的随机变量,试求其一维密度函数.

2. 给定一个随机过程 $X(t)$和任意实数 x,定义另一个随机过程

$$Y(t)=\begin{cases}1, & X(t)\leqslant x,\\ 0, & X(t)>x,\end{cases}$$

证明:$Y(t)$的均值函数和自相关函数分别为 $X(t)$的一维和二维分布函数.

3. 已知随机过程 $X(t)$的均值 $\mu(t)$和协方差函数 $\boldsymbol{C}(t_1,t_2)$,$\varphi(t)$是普通的函数,试求随机过程 $Y(t)=X(t)+\varphi(t)$的均值和协方差函数.

4. $X(t)$为一随机过程,a 为常数,试以 $X(t)$的自相关函数表出随机过程

$$Y(t)=X(t+a)-X(t)$$

的自相关函数.

5. 设有随机过程 $X(t)=Vt+b,t\in(0,+\infty)$,$b$ 为常数,$V\sim N(0,1)$,求 $X(t)$的一维

分布密度、均值和相关函数.

5.3 习题答案

1. 当 $t\geqslant 1$ 时,有

$$f_1(x;t)=\begin{cases}0, & -\infty<x<0,\\ \dfrac{x}{t}, & 0\leqslant x<1,\\ \dfrac{1}{t}, & 1\leqslant x<t,\\ 1-\dfrac{x-1}{t}, & t\leqslant x<1+t,\\ 0, & x>t+1.\end{cases}$$

当 $0\leqslant t<1$ 时,有

$$f_1(x;t)=\begin{cases}0, & -\infty<x<0,\\ \dfrac{x}{t}, & 0\leqslant x<t,\\ 1, & t\leqslant x<1,\\ 1-\dfrac{x-1}{t}, & 1\leqslant x<1+t,\\ 0, & x>t+1.\end{cases}$$

2. 略.

3. $\mu_Y(t)=\mu(t)+\varphi(t)$, $C_Y(t_1,t_2)=C(t_1,t_2)$.

4. $R_Y(t_1,t_2)=R_X(t_1+a,t_2+a)-R_X(t_1+a,t_2)-R_X(t_1,t_2+a)+R_X(t_1,t_2)$.

5. $f(t;x)=\dfrac{1}{\sqrt{2\pi}t}\exp\left\{-\dfrac{(x-b)^2}{2t^2}\right\}$, $(-\infty<x<+\infty)$, $\mu_X(t)=b$, $R_X(t_1,t_2)=t_1t_2+b^2$.

第6章　马尔可夫链

6.1　内容提要

马尔可夫链的定义,马氏性,齐次马氏链的转移概率及其性质,一、二步转移概率矩阵,C-K 方程,平稳分布.

6.2　基本要求

(1) 理解马尔可夫链的定义

$$P\{X_{n+1}=j\,|\,X_0=i_0,X_1=i_1,\cdots,X_n=i_n\}=p_{ij};$$

(2) 掌握马尔可夫链的第1、2步转移概率矩阵,理解 n 步转移概率矩阵;

(3) 掌握 C-K 方程;

(4) 掌握马尔可夫链的遍历性、平稳分布.

6.3　例题与习题

6.3.1　例题

例1　直线上的随机游动. 考虑在直线整数点上运动的粒子,当它处于位置 j 时(姑且设 j 即为过程所处的状态),向右移动到 $j+1$ 的概率为 p,而向左移动到 $j-1$ 的概率为 $q=1-p$,又设时刻0时粒子处在原点,即 $X_0\equiv 0$. 于是粒子在时刻 n 所处的位置 X_n 就是一个马尔可夫链,且具有转移概率

$$P_{jk}=\begin{cases}p, & k=j+1,\\ q, & k=j-1,\\ 0, & 其他.\end{cases}$$

当 $p=q=\dfrac{1}{2}$ 时,称为简单对称随机游动.

例 2 两状态马尔可夫链. 设系统的状态空间 $E=\{0,1\}$，状态 0 表示系统工作正常，状态 1 表示系统出现故障. 设在时刻 n 系统处于正常状态，则下一步转移到故障状态的概率为 p；当时刻 n 系统处于故障状态，下一步转移到正常状态的概率为 q，同时假定每次转移不依赖系统过去所处状态. 若以 X_n 表示在时刻 n 系统所处的状态，则 $\{X_n,n\geqslant 1\}$ 是一齐次马尔可夫链，其转移概率矩阵为

$$\boldsymbol{P}=\begin{pmatrix}1-p & p\\ q & 1-q\end{pmatrix}$$

例 3 排队问题. 顾客到服务台排队等候服务，在每一个服务周期中只要服务台前有顾客在等待，就要对排在队前的一位提供服务，若服务台前无顾客时就不能实施服务. 设在第 n 个服务周期中到达的顾客数为一随机变量 Y_n，且诸 Y_n 独立同分布，即

$$P\{Y_n=k\}=p_k\quad (k=0,1,2,\cdots),$$

$$\sum_k p_k=1,$$

记 X_n 为服务周期 n 开始时服务台前顾客数，则显然有

$$X_{n+1}=\begin{cases}X_n-1+Y_n, & X_n\geqslant 1,\\ Y_n, & X_n=0.\end{cases}$$

此时 $\{X_n,n\geqslant 1\}$ 为一马尔可夫链，其转移概率矩阵为

$$\boldsymbol{P}=\begin{pmatrix}p_0 & p_1 & p_2 & p_3 & p_4 & \cdots\\ p_0 & p_1 & p_2 & p_3 & p_4 & \cdots\\ 0 & p_0 & p_1 & p_2 & p_3 & \cdots\\ 0 & 0 & p_0 & p_1 & p_2 & \cdots\\ \vdots & \vdots & \vdots & \vdots & \vdots & \end{pmatrix}.$$

例如，$P_{00}=P\{X_1=0\mid X_0=0\}=P\{Y_0=0\}=p_0$，

$P_{01}=P\{X_1=1\mid X_0=0\}=P\{Y_1=1\}=p_1$，

$P_{10}=P\{X_{n+1}=0\mid X_n=1\}=P\{X_n-1+Y_n=0\mid X_n=1\}=P\{Y_n=0\}=p_0$，

$P_{11}=P\{X_{n+1}=1\mid X_n=1\}=P\{X_n-1+Y_n=1\mid X_n=1\}=P\{Y_n=1\}=p_1$.

例 4 设质点在线段 $[1,4]$ 上作随机游动，假定它只能在时刻 $n\in T$ 发生移动，且只能停留在 1,2,3,4 点上. 当质点转移到 2,3 点时，它以 $\frac{1}{3}$ 的概率向左或向右移动一格或停留在原处，当质点移动到 1 点时，它以概率 1 停留在原处. 当质点移动到 4 点时，它以概率 1 移动到 3 点. 若以 X_n 表示质点在时刻 n 所处的位置，则 $\{X_n,n\in T\}$ 是一个齐次马尔可夫链，其转移概率矩阵为

$$\boldsymbol{P}=\begin{pmatrix}1 & 0 & 0 & 0\\ \frac{1}{3} & \frac{1}{3} & \frac{1}{3} & 0\\ 0 & \frac{1}{3} & \frac{1}{3} & \frac{1}{3}\\ 0 & 0 & 1 & 0\end{pmatrix}.$$

这里，质点的随机游动状态空间为 $E=\{1,2,3,4\}$，转移概率矩阵 $\boldsymbol{P}$ 的元素 P_{ij} 的含义是从状态 i 经一步转移到状态 j. 例如：

$P_{12}=0$，表示质点到达状态 1 后，就不能到达 2 点了；

$P_{23}=\dfrac{1}{3}$，表示质点到达状态 2 后，下一步以 $\dfrac{1}{3}$ 的概率转移到 3 点；

$P_{43}=1$，表示质点到达状态 4 后，下一步必然转移到状态 3.

其余以此类推，状态之间的转移关系及其相应的转移概率如图 6.1 所示.

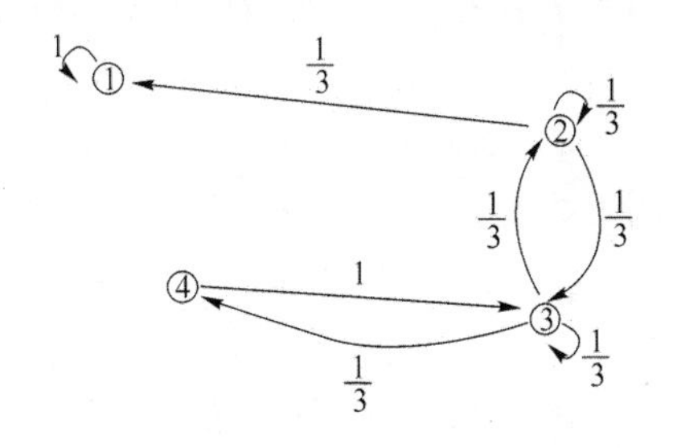

图 6.1

例 4 中的状态 1 和 4 是质点随机游动不可越过的壁. 状态 1 常称为吸收壁，即质点一旦到达这种状态后就被吸收住了而不再转移；状态 4 称为反射壁，即质点一旦到达这种状态后，必然被反射回去.

例 5　设 X_n 表示时刻 n 某生物群体的数量大小，其状态空间 $E=\{0,1,2,\cdots\}$. 假定现在群体的大小为 $i\geqslant 1$，下一步（即下一时刻）群体将生长或死亡一个个体，则保持群体大小不变的转移概率为

$$P_{ij}=P\{X_{n+1}=j\mid X_n=i\}=\begin{cases}p_i, & j=i+1,\\ r_i, & j=i,\\ q_i, & j=i-1.\end{cases}$$

其中，$p_i+r_i+q_i=1(i\in E)$. 当 $i=0$ 时，$P_{00}=1$，则 $\{X_n,n\in T\}$ 是一个齐次马尔可夫链，其转移概率矩阵为

$$\boldsymbol{P}=\begin{pmatrix}1 & 0 & 0 & 0 & 0 & \cdots\\ q_1 & r_1 & p_1 & 0 & 0 & \cdots\\ 0 & q_2 & r_2 & p_2 & 0 & \cdots\\ \vdots & \vdots & \vdots & \vdots & \vdots & \end{pmatrix}.$$

此例中的模型，还可以用来描述如下赌徒的赌博状况.

设赌徒甲开始时赌本为 k 元，赌徒乙赌本为无穷大. 每局赌博输赢为 1 元，没有平局，赌博进行到甲输光为止. 以 X_n 表示第 n 局后甲的赌本，当 $i\geqslant 1$ 时，假定转移概率为

$$P_{ij}=\begin{cases}p_i, & j=i+1,\\ q_i, & j=i-1,\\ 0, & \text{其他}.\end{cases}$$

这里 $p_i+q_i=1$. 当 $i=0$ 时，表示甲的赌本输光，赌博结束，$P_{00}=1$. 此时马尔可夫链的转移概率矩阵为

$$\boldsymbol{P}=\begin{pmatrix} 1 & 0 & 0 & 0 & \cdots \\ q_1 & 0 & p_1 & 0 & \cdots \\ 0 & q_2 & 0 & p_2 & \cdots \\ \vdots & \vdots & \vdots & \vdots & \end{pmatrix}.$$

若开始时甲、乙分别有赌本 k 元和 $N-k$ 元，仍以 X_n 表示时刻 n 时甲的赌本，此时马尔可夫链的状态空间 $E=\{0,1,\cdots,N\}$，转移概率矩阵为

$$\boldsymbol{P}=\begin{pmatrix} 1 & 0 & 0 & 0 & \cdots & 0 & 0 & 0 \\ q_1 & 0 & p_1 & 0 & \cdots & 0 & 0 & 0 \\ 0 & q_2 & 0 & p_2 & \cdots & 0 & 0 & 0 \\ \vdots & \vdots & \vdots & \vdots & & \vdots & \vdots & \vdots \\ 0 & 0 & 0 & 0 & \cdots & q_{n-1} & 0 & p_{n-1} \\ 0 & 0 & 0 & 0 & \cdots & 0 & 0 & 1 \end{pmatrix}.$$

例 6 证明：齐次马尔可夫链完全由其初始状态的概率分布

$$p_i=P\{X_0=i\}(i=1,2,\cdots)$$

和其转移概率矩阵 $\boldsymbol{P}=(P_{ij})$ 确定.

证明： $P\{X_0=i_0,X_1=i_1,\cdots,X_n=i_n\}$

$$\begin{aligned}&=P\{X_0=i_0,X_1=i_1,\cdots,X_{n-1}=i_{n-1}\}P\{X_n=i_n \mid X_0=i_0,\cdots,X_{n-1}=i_{n-1}\}\\&=P\{X_0=i_0,X_1=i_1,\cdots,X_{n-1}=i_{n-1}\}P\{X_n=i_n \mid X_{n-1}=i_{n-1}\}\\&=P\{X_0=i_0,X_1=i_1,\cdots,X_{n-1}=i_{n-1}\}P_{i_{n-1},i_n}\\&=P_{i_0}P_{i_0,i_1}P_{i_1,i_2}\cdots P_{i_{n-1},i_n}.\end{aligned}$$

例 7 证明 C-K 方程 $\boldsymbol{P}^{(n+m)}=\boldsymbol{P}^{(n)}\boldsymbol{P}^{(m)}$.

证明： 这只需证明 $\boldsymbol{P}^{(n)}=\boldsymbol{P}\boldsymbol{P}^{(n-1)}$ 即可. 事实上

$$\begin{aligned}P_{ij}^{(n)}&=P\{X_n=j \mid X_0=i\}\\&=\sum_{k=0}^{\infty}P\{X_n=j,X_1=k \mid X_0=i\}\\&=\sum_{k=0}^{\infty}P\{X_1=k \mid X_0=i\}P\{X_n=j \mid X_0=i,X_1=k\}\\&=\sum_{k=0}^{\infty}P_{ik}P_{kj}^{(n-1)}\end{aligned}$$

从而可得 $\boldsymbol{P}^{(n)}=\underbrace{\boldsymbol{P}\,\boldsymbol{P}\cdots\boldsymbol{P}}_{n个}$，即 n 步转移概率可由一步转移概率求出. 值得指出的是，转移概率 P_{ij} 不包含初始分布，亦即 $X_0=i$ 的概率不能由转移概率 P_{ij} 表达，因此过程还需有初始分布. 令

$$p_i = P\{X_0 = i\}(i \in E)$$

其中 E 为过程的状态空间,称$\{p_i\}(i \in E)$为过程的初始分布,其显然满足

$$p_i \geqslant 0, \sum_{i \in E} p_i = 1,$$

这样,一个马尔可夫链的联合概率分布就可以由$\{p_i\}(i \in E)$和其一步转移概率矩阵 $\boldsymbol{P}$ 完全决定.

例 8 考虑贝努利试验,每次试验有两种状态,即 $E=\{0,1\}$,若以 X_n 表示第 n 次试验中出现的结果,它显然为一马尔可夫链,且有

$$P\{X_n=0\}=1-p=q, P\{X_n=1\}=p \ (0<p<1);$$
$$P_{00}=P_{10}=q, P_{01}=P_{11}=p.$$

即一步转移概率矩阵为

$$\boldsymbol{P}=\begin{pmatrix} q & p \\ q & p \end{pmatrix},$$

更一般地有

$$\boldsymbol{P}^{(n)}=\begin{pmatrix} q & p \\ q & p \end{pmatrix}=p.$$

例 9 天气预报问题. 若明天是否有雨仅与今天天气有关,与过去无关,并设今日有雨、明日也有雨的概率为 α,今日无雨而明日有雨的概率为 β;又设"有雨"="0","无雨"="1",则此例是一个两状态 $E=\{0,1\}$的马尔可夫链,且

$$\boldsymbol{P}=\begin{pmatrix} P_{00} & P_{01} \\ P_{10} & P_{11} \end{pmatrix}=\begin{pmatrix} \alpha & 1-\alpha \\ \beta & 1-\beta \end{pmatrix},$$

试求今日有雨且第 4 日仍有雨的概率(设 $\alpha=0.7, \beta=0.4$).

解:由

$$\boldsymbol{P}=\begin{pmatrix} \alpha & 1-\alpha \\ \beta & 1-\beta \end{pmatrix}=\begin{pmatrix} 0.7 & 0.3 \\ 0.4 & 0.6 \end{pmatrix},$$

可知

$$\boldsymbol{P}^{(2)}=\boldsymbol{P}\boldsymbol{P}=\begin{pmatrix} 0.61 & 0.39 \\ 0.52 & 0.48 \end{pmatrix},$$

$$\boldsymbol{P}^{(4)}=[\boldsymbol{P}^{(2)}]^2=\begin{pmatrix} 0.5749 & 0.4251 \\ 0.5668 & 0.4332 \end{pmatrix},$$

即 P("今日有雨且第 4 日仍有雨")$=P_{00}^{(4)}=0.5749$.

例 10 考虑三个状态 $E=\{0,1,2\}$的马尔可夫链$\{X_n, n \geqslant 0\}$,其转移概率矩阵为

$$\boldsymbol{P}=\begin{pmatrix} 1 & 0 & 0 \\ p & q & r \\ 0 & 0 & 1 \end{pmatrix},$$

其中 $p,q,r>0,p+q+r=1$. 这一马尔可夫链从状态 1 开始，一旦进入状态 0 或 2 就无法跳出(称 0,2 为吸收态). 试求：

(1) 假如过程从状态 1 出发，则被状态 0(或 2)吸收的概率是多少？

(2) 平均要多么长的时间，过程会进入吸收态(而永远停在那里)？

解：设 T 为过程进入吸收态的时刻，它显然是一个随机变量，且

$$T=\min\{n: X_n=0 \text{ 或 } 2\},$$

则

$$\begin{aligned}
u &= P\{\text{“从状态 1 出发最终进入吸收态 0”}\} \\
&= P\{X_T = 0 \mid X_0 = 1\} \\
&= \sum_{k=0}^{2} P\{X_T = 0, X_1 = k \mid X_0 = 1\} \\
&= \sum_{k=0}^{2} P\{X_1 = k \mid X_0 = 1\} P\{X_T = 0 \mid X_1 = k, X_0 = 1\} \\
&= \sum_{k=0}^{2} P_{1k} P\{X_T = 0 \mid X_1 = k\} \\
&= p \times 1 + qu + r \times 0 \\
&= p + qu,
\end{aligned}$$

于是解出

$$u=\frac{p}{1-q}=\frac{p}{p+r}.$$

而过程从状态 1 出发，进入吸收态 0 或 2 的平均时间为

$$\begin{aligned}
v &= E(T \mid X_0 = 1) \\
&= E[E(T \mid X_0 = 1, X_1)] \\
&= \sum_{k=0}^{2} E(T \mid X_0 = 1, X_1 = k) P\{X_1 = k \mid X_0 = 1\} \\
&= \sum_{k=0}^{2} E(T \mid X_1 = k) P_{1k} \\
&= 1 \times p + (1 + v)q + 1 \times r \\
&= 1 + qv,
\end{aligned}$$

解出

$$v=\frac{1}{1-q}.$$

例 11 设马尔可夫链的状态空间 $E=\{1,2,3,4\}$，其状态转移图如图 6.2 所示，研究其状态并判断其是否具有遍历性.

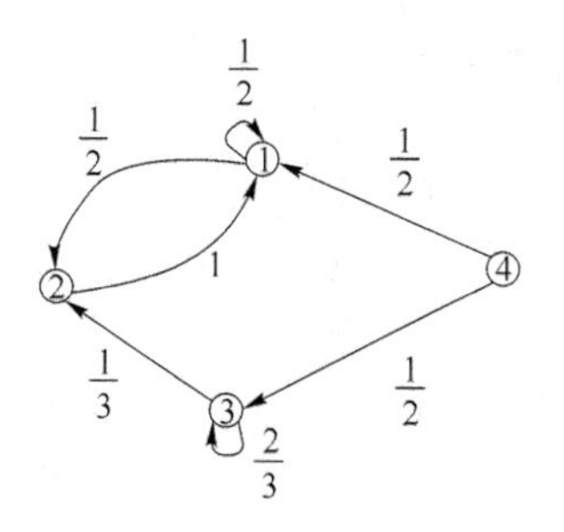

图 6.2

解:因为 $f_{44}^{(n)}=0,n\geqslant1$,所以状态 4 是非常返的. 又因为

$$f_{33}^{(1)}=\frac{2}{3},f_{33}^{(n)}=0,n\geqslant2,$$

从而状态 3 也是非常返的. 而

$$f_{11}=f_{11}^{(1)}+f_{11}^{(2)}=1,$$

$$f_{22}=\sum_{n=1}^{\infty}f_{22}^{(n)}=0+\frac{1}{2}+\frac{1}{4}+\frac{1}{8}+\cdots=1,$$

可见, 状态 1 和状态 2 是常返的,其平均返回时间为

$$\mu_1=\sum_{n=1}^{\infty}nf_{11}^{(n)}=1\times\frac{1}{2}+2\times\frac{1}{2}=\frac{3}{2},$$

$$\mu_2=\sum_{n=1}^{\infty}nf_{22}^{(n)}=1\times0+2\times\frac{1}{2}+\cdots+n\times\frac{1}{2^{n-1}}+\cdots=3,$$

因此状态 1 和 2 都是正常返状态,且它们都是非周期的,故是遍历状态.

例 12 设马尔可夫链的转移概率矩阵为

$$\boldsymbol{P}=\begin{pmatrix}0.7 & 0.1 & 0.2\\ 0.1 & 0.8 & 0.1\\ 0.05 & 0.05 & 0.9\end{pmatrix},$$

求该链的平稳分布及各状态的平均返回时间.

解:因为该链是不可约、非周期、有限状态,故必存在平稳分布,且

$$\begin{cases}\pi_1=0.7\pi_1+0.1\pi_2+0.05\pi_3,\\ \pi_2=0.1\pi_1+0.8\pi_2+0.05\pi_3,\\ \pi_3=0.2\pi_1+0.1\pi_2+0.9\pi_3,\\ \pi_1+\pi_2+\pi_3=1,\end{cases}$$

解得平稳分布为

$$(\pi_1,\pi_2,\pi_3)=(0.176\,5,0.235\,3,0.588\,2),$$

各状态 i 的平均返回时间 μ_i 为 $1/\pi_i$,即

$$(\mu_1,\mu_2,\mu_3)=(5.67,4.25,1.70).$$

例 13 设马尔可夫链的转移概率矩阵为

$$
P=\begin{pmatrix}
\frac{1}{10} & \frac{1}{10} & \frac{1}{5} & \frac{1}{5} & \frac{2}{5} & 0 & 0 \\
0 & 0 & \frac{1}{2} & \frac{1}{2} & 0 & 0 & 0 \\
0 & 0 & 0 & 1 & 0 & 0 & 0 \\
0 & 1 & 0 & 0 & 0 & 0 & 0 \\
0 & 0 & 0 & 0 & \frac{1}{2} & \frac{1}{2} & 0 \\
0 & 0 & 0 & 0 & \frac{1}{2} & 0 & \frac{1}{2} \\
0 & 0 & 0 & 0 & 0 & \frac{1}{2} & \frac{1}{2}
\end{pmatrix},
$$

求每一个不可约闭集的平稳分布.

解:先画出状态转移图,如图 6.3 所示,

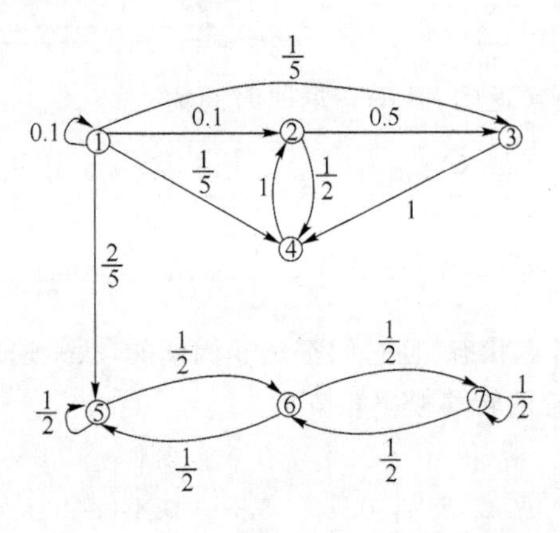

图 6.3

从状态转移图可以看出,E 可分解为两个不可约常返闭集 $C_1=\{2,3,4\}$,$C_2=\{5,6,7\}$,一个非常返集 $N=\{1\}$,求平稳分布应在各个常返闭集上进行. 在 C_1 上,对应的转移概率矩阵为

$$
P=\begin{pmatrix}
0 & \frac{1}{2} & \frac{1}{2} \\
0 & 0 & 1 \\
1 & 0 & 0
\end{pmatrix}.
$$

例 14 图 6.4 表示 4 种岩性 A、B、C、D 组成的剖面,按 1 英尺等间距分层,其状态转移频数矩阵为

$$\boldsymbol{N}=\begin{pmatrix}6&2&1&1\\2&7&1&0\\0&0&2&2\\2&0&0&4\end{pmatrix},$$

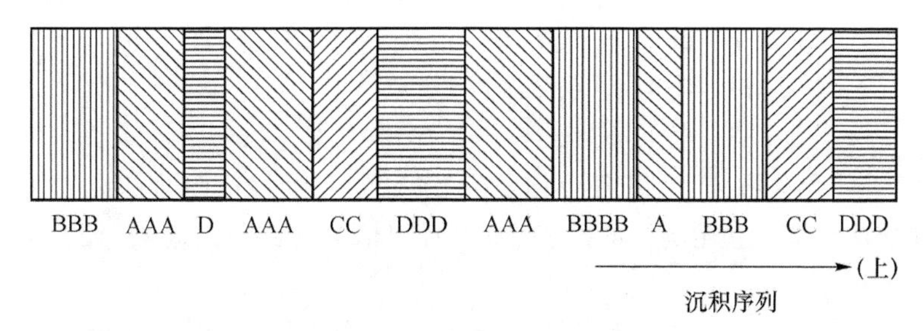

图 6.4

用频率估计概率，将 $\boldsymbol{N}$ 中各元素用它所在行诸元素之和相除，即得(向上)转移概率矩阵 $\boldsymbol{P}$ 为

$$\boldsymbol{P}=\begin{pmatrix}\frac{3}{5}&\frac{1}{5}&\frac{1}{10}&\frac{1}{10}\\\frac{1}{5}&\frac{7}{10}&\frac{1}{10}&0\\0&0&\frac{1}{2}&\frac{1}{2}\\\frac{1}{3}&0&0&\frac{2}{3}\end{pmatrix}.$$

为了对地层剖面进行分析对比，一般还需要对 $\boldsymbol{P}$ 的多步转移概率矩阵 $\boldsymbol{P}^{(n)}$ 和极限分布等问题进行研究.

例 15 设有由岩性序列导出的转移概率矩阵

$$\boldsymbol{P}=\begin{pmatrix}0.002&0.998&0\\0.338&0.014&0.598\\0.712&0.288&0\end{pmatrix},$$

其状态空间 $E=\{1,2,3\}$，其中状态 1 表示砂岩，状态 2 表示粉砂岩，状态 3 表示粘土. 从 $\boldsymbol{P}$ 可以看出，砂岩一步转移为粉砂岩的可能性很大，而转移为砂岩或粘土的可能性很小，其他各状态的转移如图 6.5 所示.

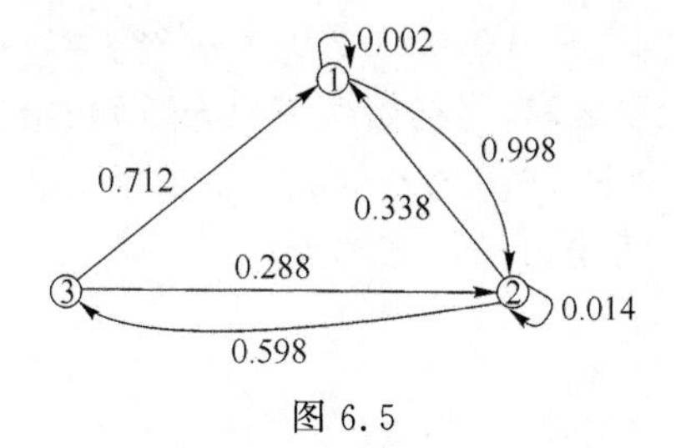

图 6.5

经多步转移后，结果为

$$
\boldsymbol{P}^{(2)}=\begin{pmatrix}0.387 & 0.016 & 0.597\\ 0.432 & 0.56 & 0.08\\ 0.113 & 0.715 & 0.172\end{pmatrix},\quad \boldsymbol{P}^{(4)}=\begin{pmatrix}0.224 & 0.442 & 0.334\\ 0.41 & 0.326 & 0.264\\ 0.372 & 0.525 & 0.103\end{pmatrix},
$$

$$
\boldsymbol{P}^{(16)}=\begin{pmatrix}0.338 & 0.415 & 0.247\\ 0.338 & 0.414 & 0.248\\ 0.338 & 0.414 & 0.248\end{pmatrix},
$$

容易看出，随着转移步数增大，其各行向量趋于一致. 这时，行向量的元素可看作是在剖面内的比例数估计值. 上述剖面的砂岩、粉砂岩和粘土的百分比近似于33.8%、41.4%和24.8%.

由于此链为不可约、非周期有限状态，故极限分布为平稳分布，由方程

$$
\begin{cases}\pi_1=0.002\pi_1+0.388\pi_2+0.712\pi_3,\\ \pi_2=0.998\pi_1+0.014\pi_2+0.288\pi_3,\\ \pi_3=0.598\pi_2,\\ \pi_1+\pi_2+\pi_3=1,\end{cases}
$$

解得平稳分布为$(\pi_1,\pi_2,\pi_3)=(0.338,0.414,0.248)$.

作为经济预测的一种方法，马尔可夫链已被人们广泛采用. 下面以市场预测及平均利润的预测举例如下.

例 16 市场占有率预测. 设某地有 1 600 户居民，某产品只有甲、乙、丙 3 个厂家的在该地销售. 经调查，8 月份买甲、乙、丙 3 个厂家的户数分别为 480、320、800. 9 月份，原买甲的有 48 户转买乙产品，有 96 户转买丙产品；原买乙的有 32 户转买甲产品，有 64 户转买丙产品；原买丙的有 64 户转买甲产品，有 32 户转买乙产品. 于是得频数转移矩阵为（状态 1、2、3 分别表示甲、乙、丙）

$$
\boldsymbol{N}=\begin{pmatrix}336 & 48 & 96\\ 32 & 224 & 64\\ 64 & 32 & 704\end{pmatrix},
$$

用频率估计概率，以 $\boldsymbol{N}$ 中各行元素之和除以 $\boldsymbol{N}$ 中相应行的元素，得转移概率矩阵

$$
\boldsymbol{P}=\begin{pmatrix}0.7 & 0.1 & 0.2\\ 0.1 & 0.7 & 0.2\\ 0.08 & 0.04 & 0.88\end{pmatrix},
$$

以 1 600 除以 $\boldsymbol{N}$ 中各行的元素之和，得初始概率分布（即初始市场占有率）

$$
(P_1,P_2,P_3)=(0.3,0.2,0.5),
$$

由初始分布及 $\boldsymbol{P}$ 可算得其 9 月份市场占有率为

$$(0.3,0.2,0.5)\begin{pmatrix}0.7 & 0.1 & 0.2\\0.1 & 0.7 & 0.2\\0.08 & 0.04 & 0.88\end{pmatrix}=(0.27,0.19,0.54),$$

类似地,可算出 12 月份市场占有率为

$$(0.3,0.2,0.7)\boldsymbol{P}^{(4)}=(0.2319,0.1698,0.5983),$$

由该链不可约、非周期、状态有限知其平稳分布即为极限分布,由方程组

$$\begin{cases}\pi_1=0.7\pi_1+0.1\pi_2+0.08\pi_3,\\\pi_2=0.1\pi_1+0.7\pi_2+0.04\pi_3,\\\pi_3=0.2\pi_1+0.2\pi_2+0.88\pi_3,\\\pi_1+\pi_2+\pi_3=1,\end{cases}$$

解得当顾客流如此长期稳定下去时,市场占有率的分布为

$$(\pi_1,\pi_2,\pi_3)=(0.219,0.156,0.625).$$

6.3.2 习题

1. 对马尔可夫链 $X_n(n\geqslant 0)$,试证条件

$$P\{X_{n+1}=j\mid X_0=i_0,\cdots,X_{n-1}=i_{n-1},X_n=i\}$$
$$=P\{X_{n+1}=j\mid X_n=i\}.$$

等价于对所有时刻 n,m 及所有状态 $i_0,\cdots,i_n,j_1,\cdots,j_m$ 有

$$P\{X_{n+1}=j_1,\cdots,X_{n+m}=j_m\mid X_0=i_0,\cdots,X_n=i_n\}$$
$$=P\{X_{n+1}=j_1,\cdots,X_{n+m}=j_m\mid X_n=i_n\}$$

2. 考虑状态 0,1,2 上的一个马尔可夫链 $X_n(n\geqslant 0)$,它有转移概率矩阵 $\boldsymbol{P}$,

$$\boldsymbol{P}=\begin{pmatrix}0.1 & 0.2 & 0.7\\0.9 & 0.1 & 0\\0.1 & 0.8 & 0.1\end{pmatrix}$$

初始分布为 $p_0=0.3,p_1=0.4,p_2=0.3$. 试求概率 $P\{X_0=0,X_1=1,X_2=2\}$.

3. 信号传送问题. 信号只有 0,1 两种,分多个阶段传输,在每一步上出错的概率为 α. $X_0=0$ 是送出的信号,而 X_n 是在第 n 步接受到的信号. 假定 X_n 为一个马尔可夫链,它有转移概率矩阵 $\boldsymbol{P}_{00}=\boldsymbol{P}_{11}=1-\alpha,\boldsymbol{P}_{01}=\boldsymbol{P}_{10}=\alpha,0<\alpha<1$. 试求:

(1) 两步均不出错的概率 $P\{X_0=0,X_1=0,X_2=0\}$;

(2) 两步传送后收到正确信号的概率;

(3) 五步之后传送无误的概率 $P\{X_5=0\mid X_0=0\}$.

4. A,B 两罐总共装着 N 个球,做如下试验:在时刻 n 先从 N 个球中等概率地任取一球;然后从 A,B 两罐中任选一个,选中 A 的概率为 p,选中 B 的概率为 q;之后再将选出的球放入选好的罐中. 设 X_n 为每次试验时 A 罐中的球数,试求此马尔可夫链的转移概率矩阵.

5. 重复掷币一直到连续出现两次正面为止. 假定钱币是均匀的,试引入以连续出现次数为状态空间的马尔可夫链,并求出平均需要掷多少次试验才可以结束.

6. 迷宫问题. 将小家鼠放入迷宫中做动物的学习试验,如图 6.6 所示. 在迷宫的第 7 号小格内放有美味食品而第 8 号小格内则是电击捕鼠装置,假定当家鼠位于某格时有 k 个出口可以离去,则它总是随机地选择一个,概率为 $1/k$,并假定每一次家鼠只能跑到相邻的小格去. 令过程 X_n 为家鼠在时刻 n 时所在小格的号码,试写出这一马尔可夫链过程的转移概率矩阵,并求出家鼠在遭到电击前能找到食物的概率.

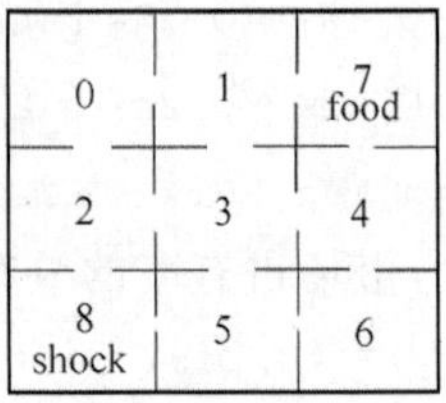

图 6.6

7. 记 $Z_i(i=1,2,\cdots)$ 为一串独立同分布的离散随机变量. $P\{Z_1=k\}=p_k\geqslant 0(k=0,1,2,\cdots)$, $\sum_{k=0}^{\infty}p_k=1$. 记 $X_n=Z_n(n=0,1,2,\cdots)$,试求过程 X_n 的转移概率矩阵.

8. 若 Z_i 如上题所设,令 $X_n=\max\{Z_1,\cdots,Z_n\}(n=1,2,\cdots)$,并约定 $X_0=0$,则 X_n 是否为马尔可夫链? 如果是,其转移概率矩阵是什么?

9. 对习题 7 中的 Z_i,若定义 $X_n=\sum_{i=1}^{n}Z_i(n=1,2,\cdots)$, $X_0=0$,试证 X_n 为马尔可夫链,并求其转移概率矩阵.

10. 设马尔可夫链有状态 0,1,2,3 和转移概率矩阵

$$\begin{pmatrix} 0 & \frac{1}{2} & 0 & \frac{1}{2} \\ 0 & 0 & 1 & 0 \\ 0 & 0 & 0 & 1 \\ \frac{1}{2} & 0 & 0 & \frac{1}{2} \end{pmatrix},$$

试求 $f_{00}^{(n)}(n=1,2,3,4,5,\cdots)$,其中 $f_{ii}^{(n)}$ 由 $P\{X_n=i,X_k\neq i,k=1,\cdots,n-1\mid X_0=i\}$ 定义.

11. 在成败型的重复试验中,每次试验结果为成功(S)或失败(F). 同一结果相继出现称为一个游程(run),比如一串结果"FSSFFFS"中共有两个成功游程,三个失败游程. 设成功概率为 p,失败概率为 $q=1-p$. 记 X_n 为 n 次试验后成功游程的长度(若第 n 次试验失败,则 $X_n=0$). 试证$\{X_n,n=1,2,\cdots\}$为一马尔可夫链,并确定其转移概率矩阵;记 T 为返回状态 0 的时间,试求 T 的分布及均值,并由此对这一马尔可夫链的状态进行分类.

12. 试证向各方向游动的概率相等的对称随机游动在二维时是常返的,而在三维时

却是瞬过的.

13. 某厂商对该厂生产的同类产品的三种型号进行调查,以便了解顾客的消费习惯,并把它们归结为马尔可夫链模型. 记顾客消费习惯在 A,B,C 三种型号间的转移概率矩阵分别为下列 4 种,请依这些转移矩阵所提供的信息对厂家提出关于 A,B 两种型号的咨询意见.

(1) $\begin{pmatrix} 1 & 0 & 0 \\ 0 & 1 & 0 \\ 0 & 0 & 1 \end{pmatrix}$　　(2) $\begin{pmatrix} 0 & \frac{1}{2} & \frac{1}{2} \\ \frac{1}{2} & 0 & \frac{1}{2} \\ \frac{1}{2} & \frac{1}{2} & 0 \end{pmatrix}$

(3) $\begin{pmatrix} \frac{1}{2} & 0 & \frac{1}{2} \\ \frac{1}{3} & \frac{1}{3} & \frac{1}{3} \\ \frac{1}{2} & 0 & \frac{1}{2} \end{pmatrix}$　　(4) $\begin{pmatrix} 0 & 1 & 0 \\ 0 & 0 & 1 \\ 1 & 0 & 0 \end{pmatrix}$

14. 考虑一有限状态的马尔可夫链,试证明:

(1) 至少有一个状态是常返的;

(2) 任何常返状态必定是正常返的.

15. 考虑一生长与灾害模型. 这类马尔可夫链有状态 0,1,2,…,当过程处于状态 i 时,它既可能以概率 p_i 转移到 $i+1$(生长),也可能以概率 $q_i=1-p_i$ 落回状态 0(灾害),而从状态"0"又必然"无"中生有,即 $P_{01}\equiv 1$.

(1) 试证所有状态为常返的条件是 $\lim\limits_{n\to\infty}(p_1p_2p_3\cdots p_n)=0$

(2) 若此链为常返的,试求其为零常返的条件.

16. 试计算转移概率矩阵

$$\boldsymbol{P}=\begin{pmatrix} \frac{1}{2} & \frac{1}{2} & 0 \\ \frac{1}{3} & \frac{1}{3} & \frac{1}{3} \\ \frac{1}{6} & \frac{1}{2} & \frac{1}{3} \end{pmatrix}$$

的极限分布.

17. 假定在逐日的天气变化模型中,每天的阴晴与前两天的状况关系很大. 于是可考虑 4 状态的马尔可夫链:接连两晴天、一晴一阴、一阴一晴及接连两阴天,分别记为 (S,S),(S,C),(C,S) 和 (C,C). 该链的转移概率矩阵为

$$\begin{array}{c} \\ (S,S) \\ (S,C) \\ (C,S) \\ (C,C) \end{array} \begin{array}{c} (S,S)\ (S,C)\ (C,S)\ (C,C) \\ \begin{pmatrix} 0.8 & 0.2 & 0 & 0 \\ 0 & 0 & 0.4 & 0.6 \\ 0.6 & 0.4 & 0 & 0 \\ 0 & 0 & 0.1 & 0.9 \end{pmatrix} \end{array},$$

试求这一马尔可夫链的平稳分布,并求出长期平均的晴朗天数的比例.

18. 某人有 M 把伞,并在办公室和家之间往返. 如果某天他在家中(办公室时)下雨而且家中(办公室)有伞他就带一把伞去上班(回家),不下雨时他从不带伞. 如果每天与以往独立地早上(晚上)下雨的概率为 p,试定义一 $M+1$ 状态的马尔可夫链以研究他被雨淋湿的机会.

6.4 习题答案

1. 略.

2. 0.

3. (1) $(1-a)^2$;(2) $(1-a)^2+a^2$;(3) $(1-a)^5+10a^2(1-a)^2+5a^4(1-a)$.

4. $P_{ii}=\frac{1}{N}[ip+(N-i)q]$,$P_{i,i+1}=\frac{N-i}{N}p$,$P_{i,i-1}=\frac{i}{N}q$,当 $|i-j|>1$ 时 $P_{ij}=0$.

5. $E(T)=6$.

6. $(f_0,f_1,\cdots,f_8)=\left(\frac{1}{2},\frac{2}{3},\frac{1}{3},\frac{1}{2},\frac{2}{3},\frac{1}{3},\frac{1}{2},1,0\right)$.

9. $P_{ij}=\begin{cases}0, & j<i,\\ P_{j-i}, & j\geqslant i.\end{cases}$

10. $f_{00}(n)=5\left(\frac{1}{2}\right)^n$,$(n\geqslant 4)$,$f_{00}^{(1)}=0$,$f_{00}^{(2)}=\left(\frac{1}{2}\right)^2$,$f_{00}^{(3)}=\left(\frac{1}{2}\right)^3$.

11.

(1) $P_{ij}=\begin{cases}q, & j=0,\\ p, & j=i+1, i\geqslant 0,\\ 0, & j\neq i+1,0\end{cases}$ (2) $E(T)=\frac{1}{1-p}$.

16. $(\pi_0,\pi_1,\pi_2)=\left(\frac{5}{14},\frac{6}{14},\frac{3}{14}\right)$.

18. $\pi=\left(\frac{3}{11},\frac{1}{11},\frac{1}{11},\frac{6}{11}\right)$.

第7章　平稳过程

7.1　内容提要

宽平稳过程及其谱密度。

7.2　基本要求

(1) 掌握平稳过程的定义；

(2) 掌握平稳过程的均值函数、相关函数及相关性质；

(3) 理解平稳过程谱密度的概念，会简单应用维纳-辛钦定理.

7.3　例题与习题

7.3.1　例题

例1　设状态连续、时间离散的随机过程 $X(t)=\sin 2\pi\alpha t$，其中 $t=1,2,\cdots$，α 服从 $(0,1)$ 上均匀分布的随机变量，试讨论 $X(t)$ 的平稳性.

解：α 的分布密度为

$$f(x)=\begin{cases}1, & 0<x<1,\\ 0, & 其他,\end{cases}$$

所以

$$E[X(t)]=E(\sin 2\pi\alpha t)=\int_{-\infty}^{+\infty}\sin 2\pi xtf(x)\,\mathrm{d}x$$

$$=\int_0^1\sin 2\pi tx\,\mathrm{d}x=0,$$

$$C_X(t,t+\tau)=R_X(t,t+\tau)=E[X(t)X(t+\tau)]$$

$$=\int_0^1 \sin 2\pi xt \sin 2\pi x(t+\tau)\,\mathrm{d}x$$

$$=\frac{1}{2}\int_0^1 \cos 2\pi\tau x\,\mathrm{d}x-\frac{1}{2}\int_0^1 \cos 2\pi(2t+\tau)x\,\mathrm{d}x$$

$$=\begin{cases}\dfrac{1}{2}, & \tau=0,\\ 0, & \tau\neq 0,\end{cases}$$

故$\{X(t)\}$为平稳过程.

例 2 设 $Z(t)=X\sin t+Y\cos t$,其中 X,Y 为相互独立同分布的随机变量,具有分布列

$$\begin{pmatrix}-1 & 2\\ 2/3 & 1/3\end{pmatrix},$$

(1) 求 $Z(t)$的均值和自相关函数;(2)证明 $Z(t)$是宽平稳过程,但非严平稳.

解:(1)均值函数为

$$E[Z(t)]=E(X\sin t)+E(Y\cos t)=0,$$

$$\begin{aligned}C_Z(t,t+\tau)&=R_Z(t,t+\tau)\\&=E\{(X\sin t+Y\cos t)[X\sin(t+\tau)+Y\cos(t+\tau)]\}\\&=E[X^2\sin t\sin(t+\tau)]+E(XY)[\sin t\cos(t+\tau)+\\&\quad\cos t\sin(t+\tau)]+E[Y^2\cos t\cos(t+\tau)]\\&=2\cos\tau.\end{aligned}$$

(2) 由(1)知 $Z(t)$为宽平稳的,但非严平稳,事实上可以证明

$$E[Z^3(t)]=2(\sin^3 t+\cos^3 t)$$

与 t 的取值有关,故非严平稳.

例 3 考虑一个具有随机相位的余弦波,它由如下定义的随机过程描述,

$$X(t)=\cos(\lambda t+\theta)(t\in\mathbf{R}),$$

其中 λ 是常数,θ 为一个具有有限二阶矩的随机变量,则可求得其数学期望和相关函数如下.

$$\begin{aligned}E[X(t)]&=E[\cos(\lambda t+\theta)]\\&=E[\cos\lambda t\cos\theta-\sin\lambda t\sin\theta]\\&=\cos\lambda tE(\cos\theta)-\sin\lambda tE(\sin\theta),\end{aligned}$$

$$\begin{aligned}R_X(t_1,t_2)&=E[\cos(\lambda t_1+\theta)\cos(\lambda t_2+\theta)]\\&=E\left[\frac{1}{2}\cos(\lambda t_1-\lambda t_2)+\frac{1}{2}\cos(\lambda t_1+\lambda t_2+2\theta)\right]\\&=\frac{1}{2}\cos\lambda(t_1-t_2)+\frac{1}{2}[\cos\lambda(t_1+t_2)E(\cos 2\theta)-\sin\lambda(t_1+t_2)E(\sin 2\theta)].\end{aligned}$$

当假定 θ 服从$(-\pi,\pi)$上的均匀分布时,则$\{X(t)\}$为宽平稳过程,此时

$$E(\cos 2\theta)=E(\sin 2\theta)=0,$$

因此

$$R_X(t_1,t_2)=\frac{1}{2}\cos\lambda(t_1-t_2).$$

例 4 考虑一个具有随机振幅的正弦波，它由如下定义的随机过程描述，

$$X(t)=\xi\cos 2\pi t+\eta\sin 2\pi t(t\in\mathbf{R}).$$

其中 ξ,η 为两个随机变量，且满足

$$E(\xi)=E(\eta)=0,$$
$$D(\xi)=D(\eta)=1,$$
$$E(\xi\eta)=0,$$

则可计算得

$$E[X(t)]=\cos^2\pi tE(\xi)+\sin^2\pi tE(\eta)=0,$$

$$\begin{aligned}R_X(t_1,t_2)=&\cos 2\pi t_1\cos 2\pi t_2E(\xi^2)+\sin 2\pi t_1\sin 2\pi t_2E(\eta^2)+\\&\cos 2\pi t_1\sin 2\pi t_2E(\xi\eta)+\sin 2\pi t_1\cos 2\pi t_2E(\xi\eta)\\=&\cos 2\pi(t_1-t_2),\end{aligned}$$

从而$\{X(t)\}$为一宽平稳过程.

例 5 试问 $X(t)=A\cos(\omega t+\theta)$是否具有遍历性？其中 A,ω 为常数，θ 为$[0,2\pi]$上服从均匀分布的随机变量.

解：由时间均值和时间相关函数的定义可直接计算时间均值和时间相关函数

$$\begin{aligned}\langle X(t)\rangle&=\lim_{T\to+\infty}\frac{1}{2T}\int_{-T}^{T}X(t)\mathrm{d}t\\&=\lim_{T\to+\infty}\frac{1}{2T}\int_{-T}^{T}A\cos(\omega t+\theta)\mathrm{d}t\\&=\lim_{T\to+\infty}\frac{A\sin\omega T\cos\theta}{\omega T}=0,\end{aligned}$$

$$\begin{aligned}\langle X(t)X(t+\tau)\rangle&=\lim_{T\to+\infty}\frac{1}{2T}\int_{-T}^{T}X(t)X(t+\tau)\mathrm{d}t\\&=\lim_{T\to+\infty}\frac{1}{2T}\int_{-T}^{T}A^2\cos(\omega t+\omega\tau+\theta)\cos(\omega t+\theta)\mathrm{d}t\\&=\frac{A^2}{2}\cos\omega\tau,\end{aligned}$$

再计算

$$\mu_X=E[X(t)]=0,$$

$$R_X^2(\tau)=\{E[X(t+\tau)X(t)]\}^2=\{E[Y(t)]\}^2=\mu_Y^2,$$

于是有

$$\begin{aligned}B(u)&=E[X(t+\tau+u)X(t+u)X(t+\tau)X(t)]\\&=E\{[X(t+\tau+u)X(t+u)][X(t+\tau)X(t)]\}\\&=E[Y(t+u)Y(t)]=R_Y(u),\end{aligned}$$

将上面两个结果代入相关函数各态历经性定理的充要条件可得

$$\lim_{T\to+\infty}\frac{1}{T}\int_0^{2T}\left(1-\frac{u}{2T}\right)[R_Y(u)-\mu_Y^2]\mathrm{d}u=0. \tag{7.1}$$

(7.1)式与均值各态历经性定理比较可以看出，自相关函数 $R_Y(\tau)$ 具有遍历性的充要条件是$Y(t)$的时间均值 $\langle Y(t)\rangle=\lim\limits_{T\to+\infty}\dfrac{1}{2T}\int_{-T}^{T}Y(t)\mathrm{d}t$ 满足

$$\mathrm{Var}(\langle Y(t)\rangle)=0.$$

在均值各态历经性定理中，充要条件是过程 $X(t)$的时间均值$\langle X(t)\rangle$的方差为零，在自相关函数 $R_X(\tau)$的遍历性定理中，过程 $Y(t)=X(t+\tau)X(t)$的时间均值的方差为零. 这样容易理解自相关函数 $R_X(\tau)$的遍历性定理的含义.

例 6 设平稳过程$\{X(t),t\in T\}$的自相关函数 $R_X(\tau)=\mathrm{e}^{-2\lambda|\tau|}$，讨论该过程均值的遍历性，其中 $E[X(t)]=\mu_X=0$.

解:由均值各态历经性定理知

$$\begin{aligned}&\lim_{T\to+\infty}\frac{1}{T}\int_0^{2T}\left(1-\frac{\tau}{2T}\right)[R_X(\tau)-\mu_X^2]\mathrm{d}\tau\\&=\lim_{T\to+\infty}\frac{1}{T}\int_0^{2T}\left(1-\frac{\tau}{2T}\right)\mathrm{e}^{-2\lambda\tau}\mathrm{d}\tau\\&=\lim_{T\to+\infty}\frac{1}{2\lambda T}\left(1-\frac{1-\mathrm{e}^{-4\lambda T}}{4\lambda T}\right)=0,\end{aligned}$$

故 $X(t)$的均值是遍历的.

例 7 (续例 5)设 $X(t)=A\cos(\omega t+\theta)$，$\theta\sim U(0,2\pi)$，$\omega\neq0$，则 $X=\{X(t),-\infty<t<+\infty\}$的均值有遍历性.

证明:已计算出

$$E[X(t)]=0,$$

$$R_X(\tau)=\frac{A^2}{2}\cos\tau\omega,$$

故 X 为平稳的. 由于

$$\begin{aligned}\frac{1}{T}\int_0^{2T}\left(1-\frac{\tau}{2T}\right)R_X(\tau)\mathrm{d}\tau&=\frac{A^2}{2T}\int_0^{2T}\left(1-\frac{\tau}{2T}\right)\cos\omega\tau\mathrm{d}\tau\\&=\frac{A^2}{2T}\frac{\sin 2T\omega}{\omega}-\frac{A^2}{4T^2}\int_0^{2T}\tau\cos\omega\tau\mathrm{d}\tau,\end{aligned} \tag{7.2}$$

由微分第二中值定理，(7.2)式第二项中的

$$\left|\int_0^{2T}\tau\cos\omega\tau\mathrm{d}\tau\right|=2T\left|\int_\xi^{2T}\cos\omega\tau\mathrm{d}\tau\right|\leqslant\frac{4T}{\omega}\text{，其中 }\xi\in(0,2T)$$

将此结果代入原式即知

$$\frac{1}{T}\int_0^{2T}\left(1-\frac{\tau}{2T}\right)R_X(\tau)\mathrm{d}\tau\to0,(T\to+\infty),$$

故知 X 有均值遍历性.

例 8 设随机序列$\{X_n, n=0,\pm1,\cdots\}$满足

$$X_n = \sum_{k=0}^{m}(A_k\cos n\omega_k + B_k\sin n\omega_k),$$

其中 $A_0, A_1, \cdots, A_m; B_0, B_1, \cdots, B_m$ 是均值为 0 且两两不相关的随机变量,又 $E(A_k^2)=E(B_k^2)=\sigma_k^2(0\leqslant k\leqslant m)$,$0<\omega_k<2\pi$,试考察其均值的遍历性.

解:可算得

$$E(X_n)=0(n=0,\pm1,\cdots),$$

$$R(\tau) = \sum_{k=0}^{m}\sigma_k^2\cos\tau\omega_k,$$

由三角求和公式

$$\frac{1}{2}+\cos x+\cdots+\cos nx=\frac{\sin\left(n+\frac{1}{2}\right)x}{2\sin\frac{x}{2}},$$

得

$$\begin{aligned}\frac{1}{N}\left|\sum_{\tau=0}^{N-1}R(\tau)\right| &= \frac{1}{N}\left|\sum_{\tau=0}^{N-1}\sum_{k=0}^{m}\sigma_k^2\cos\tau\omega_k\right| \\ &\leqslant \frac{1}{N}\sum_{k=0}^{m}\sigma_k^2\left|\sum_{\tau=0}^{N-1}\cos\tau\omega_k\right| \\ &= \frac{1}{N}\sum_{k=0}^{m}\sigma_k^2\left|\frac{\sin(N-1/2)\omega_k}{2\sin(\omega_k/2)}-\frac{1}{2}\right| \\ &\leqslant \frac{1}{N}\sum_{k=0}^{m}\sigma_k^2\,\frac{1}{2\sin(\omega_k/2)}\to 0\ (N\to\infty),\end{aligned}$$

故平稳序列 X 的均值有遍历性.

在实际应用中,只考虑定义在 $0\leqslant t\leqslant+\infty$ 上的平稳过程. 经常是利用一次长时间的观测试验记录,记录时间为$[0,T]$,有下列近似公式

$$\mu_T \approx \frac{1}{T}\int_0^T X(t)\,\mathrm{d}t = < X(t) >,$$

$$R_{X_T}(\tau) \approx < X(t+\tau)X(t) > = \frac{1}{T-\tau}\int_{\tau}^{T-\tau} X(t+\tau)X(t)\,\mathrm{d}t,$$

还可用有限和代替积分:记录在$[0,T]$上的 n 个数据 $X(t_i)(i=1,\cdots,n)$,有估计式

$$\langle X(t)\rangle \approx \frac{1}{n}\sum_{i=1}^{n}X(t_i),$$

$$R_{X_T}(\tau) = \langle X(t+\tau)X(t)\rangle \approx \frac{1}{n-m}\sum_{i=1}^{n-m}x(t_{i+m})x(t_i),$$

其中 $\tau = m\,\frac{T}{n}(m=0,1,2,\cdots)$.

遍历性定理的重要价值在于它从理论上说明了平稳过程只要满足定理的各条件，便可以从一次试验所得过程 $X(t)$ 的样本函数来确定该过程的均值和自相关函数. 但在检验相关函数遍历性时，需要知道四阶矩，因此验证其遍历性较困难. 事实上，大多数平稳过程都能满足遍历性定理的条件，所以在解决实际问题时往往是事先假定所研究的平稳过程具有遍历性，并从这一假设出发，对各种数据资料进行处理，检验所得结果与实际是否符合；如果不符，则需另作假设和处理.

例 9 设随机电报信号 $X(t)$ 的自相关函数为 $R_X(\tau)=e^{-\lambda|\tau|}(\lambda>0)$，求谱密度 $S_X(\omega)$.

解：
$$\begin{aligned} S_X(\omega) &= \int_{-\infty}^{+\infty} R_X(\tau)e^{-i\omega\tau}d\tau = \int_{-\infty}^{+\infty} e^{-\lambda|\tau|}e^{-i\omega\tau}d\tau \\ &= \int_{-\infty}^{0} e^{(\lambda-i\omega)\tau}d\tau + \int_{0}^{+\infty} e^{-(\lambda+i\omega)\tau}d\tau \\ &= \frac{1}{\lambda-i\omega}e^{(\lambda-i\omega)\tau}\Big|_{-\infty}^{0} - \frac{1}{\lambda+i\omega}e^{-(\lambda+i\omega)\tau}\Big|_{0}^{+\infty} \\ &= \frac{1}{\lambda-i\omega}+\frac{1}{\lambda+i\omega} = \frac{2\lambda}{\lambda^2+\omega^2}. \end{aligned}$$

例 10 若平稳过程 $X(t)$ 的功率谱密度为 $S_X(\omega)=\dfrac{1}{(1+\omega^2)^2}$，求自相关函数.

解：若自相关函数

$$R_Y(\tau)=\frac{1}{2}e^{-|\tau|},$$

则其谱密度为

$$S_Y(\omega)=\frac{1}{1+\omega^2},$$

因为

$$S_X(\omega)=[S_Y(\omega)]^2,$$

所以

$$R_X(\tau) = R_Y(\tau) * R_Y(\tau) = \int_{-\infty}^{+\infty} \frac{1}{2}e^{-|t|}\,\frac{1}{2}e^{-|\tau-t|}dt.$$

当 $\tau\geqslant 0$ 时，

$$\begin{aligned} R_X(\tau) &= \frac{1}{4}\left[\int_{-\infty}^{0} e^{t}e^{-(\tau-t)}dt + \int_{0}^{\tau} e^{-t}e^{-(\tau-t)}dt + \int_{\tau}^{+\infty} e^{-t}e^{\tau-t}dt\right] \\ &= \frac{1}{4}\left[\frac{1}{2}e^{-\tau}+\tau e^{-\tau}+\frac{1}{2}e^{-\tau}\right] = \frac{1}{4}[e^{-\tau}+\tau e^{-\tau}] \\ &= \frac{1}{4}[e^{-|\tau|}+|\tau|e^{-|\tau|}]\text{（因为 } R_X(-\tau)=R_X(\tau)\text{）} \end{aligned}$$

例 11 考虑一随机过程 $X(t)$，自相关函数为 $R_X(\tau)$，功率谱密度为 $S_X(\omega)$，若 $S_X(\omega)=0,|\omega|>\omega_0$，证明：

(1) $R_X(0)-R_X(\tau)\leqslant\dfrac{1}{2}R_X(0)\omega_0^2\tau^2$；

(2) $P\{|X(t+\tau)-X(t)|>\varepsilon\}\leqslant\dfrac{\omega_0^2\tau^2E[X^2(t)]}{\varepsilon^2}\ (\varepsilon>0)$.

证明:(1) 由$|\sin \omega\tau| \leqslant |\omega\tau|$可得

$$1-\cos \omega\tau=2\sin^2 \frac{\omega\tau}{2} \leqslant \frac{\omega^2\tau^2}{2}.$$

由给定条件有

$$\begin{aligned} R_X(0)-R_X(\tau) &= \frac{1}{2\pi}\int_{-\omega_0}^{\omega_0} S(\omega)(1-\cos \omega\tau)\mathrm{d}\omega \\ &\leqslant \frac{1}{2\pi}\int_{-\omega_0}^{\omega_0} S(\omega) \frac{\omega^2\tau^2}{2}\mathrm{d}\omega \\ &\leqslant \frac{\omega_0^2\tau^2}{2} \frac{1}{2\pi}\int_{-\omega_0}^{\omega_0} S(\omega)\mathrm{d}\omega \\ &= \frac{\omega_0^2\tau^2}{2}R_X(0), \end{aligned}$$

故

$$R_X(0)-R_X(\tau) \leqslant \frac{1}{2}R_X(0)\omega_0^2\tau^2.$$

(2) 利用切比雪夫不等式有

$$\begin{aligned} P\{|X(t+\tau)-X(t)|>\varepsilon\} &\leqslant \frac{E\{|X(t+\tau)-X(t)|^2\}}{\varepsilon^2} \\ &= \frac{2[R_X(0)-R_X(\tau)]}{\varepsilon^2}. \end{aligned}$$

由

$$R_X(0)-R_X(\tau) \leqslant \frac{1}{2}R_X(0)\omega_0^2\tau^2,$$

且

$$R_X(0)=E[X^2(t)],$$

则

$$P\{|X(t+\tau)-X(t)|>\varepsilon\} \leqslant \frac{\omega_0^2\tau^2 E[X^2(t)]}{\varepsilon^2}.$$

例 12 设 $X(t)$为一个二元波过程,它的一个样本函数如图 7.1 所示,已知在每个单位长度的时间间隔内波形取正、负值的概率均为$\frac{1}{2}$,假定任一间隔内波形的取值与任何其他间隔的取值无关,为使过程具有平稳性,在图中有意不设定时间轴的原点,求 $X(t)$的自相关函数和功率谱密度.

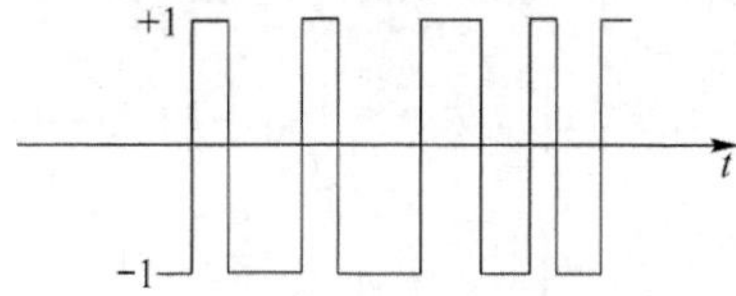

图 7.1

解:令 $X_1=X(t_1),X_2=X(t_2)$,根据相关函数的定义有

$$
\begin{aligned}
R_X(t_1,t_2)&=E[X_1(t)X_2(t)]=E[X_1X_2]\\
&=1\times1\cdot P\{X_1=1,X_2=1\}+1\times(-1)\cdot P\{X_1=1,X_2=-1\}+\\
&\quad(-1)\times1\cdot P\{X_1=-1,X_2=1\}+(-1)\times(-1)\cdot P\{X_1=-1,X_2=-1\}\\
&=P\{X_1=1|X_2=1\}P\{X_2=1\}-P\{X_1=1|X_2=-1\}P\{X_2=-1\}-\\
&\quad P\{X_1=-1|X_2=1\}P\{X_2=1\}+P\{X_1=-1|X_2=-1\}P\{X_2=-1\}.
\end{aligned}
$$

已知

$$P\{X_i=1\}=P\{X_i=-1\}=\frac{1}{2}(i=1,2),$$

以及

$$f_1(\tau)=f_2(\tau)=\begin{cases}\sigma/\sqrt{\tau_0}, & -\dfrac{\tau_0}{2}\leqslant\tau\leqslant\dfrac{\tau_0}{2},\\ 0, & \text{其他},\end{cases}$$

且 $f_1(\tau)$和 $f_2(\tau)$的傅里叶变换为

$$F(\omega)=\frac{2\sigma\sin(\omega\tau_0/2)}{\sqrt{\tau_0}\,\omega},$$

由时域卷积定理可得

$$S_X(\omega)=\frac{4\sigma^2\sin^2(\omega\tau_0/2)}{\tau_0\omega^2}.$$

下面图形列出了若干随机过程 $X(t)$的自相关函数 $R_X(\tau)$及对应的功率谱密度 $S_X(\omega)$.

在实际问题中常常遇到这样一些平稳过程,它们的自相关函数或谱密度在正常意义下的傅里叶变换或逆变换是不存在的,如常数和正弦函数等.但如果允许谱密度和自相关函数含有 δ 函数,则在新的意义下利用 δ 函数的傅里叶变换性质,能使实际问题得到圆满解决.

由 δ 函数的定义可知

$$\int_{-\infty}^{+\infty}\delta(\tau)f(\tau)\mathrm{d}\tau=f(0),$$

由此,可以写出以下傅里叶变换对

$$\int_{-\infty}^{+\infty}\frac{1}{2\pi}\mathrm{e}^{-\mathrm{i}\omega\tau}\mathrm{d}\tau=\delta(\omega)\leftrightarrow\frac{1}{2\pi}=\frac{1}{2\pi}\int_{-\infty}^{+\infty}\delta(\omega)\mathrm{e}^{\mathrm{i}\omega\tau}\mathrm{d}\omega,$$

$$\int_{-\infty}^{+\infty}\delta(\tau)\mathrm{e}^{-\mathrm{i}\omega\tau}\mathrm{d}\tau=1\leftrightarrow\delta(\tau)=\frac{1}{2\pi}\int_{-\infty}^{+\infty}1\times\mathrm{e}^{\mathrm{i}\omega\tau}\mathrm{d}\omega.$$

上式表明:当自相关函数 $R(\tau)=1$ 时,谱密度 $S_X(\omega)=2\pi\delta(\omega)$;其次,还可求得正弦型自相关函数 $R_X(\tau)=a\cos\omega_0\tau$ 的谱密度为

$$
\begin{aligned}
S_X(\omega)&=\int_{-\infty}^{+\infty}a\cos\omega_0\tau\mathrm{e}^{-\mathrm{i}\omega\tau}\mathrm{d}\tau\\
&=\frac{a}{2}\int_{-\infty}^{+\infty}(\mathrm{e}^{\mathrm{i}\omega_0\tau}+\mathrm{e}^{-\mathrm{i}\omega_0\tau})\mathrm{e}^{-\mathrm{i}\omega\tau}\mathrm{d}\tau\\
&=\frac{a}{2}\left[\int_{-\infty}^{+\infty}\mathrm{e}^{-\mathrm{i}(\omega-\omega_0)\tau}\mathrm{d}\tau+\int_{-\infty}^{+\infty}\mathrm{e}^{-\mathrm{i}(\omega+\omega_0)\tau}\mathrm{d}\tau\right]\\
&=a\pi[\delta(\omega-\omega_0)+\delta(\omega+\omega_0)].
\end{aligned}
$$

由上式可见，自相关函数为常数或正弦型函数的平稳过程，其谱密度是离散的，如图 7.2 所示.

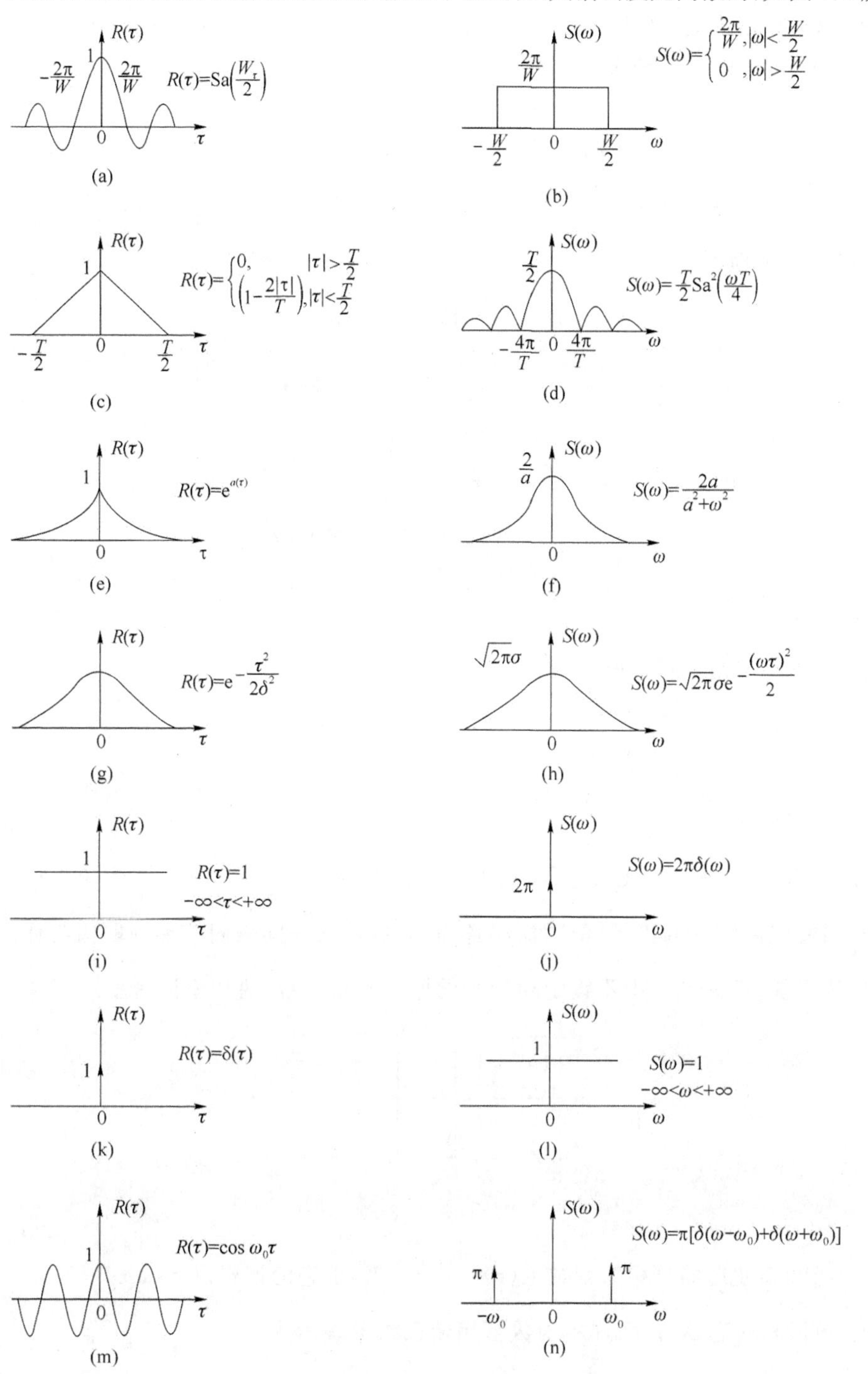

图 7.2

下面给出一个应用 δ 函数求谱密度的例子.

例 13 利用维纳-辛钦定理求随机相位正弦波 $X(t)=\cos(\omega_0 t+\Theta)$ 的谱密度,其随机相位 Θ 在 $[0,2\pi]$ 内均匀分布.

解:
$$\begin{aligned}R_X(t_1,t_2)&=E[X(t_1)X(t_2)]\\&=E[\cos(\omega_0 t_1+\Theta)\cos(\omega_0 t_2+\Theta)]\\&=\frac{1}{2}\cos\omega_0(t_1-t_2)=\frac{1}{2}\cos\omega_0\tau=R_X(\tau)\ (\tau=t_1-t_2),\end{aligned}$$

由维纳-辛钦定理可得

$$\begin{aligned}S_X(\omega)&=\int_{-\infty}^{+\infty}R_X(\tau)\mathrm{e}^{-\mathrm{i}\omega\tau}\mathrm{d}\tau\\&=\frac{1}{2}\int_{-\infty}^{+\infty}\mathrm{e}^{-\mathrm{i}\omega\tau}\cos\omega_0\tau\mathrm{d}\tau\\&=\frac{1}{4}\int_{-\infty}^{+\infty}[\mathrm{e}^{-\mathrm{i}(\omega-\omega_0)\tau}+\mathrm{e}^{-\mathrm{i}(\omega+\omega_0)\tau}]\mathrm{d}\tau\\&=\frac{\pi}{2}[\delta(\omega-\omega_0)+\delta(\omega+\omega_0)].\end{aligned}$$

7.3.2 习题

1. 求下列函数的傅里叶积分

(1) $f(t)=\begin{cases}1-t^2, & t^2<1,\\0, & t^2\geqslant 1.\end{cases}$

(2) $f(t)=\begin{cases}0, & t<0,\\\mathrm{e}^{-t}\sin 2t, & t\geqslant 0.\end{cases}$

2. 设 $X(t)$ 为一个二元波过程,它的一个样本函数如图 7.3 所示,已知在每个单位长度的时间间隔内波形取正、负值的概率各为 $\frac{1}{2}$,假定任一间隔内波形的取值与任何其他间隔的取值无关(即图 7.3 中不设定时间轴的原点),求 $X(t)$ 的功率谱密度.

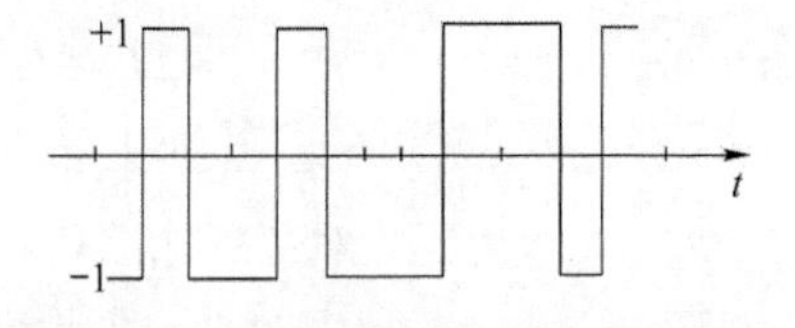

图 7.3

3. 已知某波形的自相关函数 $R(\tau)=\frac{1}{4}\mathrm{e}^{-2a|t|}$,求它的谱密度 $S(\omega)$.

4. 若随机过程 $X(t)$ 的样本函数可用傅氏级数表示为

$$X(t)=\frac{a_0}{2}+\sum_{n=1}^{\infty}\{a_n\cos[n\omega_0(t+t_0)]+b_n\sin[n\omega_0(t+t_0)]\},$$

其中 t_0 是在一个周期内均匀分布的随机变量,a_n,b_n 是常数,试求出 $X(t)$的功率谱密度.

5. 已知某波形的相关函数 $R(\tau)=\frac{1}{2}\cos\omega_0\tau$($\omega_0$ 为常数),求该波形的谱密度.

7.4 习题答案

1. (1) $f(t)=\frac{4}{\pi}\int_0^{+\infty}\frac{\sin\omega-\omega\cos\omega}{\omega^2}\cos(\omega t)\mathrm{d}\omega$,

   (2) $f(t)=\frac{2}{\pi}\int_0^{+\infty}\frac{(5-\omega^2)\cos(\omega t)+2\omega\sin(\omega t)}{25-6\omega^2+\omega^4}\mathrm{d}\omega$.

2. $S(\omega)=\dfrac{\sin^2\left(\frac{\omega}{2}\right)}{\left(\frac{\omega}{2}\right)^2}$.

3. $S(\omega)=\dfrac{a}{4a^2+\omega^2}$.

4. $S(\omega)=\frac{\pi}{2}a_0^2\delta(\omega)+\sum_{n=1}^{\infty}\frac{a_n^2+b_n^2}{2}\pi[\delta(\omega-n\omega_0)+\delta(\omega+n\omega_0)]$.

5. $S(\omega)=\frac{\pi}{2}[\delta(\omega-\omega_0)+\delta(\omega+\omega_0)]$.

第三篇

数理统计

第8章　数理统计的基本概念与采样分布

8.1　内容提要

1. 基本概念

(1) **总体**　所研究对象(数量指标)的全体称为总体,记为 X,X 为随机变量.

(2) **样本与样本值**　对总体 X 进行 n 次观测所得到的一切可能结果$(X_1,X_2,\cdots,X_n)$称为来自总体 X 的样本;而一组确切的结果$(x_1,x_2,\cdots,x_n)$称为来自该总体的一个样本值,n 称为样本容量.

(3) **简单随机样本**　如果 $X_1,X_2,\cdots,X_n$ 独立、同分布于总体分布,则称$(X_1,X_2,\cdots,X_n)$为简单随机样本(简称为样本).

当总体的分布函数为 $F(x)$时,则来自该总体的简单随机样本$(X_1,X_2,\cdots,X_n)$的分布函数便为

$$F_n(x_1,x_2,\cdots,x_n)=\prod_{i=1}^{n}F(x_i),$$

对于分布律和概率密度有类似的结果.

(4) **统计量**　不含未知参数的样本的函数称为统计量.

两个常用统计量如下:

样本均值　$$\overline{X}=\frac{1}{n}\sum_{i=1}^{n}X_i,$$

样本方差　$$S^2=\frac{1}{n-1}\sum_{i=1}^{n}(X_i-\overline{X})^2.$$

2. 三个重要分布

(1) **χ^2 分布**　若 $X_1,X_2,\cdots,X_n$ 独立同分布于 $N(0,1)$,则

$$\chi^2=\sum_{i=1}^{n}X_i^2\sim\chi^2(n).$$

上侧 α 分位点 $\chi_\alpha^2(n)$:$P\{\chi^2>\chi_\alpha^2(n)\}=\alpha$. 当 $n>45$ 时,$\chi_\alpha^2(n)\approx\sqrt{2n}u_\alpha+n$.

(2) **t 分布**　若 $X\sim N(0,1)$，$Y\sim\chi^2(n)$，且 X,Y 相互独立，则

$$T=\frac{X}{\sqrt{Y/n}}\sim t(n),$$

上侧 α 分位点 $t_\alpha(n)$：$P\{T>t_\alpha(n)\}=\alpha$. 当 $n>45$ 时，$t_\alpha(n)\approx u_\alpha$.

(3) **F 分布**　若 $X\sim\chi^2(n_1)$，$Y\sim\chi^2(n_2)$，且 X,Y 相互独立，则称

$$F=\frac{X/n_1}{Y/n_2}\sim F(n_1,n_2),$$

上侧 α 分位点 $F_\alpha(n_1,n_2)$：$P\{F>F_\alpha(n_1,n_2)\}=\alpha$，并注意到：$F_\alpha(n_1,n_2)=\dfrac{1}{F_{1-\alpha}(n_2,n_1)}$.

3. 采样分布

表 8.1 给出采样分布的主要结果：

表 8.1

总体分布	样本函数	分布
单个正态总体 $N(\mu,\sigma^2)$	$U=\dfrac{\overline{X}-\mu}{\sigma/\sqrt{n}}$	$N(0,1)$
	$T=\dfrac{\overline{X}-\mu}{S/\sqrt{n}}$	$t(n-1)$
	$\chi^2=\dfrac{(n-1)S^2}{\sigma^2}$	$\chi^2(n-1)$
两个正态总体 $N(\mu_1,\sigma_1^2),N(\mu_2,\sigma_2^2)$	$U=\dfrac{\overline{X}-\overline{Y}-(\mu_1-\mu_2)}{\sqrt{\dfrac{\sigma_1^2}{n_1}+\dfrac{\sigma_2^2}{n_2}}}$	$N(0,1)$
	$T=\dfrac{\overline{X}-\overline{Y}-(\mu_1-\mu_2)}{\sqrt{\dfrac{(n_1-1)S_1^2+(n_2-1)S_2^2}{n_1+n_2-2}}\sqrt{\dfrac{1}{n_1}+\dfrac{1}{n_2}}}$ (当 $\sigma_1^2=\sigma_2^2$ 时)	$t(n_1+n_2-2)$
	$F=\dfrac{S_1^2/\sigma_1^2}{S_2^2/\sigma_2^2}$	$F(n_1-1,n_2-1)$

8.2 基本要求

1. 理解总体、简单随机样本、统计量、样本均值及样本方差等概念.

2. 了解 χ^2 分布、t 分布、F 分布的概念及性质，了解上侧 α 分位点的概念并会查表计算.

3. 了解正态总体的常用采样分布.

8.3 A类例题与习题

8.3.1 例题

例 1 设总体服从 $X\sim b(1,p)$，$(X_1,X_2,\cdots,X_n)$为来自该总体的样本，又设 $\overline{X}=\frac{1}{n}\sum_{i=1}^{n}X_i$，$S_n^2=\frac{1}{n}\sum_{i=1}^{n}(X_i-\overline{X})^2$，证明：$S_n^2=\overline{X}(1-\overline{X})$.

证明：因为 $X\sim b(1,p)$，所以 $X_i\sim b(1,p)$，$i=1,2,\cdots,n$. 即每个 X_i 的可能取仅为 0 或 1，从而 $X_i=X_i^2$，$i=1,2,\cdots,n$. 于是有 $\sum_{i=1}^{n}X_i=\sum_{i=1}^{n}X_i^2$，即有 $n\overline{X}=\sum_{i=1}^{n}X_i^2$，所以

$$S_n^2=\frac{1}{n}\sum_{i=1}^{n}(X_i-\overline{X})^2=\frac{1}{n}\left(\sum_{i=1}^{n}X_i^2-n\overline{X}^2\right)=\frac{1}{n}(n\overline{X}-n\overline{X}^2)=\overline{X}(1-\overline{X}).$$

例 2 (单项选择题)设总体 $X\sim U\left[\frac{1}{2}-\theta,\frac{1}{2}+\theta\right]$，其中 $\theta>0$ 为未知参数，又设$(X_1,X_2,\cdots,X_n)$为来自该总体的样本，则当 $S_n^2=\frac{1}{n}\sum_{i=1}^{n}(X_i-\mu)^2$ 中的 μ 为(　　)时，S_n^2 不是统计量.

A. $\frac{1}{n}\sum_{i=1}^{n}X_i$　　B. $\max_{1\leqslant i\leqslant n}\{X_i\}$　　C. $E(X)$　　D. $\sqrt{D(X)}$

解：本题应选择 D.

根据统计量是样本的函数，但它不能含有未知参数，否则就不是统计量的概念进行判断.

显然，当 μ 为 A,B 时，S_n^2 是统计量.

由于 $X\sim U\left[\frac{1}{2}-\theta,\frac{1}{2}+\theta\right]$，于是 $E(X)=\frac{1}{2}$，此时

$$S_n^2=\frac{1}{n}\sum_{i=1}^{n}\left(X_i-\frac{1}{2}\right)^2,$$

所以当 μ 为 C 时，S_n^2 也是统计量. 而 $\sqrt{D(X)}=\sqrt{\frac{(2\theta)^2}{12}}=\frac{\theta}{\sqrt{3}}$，此时

$$S_n^2=\frac{1}{n}\sum_{i=1}^{n}\left(X_i-\frac{\theta}{\sqrt{3}}\right)^2,$$

因此，当 μ 为 D 时，S_n^2 不是统计量.

例 3 设$(X_1,X_2,\cdots,X_{16})$是来自正态总体 $N(0,4)$的样本，试问下列统计量服从什么分布？

(1) $Z_1=\frac{1}{4\sqrt{2}}\sum_{i=1}^{8}X_i$；(2) $Z_2=\frac{1}{4}\sum_{i=9}^{16}X_i^2$；(3) $Z_3=\frac{\sum_{i=1}^{8}X_i}{\sqrt{\sum_{i=9}^{16}X_i^2}}$；(4) $Z_4=\frac{\sum_{i=1}^{12}X_i^2}{3\sum_{i=13}^{16}X_i^2}$.

解:(1) 由于 $X_i\sim N(0,4),i=1,2,\cdots,8$. 且相互独立，于是 $\sum_{i=1}^{8}X_i\sim N(0,32)$. 标准化后，便得

$$Z_1=\frac{1}{4\sqrt{2}}\sum_{i=1}^{8}X_i\sim N(0,1);$$

(2) 由于$\frac{X_i}{2}\sim N(0,1),i=9,10,\cdots,16$,且相互独立. 再由 χ^2 分布的定义可知

$$Z_2=\sum_{i=9}^{16}\left(\frac{X_i}{2}\right)^2=\frac{1}{4}\sum_{i=9}^{16}X_i^2\sim\chi^2(8);$$

(3) 由(1)和(2)的结果及 t 分布的定义，并注意到 Z_1 与 Z_2 相互独立，便得

$$Z_3=\frac{\sum_{i=1}^{8}X_i}{\sqrt{\sum_{i=9}^{16}X_i^2}}=\frac{\sum_{i=1}^{8}X_i\Big/4\sqrt{2}}{\sqrt{\frac{\sum_{i=9}^{16}X_i^2}{4}\Big/8}}=\frac{Z_1}{\sqrt{Z_2/8}}\sim t(8);$$

(4) 由于 $\sum_{i=1}^{12}\left(\frac{X_i}{2}\right)^2\sim\chi^2(12),\sum_{i=13}^{16}\left(\frac{X_i}{2}\right)^2\sim\chi^2(4)$，且 $\sum_{i=1}^{12}\left(\frac{X_i}{2}\right)^2$ 与 $\sum_{i=13}^{16}\left(\frac{X_i}{2}\right)^2$ 相互独立，再由 F 分布的定义可知

$$Z_4=\frac{\sum_{i=1}^{12}X_i^2}{3\sum_{i=13}^{16}X_i^2}=\frac{\sum_{i=1}^{12}\left(\frac{X_i}{2}\right)^2\Big/12}{\sum_{i=13}^{16}\left(\frac{X_i}{2}\right)^2\Big/4}\sim F(12,4).$$

例 4 设总体 $X\sim N(\mu,\sigma^2)$，$(X_1,X_2,\cdots,X_n)$是来自该总体的样本. 样本均值为$\overline{X}$，样本方差为 S^2.

(1) 设 $n=25$，求 $P\{\mu-0.2\sigma<\overline{X}<\mu+0.2\sigma\}$；

(2) 要使 $P\{|\overline{X}-\mu|>0.1\sigma\}\leqslant 0.05$，问样本容量 n 至少应等于多少？

(3) 设 $n=10$，求使 $P\{\mu-\lambda S<\overline{X}<\mu+\lambda S\}=0.90$ 的 λ；

(4) 设 $n=10$，求使 $P\{S^2>\lambda\sigma^2\}=0.95$ 的 λ.

解:(1) 由于$\frac{\overline{X}-\mu}{\sigma/\sqrt{n}}\sim N(0,1)$，于是

$$P\{\mu-0.2\sigma<\overline{X}<\mu+0.2\sigma\}=P\left\{-0.2\sqrt{n}<\frac{\overline{X}-\mu}{\sigma/\sqrt{n}}<0.2\sqrt{n}\right\}$$

$$=P\left\{-1<\frac{\overline{X}-\mu}{\sigma/\sqrt{25}}<1\right\}=2\Phi(1)-1$$

$$=2\times0.8413-1=0.6826.$$

(2) $P\{|\overline{X}-\mu|>0.1\sigma\}=P\left\{\left|\frac{\overline{X}-\mu}{\sigma/\sqrt{n}}\right|>0.1\sqrt{n}\right\}=2-2\Phi(0.1\sqrt{n})\leqslant0.05,$

解得

$$\Phi(0.1\sqrt{n})\geqslant0.975.$$

查标准正态分布表，得 $\Phi(1.96)=0.975$，因而要求 $0.1\sqrt{n}\geqslant1.96$，解得

$$n\geqslant1.96^2\times100=384.16,$$

所以样本容量 n 至少应等于 385.

(3) 由于 $\frac{\overline{X}-\mu}{S/\sqrt{n}}\sim t(n-1)$，于是

$$P\{\mu-\lambda S<\overline{X}<\mu+\lambda S\}=P\left\{-\lambda\sqrt{n}<\frac{\overline{X}-\mu}{S/\sqrt{n}}<\lambda\sqrt{n}\right\}$$

$$=1-2P\left\{\frac{\overline{X}-\mu}{S/\sqrt{n}}\geqslant\lambda\sqrt{n}\right\}=0.90,$$

解得

$$P\left\{\frac{\overline{X}-\mu}{S/\sqrt{n}}\geqslant\lambda\sqrt{n}\right\}=0.05.$$

查 t 分布表得上侧分位点 $t_{0.05}(9)=1.833$，于是

$$\lambda\sqrt{10}=1.833,$$

解得　$\lambda=0.580$.

(4) 由于 $\frac{(n-1)S^2}{\sigma^2}\sim\chi^2(n-1)$，因而

$$P\{S^2>\lambda\sigma^2\}=P\left\{\frac{(n-1)S^2}{\sigma^2}>(n-1)\lambda\right\}=0.95,$$

查 χ^2 分布表，得上侧分位点 $\chi^2_{0.95}(9)=3.325$，即有

$$(n-1)\lambda=9\lambda=3.325,$$

解得　$\lambda=0.369$.

例 5　设总体 $X\sim N(\mu,\sigma^2)$，抽出容量为 20 的样本 $X_1,\cdots,X_{20}$，求概率

(1) $P\left\{10.9\leqslant\frac{1}{\sigma^2}\sum_{i=1}^{20}(X_i-\mu)^2\leqslant37.6\right\}$;

(2) $P\left\{11.7 \leqslant \frac{1}{\sigma^2}\sum_{i=1}^{20}(X_i-\overline{X})^2 \leqslant 38.6\right\}$.

解:(1) 由于$\frac{X_i-\mu}{\sigma}\sim N(0,1)$,$i=1,2,\cdots,20$,并根据 χ^2 的定义可知

$$\frac{1}{\sigma^2}\sum_{i=1}^{20}(X_i-\mu)^2 = \sum_{i=1}^{20}\left(\frac{X_i-\mu}{\sigma}\right)^2 \sim \chi^2(20),$$

所以

$$\begin{aligned}&P\left\{10.9 \leqslant \frac{1}{\sigma^2}\sum_{i=1}^{20}(X_i-\mu)^2 \leqslant 37.6\right\}\\&= P\left\{\frac{1}{\sigma^2}\sum_{i=1}^{20}(X_i-\mu)^2 > 10.9\right\} - P\left\{\frac{1}{\sigma^2}\sum_{i=1}^{20}(X_i-\mu)^2 > 37.6\right\}\\&= 0.95-0.01=0.94.\end{aligned}$$

(2) 由采样分布定理可知

$$\frac{1}{\sigma^2}\sum_{i=1}^{20}(X_i-\overline{X})^2 \sim \chi^2(19),$$

所以

$$\begin{aligned}&P\left\{11.7 \leqslant \frac{1}{\sigma^2}\sum_{i=1}^{20}(X_i-\overline{X})^2 \leqslant 38.6\right\}\\&= P\left\{\frac{1}{\sigma^2}\sum_{i=1}^{20}(X_i-\overline{X})^2 > 11.7\right\} - P\left\{\frac{1}{\sigma^2}\sum_{i=1}^{20}(X_i-\overline{X})^2 > 38.6\right\}\\&= 0.90-0.005=0.895.\end{aligned}$$

8.3.2 习题

1. 单项选择题

(1) 设总体的概率密度为 $f(x)=\begin{cases}\lambda e^{-\lambda x}, & x\geqslant 0,\\ 0, & x<0,\end{cases}$,其中 $\lambda>0$ 为未知参数,又设$(X_1, X_2,\cdots,X_n)$为来自该总体的样本,则当 $S_n^2=\frac{1}{n}\sum_{i=1}^{n}(X_i-\mu)^2$ 中的 μ 为(　　)时,S_n^2 不是统计量.

A. $\frac{1}{n}\sum_{i=1}^{n}X_i$　　B. $\max\limits_{1\leqslant i\leqslant n}\{X_i\}$　　C. $\lambda E(X)$　　D. $\sqrt{D(X)}$

(2) 设$(X_1,X_2,\cdots,X_n)$为来自正态总体 $N(\mu,\sigma^2)$的样本,$\overline{X}$,S^2 为其样本均值与样本方差,则下面各式中正确的是(　　).

A. $E(\overline{X}^2)=\mu^2$　　B. $E(S^2)=\frac{\sigma^2}{n}$　　C. $E(\overline{X}S^2)=\mu\sigma^2$　　D. $D(S^2)=\sigma^2$

(3) 设随机变量 X,Y 都服从正态分布 $N(0,1)$,则(　　).

A. $X+Y$ 服从正态分布　　B. X^2 和 Y^2 服从χ^2分布

C. X^2+Y^2 服从χ^2分布　　D. X^2/Y^2 服从 F 分布

(4) 设随机变量 X 服从自由度为 n 的 t 分布,则 X^{-2}服从(　　).

A. 自由度为 $1/n$ 的分布　　B. 自由度为 n 的χ^2分布

C. 自由度为$(1,n)$的 F 分布　　D. 自由度为$(n,1)$的 F 分布

(5) 设$(X_1,X_2,\cdots,X_n)$为来自正态总体 $N(\mu,\sigma^2)$的样本,$\overline{X}$为其样本均值,令

$$S_1^2=\frac{1}{n-1}\sum_{i=1}^{n}(X_i-\overline{X})^2 \qquad S_2^2=\frac{1}{n}\sum_{i=1}^{n}(X_i-\overline{X})^2$$

$$S_3^2=\frac{1}{n-1}\sum_{i=1}^{n}(X_i-\mu)^2 \qquad S_4^2=\frac{1}{n}\sum_{i=1}^{n}(X_i-\mu)^2$$

则服从自由度为 n 的 t 分布的变量是(　　).

A. $T_1=\dfrac{\overline{X}-\mu}{S_1}\sqrt{n-1}$　　B. $T_2=\dfrac{\overline{X}-\mu}{S_2}\sqrt{n-1}$

C. $T_3=\dfrac{\overline{X}-\mu}{S_1}\sqrt{n}$　　D. $T_4=\dfrac{\overline{X}-\mu}{S_4}\sqrt{n}$

2. 计算与证明题

(6) 求样本值(99.3, 98.7, 100.05, 101.2, 98.3, 99.7, 99.5, 102.1, 100.5)的样本均值$\overline{x}$与样本方差 S^2.

(7) 设$(x_1,x_2,\cdots,x_n)$为一个样本值,$\overline{x}$和 S^2分别为其样本均值和样本方差.若令

$$y_i=b(x_i-a),i=1,2,\cdots,n,$$

证明

① $\overline{y}=b(\overline{x}-a)$, $S_y^2=b^2S^2$.

其中$\overline{y}$和 S_y^2 分别是样本值$(y_1,y_2,\cdots,y_n)$的样本均值与样本方差.

② 通过作变换 $y_i=10(x_i-100),i=1,2,\cdots,n$,计算第①题中的样本均值$\overline{x}$和样本方差 s^2.

(8) 设总体的分布律为

$$P\{X=x\}=\mathrm{C}_m^x p^x(1-p)^{1-x},x=0,1,\cdots,m,$$

$(X_1,X_2,\cdots,X_n)$是来自该总体的样本,试写出$(X_1,X_2,\cdots,X_n)$的分布律.

(9) 设总体的概率密度为

$$f(x)=\begin{cases}\mathrm{e}^{-(x-\alpha)}, & x>\alpha,\\ 0, & x\leqslant\alpha.\end{cases}$$

$(X_1,X_2,\cdots,X_n)$是来自该总体的样本,试写出$(X_1,X_2,\cdots,X_n)$的概率密度.

(10) 设总体 $X\sim b(1,p)$,其中 $p(0<p<1)$为未知参数,$(X_1,X_2,\cdots,X_n)$是来自该总体的样本,试指出下列式子中哪些是统计量,哪些不是统计量.

① X_1+X_n;　　② $\sum\limits_{i=1}^{n}X_i-np$;　　③ $\sum\limits_{i=1}^{n}X_i-\dfrac{nD(X)}{E(X)}-np$;

④ $\max\limits_{1<i<n}\{X_i\}-\min\limits_{1\leqslant i\leqslant n}\{X_i\}$；　　⑤ $\dfrac{\sum\limits_{i=1}^{n}(X_i-p)^2}{p(1-p)}$.

(11) 通过查表求下列上侧分位点：

① $u_{0.005}$，$u_{0.999}$，$u_{0.75}$；

② $\chi^2_{0.025}(6)$，$\chi^2_{0.95}(20)$，$\chi^2_{0.025}(50)$；

③ $t_{0.975}(15)$，$t_{0.01}(7)$，$t_{0.95}(250)$；

④ $F_{0.05}(12,6)$，$F_{0.025}(8,20)$，$F_{0.90}(5,12)$.

(12) 从正态总体 $N(52.6,9)$中抽出一个容量为 36 的样本，求该样本的样本均值$\overline{X}$位于 50.8～53.8 的概率.

(13) 设总体 $X\sim N(80,20^2)$，$(X_1,X_2,\cdots,X_{100})$为来自该总体的样本，问样本均值与总体期望之差的绝对值大于 3 的概率是多少？

(14) 设总体 $X\sim N(3.4,6^2)$，$(X_1,X_2,\cdots,X_n)$为来自该总体的样本，若样本均值$\overline{X}$位于 1.4～5.4 的概率不少于 0.95，问样本容量 n 至少应为多大？

(15) 设$(X_1,X_2,\cdots,X_{10})$为来自正态总体 $N(\mu,\sigma^2)$的样本，已知 $\sigma^2=1.5805$，S^2 为样本方差，求概率 $P\{S^2>2\}$.

(16) 设$(X_1,X_2,\cdots,X_9)$为来自正态总体 $N(0,\sigma^2)$的样本，$\overline{X}$和 S^2 分别为样本均值与样本方差，求概率 $P\{|\overline{X}|<0.62S\}$.

(17) 设$(X_1,X_2,\cdots,X_n)$和$(Y_1,Y_2,\cdots,Y_n)$是分别来自正态总体 $N(1,\sigma^2)$和 $N(2,\sigma^2)$的两个独立样本，$\overline{X}$与 S_1^2 分别为$(X_1,X_2,\cdots,X_n)$的样本均值和样本方差，$\overline{Y}$与 S_2^2 分别为$(Y_1,Y_2,\cdots,Y_n)$的样本均值和样本方差，问统计量$\dfrac{\overline{X}-\overline{Y}+1}{\sqrt{S_1^2+S_2^2}}\sqrt{n}$服从什么分布？

(18) 设$(X_1,X_2,\cdots,X_{11})$和$(Y_1,Y_2,\cdots,Y_{13})$是分别来自正态总体 $N(\mu_1,1.2^2)$和 $N(\mu_2,1.5^2)$的两个独立样本，S_1^2 和 S_2^2 分别是两个样本的样本方差，已知概率 $P\left\{\dfrac{S_1^2}{S_2^2}<0.2\lambda\right\}=0.05$，求 λ 的值.

8.4 B 类例题与习题

8.4.1 例题

例 1 设$(X_1,X_2,\cdots,X_n)$为来自某总体的样本，令

$$\overline{X_n}=\frac{1}{n}\sum_{i=1}^{n}X_i,\ S_n^2=\frac{1}{n}\sum_{i=1}^{n}(X_i-\overline{X})^2,$$

又设 X_{n+1} 为又获得的第 $n+1$ 个观测结果,证明

(1) $\overline{X_{n+1}}=\overline{X_n}+\frac{1}{n+1}(X_{n+1}-\overline{X_n})$;

(2) $S_{n+1}^2=\frac{n}{n+1}\left[S_n^2+\frac{1}{n+1}(X_{n+1}-\overline{X_n})^2\right]$.

分析:两个式子证明的关键是要将等式左边的 $\overline{X_{n+1}}$ 及 S_{n+1}^2 和式中第 $n+1$ 项分离出来,即

$$\overline{X_{n+1}}=\frac{1}{n+1}\sum_{i=1}^{n+1}X_i=\frac{1}{n+1}\left(\sum_{i=1}^{n}X_i+X_{n+1}\right);$$

$$S_{n+1}^2=\frac{1}{n+1}\sum_{i=1}^{n+1}(X_i-\overline{X_{n+1}})^2=\frac{1}{n+1}\left\{\sum_{i=1}^{n}(X_i-\overline{X_{n+1}})^2+(X_{n+1}-\overline{X_{n+1}})^2\right\}.$$

然后向着等式右边的方向进行化简、整理,并注意到,在化简、整理(2)式的过程中,要用到(1)式的结果.

证明:(1)
$$\begin{aligned}\overline{X_{n+1}}&=\frac{1}{n+1}\sum_{i=1}^{n+1}X_i=\frac{1}{n+1}\left(\sum_{i=1}^{n}X_i+X_{n+1}\right)\\&=\frac{1}{n+1}(n\overline{X_n}+X_{n+1})=\frac{n}{n+1}\overline{X_n}+\frac{1}{n+1}X_{n+1}\\&=\frac{n+1-1}{n+1}\overline{X_n}+\frac{1}{n+1}X_{n+1}\\&=\overline{X_n}+\frac{1}{n+1}(X_{n+1}-\overline{X_n}).\end{aligned}$$

(2)
$$S_{n+1}^2=\frac{1}{n+1}\sum_{i=1}^{n+1}(X_i-\overline{X_{n+1}})^2=\frac{1}{n+1}\left\{\sum_{i=1}^{n}(X_i-\overline{X_{n+1}})^2+(X_{n+1}-\overline{X_{n+1}})^2\right\}$$

$$=\frac{1}{n+1}\left\{\sum_{i=1}^{n}\left[X_i-\overline{X_n}-\frac{1}{n+1}(X_{n+1}-\overline{X_n})\right]^2+\left[X_{n+1}-\overline{X_n}-\frac{1}{n+1}(X_{n+1}-\overline{X_n})\right]^2\right\}$$

$$=\frac{1}{n+1}\left[\sum_{i=1}^{n}(X_i-\overline{X_n})^2-\frac{2}{n+1}(X_{n+1}-\overline{X_n})\sum_{i=1}^{n}(X_i-\overline{X_n})+\frac{n}{(n+1)^2}(X_{n+1}-\overline{X_n})^2+\right.$$
$$\left.\frac{n^2}{(n+1)^2}(X_{n+1}-\overline{X_n})^2\right]$$

$$=\frac{1}{n+1}\left[\sum_{i=1}^{n}(X_i-\overline{X_n})^2+\frac{n}{(n+1)^2}(X_{n+1}-\overline{X_n})^2+\frac{n^2}{(n+1)^2}(X_{n+1}-\overline{X_n})^2\right]$$

$$=\frac{1}{n+1}\left[nS_n^2+\frac{n^2+n}{(n+1)^2}(X_{n+1}-\overline{X_n})^2\right]$$

$$=\frac{n}{n+1}\left[S_n^2+\frac{1}{n+1}(X_{n+1}-\overline{X_n})^2\right].$$

例 2 设(X_1,X_2)为来自正态总体 $N(0,\sigma^2)$的样本,求 $P\left\{\left(\frac{X_1+X_2}{X_1-X_2}\right)^2>39.86\right\}$.

分析:首先证明 X_1+X_2 与 X_1-X_2 都服从正态分布,并且相互独立,然后再证明 $\left(\frac{X_1+X_2}{X_1-X_2}\right)^2$ 服从 F 分布,最后利用查表便可求出所要求的概率值. 注意:在证明 X_1+X_2 与 X_1-X_2 独立时,可用正态变量独立与不相关的等价性.

证明:由于 X_1,X_2 均服从正态分布 $N(0,\sigma^2)$,且相互独立,因此 X_1+X_2 与 X_1-X_2 均服从正态分布 $N(0,2\sigma^2)$. 且

$$E(X_1+X_2)=E(X_1)+E(X_2)=0,\text{同理},E(X_1-X_2)=0,$$

而

$$E[(X_1+X_2)(X_1-X_2)]=E(X_1^2-X_2^2)=E(X_1^2)-E(X_2^2)=D(X_1)-D(X_2)$$
$$=\sigma^2-\sigma^2=0,$$

于是 X_1+X_2 与 X_1-X_2 的相关系数

$$\rho=\frac{E[(X_1+X_2)(X_1-X_2)]-E(X_1+X_2)E(X_1-X_2)}{\sqrt{D(X_1+X_2)}\sqrt{D(X_1-X_2)}}=0,$$

即 X_1+X_2 与 X_1-X_2 不相关,从而 X_1+X_2 与 X_1-X_2 独立.

标准化后

$$\frac{X_1+X_2}{\sqrt{2}\sigma}\sim N(0,1),\ \frac{X_1-X_2}{\sqrt{2}\sigma}\sim N(0,1),$$

且相互独立,再由 F 分布的定义可知

$$\left(\frac{X_1+X_2}{X_1-X_2}\right)^2=\frac{[(X_1+X_2)/\sqrt{2}\sigma]^2}{[(X_1-X_2)/\sqrt{2}\sigma]^2}\sim F(1,1),$$

查 F 分布表便得

$$P\left\{\left(\frac{X_1+X_2}{X_1-X_2}\right)^2>39.86\right\}=0.10.$$

例 3 设$(X_1,X_2,\cdots,X_{2n})(n\geqslant 2)$为来自总体的样本,且 $E(X)=\mu,D(X)=\sigma^2,\overline{X}$为样本均值,求统计量

$$Y=\sum_{i=1}^{n}(X_i+X_{n+i}-2\overline{X})^2$$

的数学期望 $E(Y)$.

分析:首先应将 $2\overline{X}$分为两部分和,一部分是样本中前 n 项的平均值,另一部是后 n 项的平均值. 即

$$2\overline{X}=2\times\frac{1}{2n}\sum_{i=1}^{2n}X_i=\frac{1}{n}\sum_{i=1}^{n}X_i+\frac{1}{n}\sum_{i=1}^{n}X_{n+i}=\overline{X}_{(1)}+\overline{X}_{(2)},$$

然后将 Y 的表达式中的平方项写成 $X_i-\overline{X}_{(1)}$ 和 $X_{n+i}-\overline{X}_{(2)}$ 两项和的平方,展开后再分项计算求数学期望.

解:令 $\overline{X}_{(1)}=\frac{1}{n}\sum_{i=1}^{n}X_i,\overline{X}_{(2)}=\frac{1}{n}\sum_{i=1}^{n}X_{n+i}$，于是

$$E(Y)=E\Big[\sum_{i=1}^{n}(X_i+X_{n+i}-2\overline{X})^2\Big]=E\Big\{\sum_{i=1}^{n}[(X_i-\overline{X}_{(1)})+(X_{n+i}-\overline{X}_{(2)})]^2\Big\}$$

$$=E\Big\{\sum_{i=1}^{n}[(X_i-\overline{X}_{(1)})^2+2(X_i-\overline{X}_{(1)})(X_{n+i}-\overline{X}_{(2)})+(X_{n+i}-\overline{X}_{(2)})^2]\Big\}$$

$$=E\Big[\sum_{i=1}^{n}(X_i-\overline{X}_{(1)})^2\Big]+2E[(X_i-\overline{X}_{(1)})(X_{n+i}-\overline{X}_{(2)})]+E\Big[\sum_{i=1}^{n}(X_{n+i}-\overline{X}_{(2)})^2\Big].$$

易求得

$$E(\overline{X}_{(1)})=\mu,E(S_{(1)}^2)=\sigma^2,$$

其中 $S_{(1)}^2=\frac{1}{n-1}\sum_{i=1}^{n}(X_i-\overline{X}_{(1)})^2$，于是

$$E\Big[\sum_{i=1}^{n}(X_i-\overline{X}_{(1)})^2\Big]=(n-1)E\Big[\frac{1}{n-1}\sum_{i=1}^{n}(X_i-\overline{X}_{(1)})^2\Big]=(n-1)E(S_{(1)}^2)$$
$$=(n-1)\sigma^2.$$

同理

$$E\Big[\sum_{i=1}^{n}(X_{n+i}-\overline{X}_{(2)})^2\Big]=(n-1)\sigma^2,$$

又因为，当 $i=1,2,\cdots,n$ 时，$X_i-\overline{X}_{(1)}$ 仅与样本中前 n 项有关，而 $X_{n+i}-\overline{X}_{(2)}$ 仅与样本中后 n 项有关，故它们彼此独立，于是

$$E[(X_i-\overline{X}_{(1)})(X_{n+i}-\overline{X}_{(2)})]=E(X_i-\overline{X}_{(1)})E(X_{n+i}-\overline{X}_{(2)})=0,$$

总之便得　$E(Y)=2(n-1)\sigma^2$.

例 4　设随机变量 $X\sim\chi^2(n)$，证明 $E(X)=n,D(X)=2n$.

分析:根据χ^2分布的定义将 X 表为 n 个标准正态变量的平方和，这样 X 的数学期望与方差便可转化为标准正态变量平方的数学期望与方差.

证明:由χ^2分布的定义，$X=\sum_{i=1}^{n}X_i^2$，其中 $X_i\sim N(0,1),i=1,2,\cdots,n$. 且相互独立.

于是

$$E(X)=\sum_{i=1}^{n}E(X_i^2)=\sum_{i=1}^{n}\{D(X_i)+[E(X_i)]^2\}=\sum_{i=1}^{n}(1+0)=n,$$

$$D(X)=\sum_{i=1}^{n}D(X_i^2)=\sum_{i=1}^{n}\{E(X_i^4)-[E(X_i^2)]^2\}=nE(X_i^4)-n,$$

其中

$$E(X_i^4)=\frac{1}{\sqrt{2\pi}}\int_{-\infty}^{+\infty}x^4\mathrm{e}^{-\frac{x^2}{2}}\mathrm{d}x=\frac{1}{\sqrt{2\pi}}\int_{-\infty}^{+\infty}x^3\mathrm{e}^{-\frac{x^2}{2}}\mathrm{d}\,\frac{x^2}{2}=-\frac{1}{\sqrt{2\pi}}\int_{-\infty}^{+\infty}x^3\mathrm{d}\mathrm{e}^{-\frac{x^2}{2}}$$
$$=-\frac{1}{\sqrt{2\pi}}\Big[x^3\mathrm{e}^{-\frac{x^2}{2}}\Big|_{-\infty}^{+\infty}-3\int_{-\infty}^{+\infty}x^2\mathrm{e}^{-\frac{x^2}{2}}\mathrm{d}x\Big]=\frac{3}{\sqrt{2\pi}}\int_{-\infty}^{+\infty}x^2\mathrm{e}^{-\frac{x^2}{2}}\mathrm{d}x$$
$$=3E(X_i^2)=3,$$

所以

$$D(X)=3n-n=2n.$$

例 5 设有两个正态总体 $X\sim N(\mu_1,\sigma^2)$ 和 $Y\sim N(\mu_2,k\sigma^2)$，其中 $k>0$ 为常数，$(X_1,X_2,\cdots,X_{n_1})$ 和 $(Y_1,Y_2,\cdots,Y_{n_2})$ 是分别来自总体 X 和 Y 的两个相互独立的样本，$\overline{X},\overline{Y}$ 分别是它们的样本均值，S_1^2,S_2^2 分别是它们的样本方差，证明：

$$\frac{\overline{X}-\overline{Y}-(\mu_1-\mu_2)}{\sqrt{\dfrac{k(n_1-1)S_1^2+(n_2-1)S_2^2}{n_1+n_2-2}}\sqrt{\dfrac{1}{kn_1}+\dfrac{1}{n_2}}}\sim t(n_1+n_2-2).$$

分析：仿照采样分布定理的证明.

证明：由于 $\overline{X}-\overline{Y}\sim N\left(\mu_1-\mu_2,\dfrac{\sigma^2}{n_1}+\dfrac{k\sigma^2}{n_2}\right)$，标准化后

$$\frac{\overline{X}-\overline{Y}-(\mu_1-\mu_2)}{\sigma\sqrt{\dfrac{1}{n_1}+\dfrac{k}{n_2}}}\sim N(0,1),$$

再由单个正态总体的采样分布定理可知

$$\frac{(n_1-1)S_1^2}{\sigma^2}\sim\chi^2(n_1-1)\ ,\ \frac{(n_2-1)S_2^2}{k\sigma^2}\sim\chi^2(n_2-1),$$

由于两个样本相互独立，所以它们也独立. 再由 χ^2 分布的性质可知

$$\frac{k(n_1-1)S_1^2+(n_2-1)S_2^2}{k\sigma^2}\sim\chi^2(n_1+n_2-2),$$

并由 $\overline{X}$ 与 S_1^2 独立，$\overline{Y}$ 与 S_2^2 独立及两个样本的相互独立性可知

$$\frac{\overline{X}-\overline{Y}-(\mu_1-\mu_2)}{\sigma\sqrt{\dfrac{1}{n_1}+\dfrac{k}{n_2}}}\text{与}\frac{k(n_1-1)S_1^2+(n_2-1)S_2^2}{k\sigma^2}\text{独立.}$$

于是由 t 分布的定义可得

$$\frac{\dfrac{\overline{X}-\overline{Y}-(\mu_1-\mu_2)}{\sigma\sqrt{\dfrac{1}{n_1}+\dfrac{k}{n_2}}}}{\sqrt{\dfrac{k(n_1-1)S_1^2+(n_2-1)S_2^2}{k\sigma^2}\Big/ n_1+n_2-2}}\sim t(n_1+n_2-2),$$

即

$$\frac{\overline{X}-\overline{Y}-(\mu_1-\mu_2)}{\sqrt{\dfrac{k(n_1-1)S_1^2+(n_2-1)S_2^2}{n_1+n_2-2}}\sqrt{\dfrac{1}{kn_1}+\dfrac{1}{n_2}}}\sim t(n_1+n_2-2).$$

例 6 设 $(X_i,Y_i),i=1,2,\cdots,n$ 是来自二维正态总体 $N(\mu_1,\mu_2,\sigma_1^2,\sigma_2^2,\rho)$ 的样本，又设

$$\overline{X}=\frac{1}{n}\sum_{i=1}^{n}X_i,\quad \overline{Y}=\frac{1}{n}\sum_{i=1}^{n}Y_i,\quad S_x^2=\frac{1}{n-1}\sum_{i=1}^{n}(X_i-\overline{X})^2,\quad S_y^2=\frac{1}{n-1}\sum_{i=1}^{n}(Y_i-\overline{Y})^2,$$

$$r=\frac{\sum_{i=1}^{n}(X_i-\overline{X})(Y_i-\overline{Y})}{\sqrt{\sum_{i=1}^{n}(X_i-\overline{X})^2}\sqrt{\sum_{i=1}^{n}(Y_i-\overline{Y})^2}},$$

证明：

$$T=\frac{\overline{X}-\overline{Y}-(\mu_1-\mu_2)}{\sqrt{S_x^2+S_y^2-2rS_xS_y}}\sqrt{n}\sim t(n-1).$$

分析：设二维正态总体为(X,Y). 由于样本成对出现，可令$Z_i=X_i-Y_i, i=1,2,\cdots,n$. 于是$(Z_i,Z_2,\cdots,Z_n)$便可视为来自正态总体$Z=X-Y\sim N(\mu,\sigma^2)$的样本. 然后，利用采样分布定理便可证明所要证明的结果.

证明：令$Z_i=X_i-Y_i, i=1,2,\cdots,n$. 由于$(X,Y)\sim N(\mu_1,\mu_2,\sigma_1^2,\sigma_2^2,\rho)$，故$Z\sim N(\mu,\sigma^2)$其中$\mu=\mu_1-\mu_2, \sigma^2=\sigma_1^2+\sigma_2^2-2\rho\sigma_1\sigma_2$.

令
$$\overline{Z}=\frac{1}{n}\sum_{i=1}^{n}Z_i=\frac{1}{n}\sum_{i=1}^{n}(X_i-Y_i)=\overline{X}-\overline{Y},$$

$$\begin{aligned}S_z^2&=\frac{1}{n-1}\sum_{i=1}^{n}(Z_i-\overline{Z})^2=\frac{1}{n-1}[(X_i-\overline{X})-(Y_i-\overline{Y})]^2\\&=\frac{1}{n-1}\sum_{i=1}^{n}[(X_i-\overline{X})^2+(Y_i-\overline{Y})^2-2(X_i-\overline{X})(Y_i-\overline{Y})]\\&=S_x^2+S_y^2-2rS_xS_y.\end{aligned}$$

由采样分布定理可知

$$\frac{\overline{Z}-\mu}{S_z}\sqrt{n}\sim t(n-1),$$

即

$$T=\frac{\overline{X}-\overline{Y}-(\mu_1-\mu_2)}{\sqrt{S_x^2+S_y^2-2rS_xS_y}}\sqrt{n}\sim t(n-1).$$

8.4.2 习题

1. 设$(X_1,X_2,\cdots,X_8)$为来自正态总体$N(0,1)$的样本，又设$Y=(X_1+X_2+X_3+X_4)^2+(X_5+X_6+X_7+X_8)^2$，问$C$为何值时，$CY$服从$\chi^2(2)$分布？

2. 设$(X_1,X_2,\cdots,X_5)$为来自正态总体$N(0,4)$的样本，又设

$$T=a(X_1-2X_2)^2+b(2X_3-4X_4)^2+cX_5^2,$$

问a,b,c为何值时，T服从χ^2分布？自由度为多少？

3. 设总体$X\sim b(1,p)$，$p=0.2$，又设$(X_1,X_2,\cdots,X_n)$为来自总体X的样本，$\overline{X}$为其样本均值，如果要使$E(\overline{X}-p)^2<0.01$，问样本容量n至少应为多少？

4. 设总体$X\sim b(1,p)$，又设$(X_1,X_2,\cdots,X_n)$为来自总体X的样本，$\overline{X}$为其样本均值，

如果对任意 $p\in(0,1)$，要使 $E(\overline{X}-p)^2<0.01$，问样本容量 n 至少应为多少？

5. 设 $(X_1,X_2,\cdots,X_8)$ 和 $(Y_1,Y_2,\cdots,Y_{14})$ 为分别来自正态总体 $N(\mu_1,1)$ 和 $N(\mu_2,1)$ 的两个独立样本，S_1^2 和 S_2^2 分别是这两个样本的样本方差，令

$$Y=7S_1^2+13S_2^2,$$

求概率 $P\{Y>23.83\}$.

6. 设 $(X_1,X_2,\cdots,X_m)$ 和 $(Y_1,Y_2,\cdots,Y_n)$ 为分别来自正态总体 $N(\mu_1,\sigma^2)$ 和 $N(\mu_2,\sigma^2)$ 的两个独立样本，α,β 为常数，试问

$$\frac{\alpha(\overline{X}-\mu_1)-\beta(\overline{Y}-\mu_2)}{\sqrt{\dfrac{(m-1)\alpha^2S_1^2+(n-1)\beta^2S_2^2}{m+n-2}}\sqrt{\dfrac{1}{m}+\dfrac{1}{n}}}$$

服从什么分布？[$\overline{X},S_1^2$ 与 $\overline{Y},S_2^2$ 分别是两个样本的样本均值与样本方差]

7. 设 X 与 Y 独立，且 $X\sim N(5,15)$，$Y\sim\chi^2(5)$，求概率 $P\{X-5>3.5\sqrt{Y}\}$.

8. 设 $(X_1,X_2,\cdots,X_5)$ 是来自正态总体 $N(2.5,6^2)$ 的样本，$\overline{X},S^2$ 是其样本均值与样本方差，求概率 $P\{(1.3<\overline{X}<3.5)\cap(6.3<S^2<9.6)\}$.

9. 设 $(X_1,X_2,\cdots,X_{10})$ 和 $(Y_1,Y_2,\cdots,Y_{15})$ 为分别来自正态总体 $N(0,4)$ 和 $N(0,9)$ 的两个独立样本，$\overline{X}$ 与 $\overline{Y}$ 分别为这两个样本的样本均值，求统计量 $T=|\overline{X}-\overline{Y}|$ 的数学期望与方差.

10. 设总体的数学期望与方差存在，$(X_1,X_2,\cdots,X_n)$ 为来自该总体的样本，$\overline{X}$ 为样本均值，对于任意的 $i,j(i\neq j)$，求 $X_i-\overline{X}$ 与 $X_j-\overline{X}$ 的相关系数.

8.5 习题答案

8.5.1 A类习题答案

(1) D. (2) C. (3) B. (4) D. (5) D.

(6) $\bar{x}=99.93$，$S^2=1.43$. (7) 证明略.

(8) $P\{X=x_1,X=x_2,\cdots,X=x_n\}=\left(\prod\limits_{i=1}^{n}C_m^{x_i}\right)p^{\sum\limits_{i=1}^{n}x_i}(1-p)^{n-\sum\limits_{i=1}^{n}x_i},x_i=0,1,\cdots,m.$

(9) $f_n(x_1,x_2,\cdots,x_n)=\begin{cases}e^{-\sum\limits_{i=1}^{n}x_i+n\alpha}, & \min\limits_{1\leqslant i\leqslant n}\{x_i\}>\alpha,\\ 0, & \min\limits_{1\leqslant i\leqslant n}\{x_i\}\leqslant\alpha.\end{cases}$

(10) ①，③，④是统计量；②，⑤不是统计量.

(11) ① 2.58，−3.1，−0.67；② 14.449，10.851，69.6；③ −2.131 5，2.998 0，−1.65；④ 4.00，2.91，0.305 8.

(12) 0.991 6. (13) 0.133 6. (14) 35. (15) 0.25. (16) 0.9. (17) $t(2n-2)$.
(18) 1.099 97.

8.5.2 B类习题答案

1. $C=\frac{1}{4}$. 2. $a=\frac{1}{20},b=\frac{1}{80},c=\frac{1}{4}$,自由度为 3. 3. $n\geqslant 16$. 4. $n\geqslant 25$.

5. 0.25. 6. $t(m+n-2)$. 7. 0.05. 8. 0.015 9.

9. $E(Y)=\sqrt{\frac{2}{\pi}},D(Y)=1-\frac{2}{\pi}$. 10. $-\frac{1}{n-1}$.

第 9 章 参数估计

9.1 内 容 提 要

9.1.1 点估计

1. 矩估计与最大似然估计

(1) 矩估计

通过用样本矩替代相应总体矩而获得的估计量称为矩估计.

(2) 最大似然估计

使得似然函数 $L(\theta)=\prod_{i=1}^{n} f(x_i;\theta)\left[\text{或}\prod_{i=1}^{n} p(x_i;\theta)\right]$,达到最大的估计量 $\hat{\theta}$,称为 θ 的最大似然估计.

求最大似然估计的一般方法是微分法,即通过解似然方程

$$\frac{\mathrm{d}\ln L(\theta)}{\mathrm{d}\theta}=0,$$

求其最大似然估计.

对多参数则需解似然方程组

$$\frac{\partial \ln L(\theta_1,\theta_2,\cdots,\theta_m)}{\partial \theta_i}=0, i=1,2,\cdots,m.$$

2. 估计量的评选标准

(1) 无偏性

若 $E(\hat{\theta})=\theta$,则称 $\hat{\theta}$ 为 θ 的无偏估计.

(2) 有效性

设 $\hat{\theta}_1,\hat{\theta}_2$ 均为 θ 的无偏估计,如果 $D(\hat{\theta}_1)<D(\hat{\theta}_2)$,则称 $\hat{\theta}_1$ 比 $\hat{\theta}_2$ 有效.

(3) 一致性

如果对任意 $\varepsilon>0$,有 $\lim\limits_{n\to\infty}P\{|\hat{\theta}_n-\theta|<\varepsilon\}=1$,则称 $\hat{\theta}_n$ 为 θ 的一致估计或称为相合估计.

9.1.2 区间估计

1. 置信区间

如果 $P\{\hat{\theta}_1<\theta<\hat{\theta}_2\}=1-\alpha$，则称$(\hat{\theta}_1,\hat{\theta}_2)$是 θ 的置信度为 $1-\alpha$ 的置信区间.

2. 正态总体期望与方差的区间估计

要求熟练掌握单个正态总体期望与方差的区间估计和两个正态总体期望差与方差比的区间估计，其结果列于表 9.1 中.

表 9.1

总体分布	估计参数	条件	置信区间$(1-\alpha)$
单个正态总体 $N(\mu,\sigma^2)$	μ	σ^2 已知	$(\overline{X}-d,\overline{X}+d)$，$d=u_{\alpha/2}\dfrac{\sigma}{\sqrt{n}}$
		σ^2 未知	$(\overline{X}-d,\overline{X}+d)$，$d=t_{\alpha/2}(n-1)\dfrac{S}{\sqrt{n}}$
	σ^2	μ 未知	$\left(\dfrac{\sum_{i=1}^{n}(X_i-\overline{X})^2}{\chi^2_{\alpha/2}(n-1)},\dfrac{\sum_{i=1}^{n}(X_i-\overline{X})^2}{\chi^2_{1-\alpha/2}(n-1)}\right)$
两个正态总体 $N(\mu_1,\sigma_1^2)$ $N(\mu_2,\sigma_2^2)$	$\mu_1-\mu_2$	σ_1^2,σ_2^2 已知	$(\overline{X}-\overline{Y}-d,\overline{X}-\overline{Y}+d)$，$d=u_{\alpha/2}\sqrt{\dfrac{\sigma_1^2}{n_1}+\dfrac{\sigma_2^2}{n_2}}$
		$\sigma_1^2=\sigma_2^2$ 未知	$(\overline{X}-\overline{Y}-d,\overline{X}-\overline{Y}+d)$ $d=t_{\alpha/2}(n_1+n_2-2)S_w\sqrt{\dfrac{1}{n_1}+\dfrac{1}{n_2}}$ $S_w=\sqrt{\dfrac{(n_1-1)S_1^2+(n_2-1)S_2^2}{n_1+n_2-2}}$
	σ_1^2/σ_2^2	μ_1,μ_2 未知	$\left(\dfrac{S_1^2/S_2^2}{F_{\alpha/2}(n_1-1,n_2-1)},\dfrac{S_1^2/S_2^2}{F_{1-\alpha/2}(n_1-1,n_2-1)}\right)$

9.2 基本要求

1. 理解参数点估计、估计量与估计值的概念.
2. 掌握矩估计法和最大似然估计法.
3. 了解估计量的无偏性、有效性和一致性的概念，并会验证估计量的无偏性.
4. 理解区间估计的概念. 会求单个正态总体期望与方差的置信区间，会求两个正态总体期望差与方差比的置信区间.

9.3 A 类例题与习题

9.3.1 例题

例 1 设总体 X 的分布律为

X	1	2	3	…	n	…
P	p	$(1-p)p$	$(1-p)^2p$	…	$(1-p)^{n-1}p$	…

又设$(X_1,X_2,\cdots,X_n)$为来自该总体的样本,求参数$p(0<p<1)$的矩估计与最大似然估计.

解:(1) 记$q=1-p$.于是

$$E(X)=\sum_{n=1}^{\infty}nq^{n-1}p=p\Big(\sum_{n=1}^{\infty}q^n\Big)'_q=p\Big(\frac{q}{1-q}\Big)'_q=p\,\frac{1}{(1-q)^2}=\frac{1}{p},$$

按矩估计法,用$\overline{X}$替换$E(X)$,得方程

$$\frac{1}{p}=\overline{X},$$

于是解得p的矩估计为

$$\hat{p}=\frac{1}{\overline{X}}.$$

(2) 首先将总体分布律的表格形式化为公式形式,即X的分布律为

$$p(x;p)=(1-p)^{x-1}p,x=1,2,\cdots,$$

然后写出似然函数

$$L(p)=\prod_{i=1}^{n}p(x_i;p)=(1-p)^{\sum_{i=1}^{n}x_i-n}p^n,$$

于是

$$\ln L(p)=\Big(\sum_{i=1}^{n}x_i-n\Big)\ln(1-p)+n\ln p.$$

令

$$\frac{\mathrm{d}\ln L(p)}{\mathrm{d}p}=-\frac{\sum_{i=1}^{n}x_i-n}{1-p}+\frac{n}{p}=\frac{n-p\sum_{i=1}^{n}x_i}{p(1-p)}=0,$$

解得p的最大似然估计为

$$\hat{p}=\frac{n}{\sum_{i=1}^{n}X_i}=\frac{1}{\overline{X}}.$$

例 2 设总体X的概率密度为

$$f(x;\alpha)=\begin{cases}(\alpha+1)x^{\alpha}, & 0<x<1,\\ 0, & \text{其他},\end{cases}$$

其中$\alpha>-1$为未知参数,$(X_1,X_2,\cdots,X_n)$为来自该总体的样本,求α的矩估计与最大似然估计.

解:(1) 由于

$$E(X)=\int_{-\infty}^{+\infty}xf(x;\alpha)\mathrm{d}x=\int_0^1 x(\alpha+1)x^{\alpha}\mathrm{d}x=(\alpha+1)\int_0^1 x^{\alpha+1}\mathrm{d}x$$
$$=\frac{\alpha+1}{\alpha+2},$$

按矩估计法，用$\overline{X}$替代$E(X)$，即得方程

$$\frac{\alpha+1}{\alpha+2}=\overline{X}，即\ \alpha+1=2\overline{X}+\alpha\overline{X}，即\ \alpha(1-\overline{X})=2\overline{X}-1,$$

解得α的矩估计为

$$\hat{\alpha}=\frac{2\overline{X}-1}{1-\overline{X}}.$$

(2) 根据总体的概率密度写出似然函数

$$L(\alpha)=\prod_{i=1}^{n}f(x_i;\alpha)=\begin{cases}(\alpha+1)^n\left(\prod\limits_{i=1}^{n}x_i\right)^{\alpha}, & 0<x_i<1, i=1,2,\cdots,n,\\ 0, & 其他,\end{cases}$$

于是，当$0<x_i<1, i=1,2,\cdots,n$时，

$$\ln L(\alpha)=n\ln(\alpha+1)+\alpha\sum_{i=1}^{n}\ln x_i.$$

令

$$\frac{\mathrm{d}\ln L(\alpha)}{\mathrm{d}\alpha}=\frac{n}{\alpha+1}+\sum_{i=1}^{n}\ln x_i=0,$$

解得α的最大似然估计为

$$\hat{\alpha}=-1-\frac{n}{\sum\limits_{i=1}^{n}\ln x_i}.$$

例 3 设总体X的概率密度为

$$f(x;\mu)=\begin{cases}\mathrm{e}^{-(x-\mu)}, & x\geqslant\mu,\\ 0, & x<\mu,\end{cases}$$

其中μ为未知参数，$(X_1,X_2,\cdots,X_n)$为来自该总体的样本，求μ的矩估计与最大似然估计.

解：(1) 由于

$$E(X)=\int_{-\infty}^{+\infty}xf(x;\mu)\mathrm{d}x=\int_{\mu}^{+\infty}x\mathrm{e}^{-(x-\mu)}\mathrm{d}x=\mathrm{e}^{\mu}\int_{\mu}^{+\infty}x\mathrm{e}^{-x}\mathrm{d}x=\mathrm{e}^{\mu}\left(-x\mathrm{e}^{-x}\Big|_{\mu}^{+\infty}+\int_{\mu}^{+\infty}\mathrm{e}^{-x}\mathrm{d}x\right)$$
$$=\mathrm{e}^{\mu}(\mu\mathrm{e}^{-\mu}+\mathrm{e}^{-\mu})=\mu+1,$$

按矩估计法，用$\overline{X}$替代$E(X)$，即得方程

$$\mu+1=\overline{X},$$

解得μ的矩估计为

$$\hat{\mu}=\overline{X}-1.$$

(2) 根据总体的概率密度写出似然函数

$$L(\mu)=\prod_{i=1}^{n}f(x_i;\mu)=\begin{cases}e^{-\sum_{i=1}^{n}x_i+n\mu}, & x_i\geqslant\mu,i=1,2,\cdots,n,\\0, & 其他,\end{cases}$$

$$=\begin{cases}e^{-\sum_{i=1}^{n}x_i+n\mu}, & \min\limits_{1\leqslant i\leqslant n}\{x_i\}\geqslant\mu,\\0, & 其他,\end{cases}$$

于是，当 $\mu\leqslant\min\limits_{1\leqslant i\leqslant n}\{x_i\}$ 时，

$$\ln L(\mu)=-\sum_{i=1}^{n}x_i+n\mu,$$

而

$$\frac{\mathrm{d}\ln L(\mu)}{\mathrm{d}\mu}=n>0.$$

可见，当 $-\infty<\mu\leqslant\min\limits_{1\leqslant i\leqslant n}\{x_i\}$ 时，$\ln L(\mu)$ 是单调增加的，故 $\ln L(\mu)$ 在 $\mu=\min\limits_{1\leqslant i\leqslant n}\{x_i\}$ 处达最大，所以 μ 的最大似然估计应为

$$\hat{\mu}=\min_{1\leqslant i\leqslant n}\{X_i\}.$$

事实上，由似然函数 $L(\mu)$ 的表达式就可看到，μ 越大，$L(\mu)=e^{-\sum_{i=1}^{n}x_i+n\mu}\ (\mu\leqslant\min\limits_{1\leqslant i\leqslant n}\{x_i\})$ 就越大，由最大似然估计的定义(不必取对数、求导数)便可知，应取 $\hat{\mu}=\min\limits_{1\leqslant i\leqslant n}\{X_i\}$ 为 μ 的最大似然估计.

例 4 设总体 $X\sim N(\mu,\sigma^2)$，(1.1, 1.2, 1.1, 2.1, 1.5, 2.0, 1.2, 2.4, 2.8)为来自该总体的样本值，求 $p=P\{X\geqslant3\}$ 的最大似然估计值.

解：因为 $X\sim N(\mu,\sigma^2)$，所以

$$p=P\{X\geqslant3\}=1-\Phi\left(\frac{3-\mu}{\sigma}\right),$$

又因为 μ 和 σ^2 的最大似然估计分别为 $\overline{X}$ 和 S_n^2. 根据最大似然估计的不变性，所以 p 的最大似然估计应为

$$\hat{p}=1-\Phi\left(\frac{3-\overline{X}}{S_n}\right).$$

下面通过列表计算 $\overline{X}$ 和 S_n 的值：

x_i	1.1	1.2	1.1	2.1	1.5	2.0	1.2	2.4	2.8	$\sum x_i=15.4$
x_i^2	1.21	1.44	1.21	4.41	2.25	4.0	1.44	5.76	7.84	$\sum x_i^2=29.56$

于是得

$$\overline{x}=\frac{1}{9}\sum_{i=1}^{9}x_i=\frac{15.4}{9}=1.71,$$

$$s_n^2=\frac{1}{n}\left(\sum_{i=1}^{9}x_i^2-n\overline{x}^2\right)=\frac{1}{9}\times(29.56-9\times1.71^2)=0.36, s_n=\sqrt{0.36}=0.6,$$

从而估计值

$$\hat{p}=1-\Phi\left(\frac{3-1.71}{0.6}\right)=1-\Phi(2.15)=1-0.9842=0.0158.$$

例 5 设总体的数学期望为 μ，方差为 σ^2，$(X_1,X_2,\cdots,X_n)$为来自该总体的样本，求常数 c，使得 $c\sum_{i=1}^{n-1}(X_{i+1}-X_i)^2$ 为 σ^2 的无偏估计.

解：因为

$$\begin{aligned}E\left[\sum_{i=1}^{n-1}(X_{i+1}-X_i)^2\right]&=\sum_{i=1}^{n-1}E(X_{i+1}-X_i)^2\\&=\sum_{i=1}^{n-1}E(X_{i+1}^2-2X_{i+1}X_i+X_i^2)=\sum_{i=1}^{n-1}[E(X_{i+1}^2)-2E(X_{i+1})E(X_i)+E(X_i^2)]\\&=\sum_{i=1}^{n-1}[(\sigma^2+\mu^2)-2\mu^2+(\sigma^2+\mu^2)]=2(n-1)\sigma^2,\end{aligned}$$

可见，当 $c=\frac{1}{2(n-1)}$时，

$$E\left[c\sum_{i=1}^{n-1}(X_{i+1}-X_i)^2\right]=\frac{1}{2(n-1)}E\left[\sum_{i=1}^{n-1}(X_{i+1}-X_i)^2\right]=\frac{1}{2(n-1)}\times2(n-1)\sigma^2=\sigma^2.$$

即此时，$c\sum_{i=1}^{n-1}(X_{i+1}-X_i)^2$ 为 σ^2 的无偏估计.

例 6 设总体的数学期望为 μ，方差为 σ^2，(X_1,X_2,X_3,X_4)为来自该总体的样本，试问以下 μ 的估计量哪个最有效？

(1) $\hat{\mu}_1=\frac{1}{5}X_1+\frac{2}{5}X_2+\frac{1}{5}X_3+\frac{1}{5}X_4$；

(2) $\hat{\mu}_2=\frac{1}{6}X_1+\frac{1}{3}X_2+\frac{1}{3}X_3+\frac{1}{6}X_4$；

(3) $\hat{\mu}_3=\frac{1}{4}X_1+\frac{1}{4}X_2+\frac{1}{4}X_3+\frac{1}{4}X_4$；

(4) $\hat{\mu}_4=\frac{1}{9}X_1+\frac{2}{9}X_2+\frac{1}{9}X_3+\frac{1}{9}X_4$.

解：由有效性定义可知要比较估计量的有效性，首先它们必须是无偏估计. 因为

(1) $E(\hat{\mu}_1)=E\left(\frac{1}{5}X_1+\frac{2}{5}X_2+\frac{1}{5}X_3+\frac{1}{5}X_4\right)$

$$=\frac{1}{5}E(X_1)+\frac{2}{5}E(X_2)+\frac{1}{5}E(X_3)+\frac{1}{5}E(X_4)$$

$$=\frac{1}{5}\mu+\frac{2}{5}\mu+\frac{1}{5}\mu+\frac{1}{5}\mu=\mu,$$

同理

$$E(\hat{\mu}_2)=\frac{1}{6}\mu+\frac{1}{3}\mu+\frac{1}{3}\mu+\frac{1}{6}\mu=\mu,$$

$$E(\hat{\mu}_3)=\frac{1}{4}\mu+\frac{1}{4}\mu+\frac{1}{4}\mu+\frac{1}{4}\mu=\mu,$$

但是

$$E(\hat{\mu}_4)=\frac{1}{9}\mu+\frac{2}{9}\mu+\frac{1}{9}\mu+\frac{1}{9}\mu=\frac{5}{9}\mu,$$

可见，$\hat{\mu}_1,\hat{\mu}_2,\hat{\mu}_3$ 均为 μ 的无偏估计，而 $\hat{\mu}_4$ 不是 μ 的无偏估计，因此 $\hat{\mu}_4$ 不能讨论其有效性.

下面计算 $\hat{\mu}_1,\hat{\mu}_2,\hat{\mu}_3$ 的方差：

$$D(\hat{\mu}_1)=D\left(\frac{1}{5}X_1+\frac{2}{5}X_2+\frac{1}{5}X_3+\frac{1}{5}X_4\right)$$

$$=\frac{1}{25}D(X_1)+\frac{4}{25}D(X_2)+\frac{1}{25}D(X_3)+\frac{1}{25}D(X_4)$$

$$=\frac{7}{25}\sigma^2,$$

同样可算得

$$D(\hat{\mu}_2)=\frac{5}{18}\sigma^2,\qquad D(\hat{\mu}_3)=\frac{1}{4}\sigma^2,$$

显然 $D(\hat{\mu}_3)\leqslant D(\hat{\mu}_2)\leqslant D(\hat{\mu}_1)$，故在 μ 的无偏估什 $\hat{\mu}_1,\hat{\mu}_2,\hat{\mu}_3$ 中，$\hat{\mu}_3$ 最有效.

例 7 设 $\hat{\theta}_1$ 和 $\hat{\theta}_2$ 是 θ 的两个相互独立的无偏估计，并且 $\hat{\theta}_1$ 的方差与 $\hat{\theta}_2$ 的方差之比为 2/3，求常数 k_1,k_2，使得 $\hat{\theta}=k_1\hat{\theta}_1+k_2\hat{\theta}_2$ 是 θ 的无偏估计，且在所有这样 θ 的线性无偏估计中最有效.

解：要使得 $\hat{\theta}=k_1\hat{\theta}_1+k_2\hat{\theta}_2$ 是 θ 的无偏估计，便应有

$$\theta=E(\hat{\theta})=E(k_1\hat{\theta}_1+k_2\hat{\theta}_2)=k_1E(\hat{\theta}_1)+k_2E(\hat{\theta}_2)=k_1\theta+k_2\theta,$$

即得

$$k_1+k_2=1,\ \hat{\theta}=k_1\hat{\theta}_1+(1-k_1)\hat{\theta}_2.$$

因为 $\hat{\theta}_1$ 的方差与 $\hat{\theta}_2$ 的方差之比为 2/3，即若 $\hat{\theta}_1$ 的方差为 $2\sigma^2$，则 $\hat{\theta}_2$ 的方差便是 $3\sigma^2$，因此，

$$D(\hat{\theta})=k_1^2D(\hat{\theta}_1)+(1-k_1)^2D(\hat{\theta}_2)=2k_1^2\sigma^2+3(1-k_1)^2\sigma^2=(5k_1^2-6k_1+3)\sigma^2.$$

令

$$\frac{\mathrm{d}D(\hat{\theta})}{\mathrm{d}k_1}=(10k_1-6)\sigma^2=0,$$

解得 $k_1=3/5$，且

$$\left.\frac{\mathrm{d}^2D(\hat{\theta})}{\mathrm{d}k_1^2}\right|_{k_1=3/5}=10\sigma^2>0,$$

故当 $k_1=3/5$，$k_2=2/5$ 时，$D(\hat{\theta})$最小. 也就是说，在所有 θ 的线性无偏估计中，$\hat{\theta}=\frac{3}{5}\hat{\theta}_1+\frac{2}{5}\hat{\theta}_2$ 是最有效的.

例 8 设总体 $X\sim N(\mu,10^2)$，$(X_1,X_2,\cdots,X_n)$为来自该总体的样本，若要使 μ 的置信度为 0.95 的置信区间的长度不大于 5，问样本容量 n 至少应为多少？

解：由于总体方差 σ^2 已知，μ 的置信度为 $1-\alpha$ 的置信区间为

$$(\overline{X}-d,\overline{X}+d)，其中置信半径\ d=u_{\alpha/2}\frac{\sigma}{\sqrt{n}},$$

置信区间的长为

$$2d=2u_{\alpha/2}\frac{\sigma}{\sqrt{n}},\tag{9.1}$$

将题中给出的数据：$2d\leqslant5$，$u_{\alpha/2}=u_{0.025}=1.96$，$\sigma=10$ 代入(9.1)式，得

$$2\times1.96\times\frac{10}{\sqrt{n}}\leqslant5,$$

解得样本容量

$$n\geqslant\left(\frac{2\times1.96\times10}{5}\right)^2=61.465\,6,$$

可见，要使 μ 置信区间的长度不大于 5，样本容量 n 至少应为 62.

例 9 随机地从一批钉子中抽出 16 枚，测得其长度(单位：cm)为

2.14　2.10　2.13　2.15　2.13　2.12　2.13　2.10　2.15　2.12

2.14　2.10　2.13　2.11　2.14　2.11

设钉长服从正态分布 $N(\mu,\sigma^2)$.

如果(1)已知 $\sigma^2=0.01^2$；(2)σ^2 未知，

求 μ 的置信度为 90%的置信区间.

解：(1) 方差已知，期望的置信区间为

$$(\overline{X}-d,\overline{X}+d),d=u_{\alpha/2}\frac{\sigma}{\sqrt{n}},$$

经计算，得

$$\overline{x}=\frac{1}{16}(2.14+2.10+\cdots+2.11)=\frac{1}{16}\times34=2.125.$$

由于给定的置信度为$1-\alpha=0.90$,故$\alpha=0.1$,$\alpha/2=0.05$,$1-\alpha/2=0.95$,又因为对上侧分位点$u_{\alpha/2}$有

$$P\{U>u_{\alpha/2}\}=\frac{\alpha}{2},\text{其中 } U\sim N(0,1),$$

从而

$$P\{U\leqslant u_{\alpha/2}\}=1-\frac{\alpha}{2},\text{即 } \Phi(u_{\alpha/2})=1-\frac{\alpha}{2}.$$

查标准正态分布表知

$$\Phi(1.65)=0.95=1-\frac{\alpha}{2},$$

所以$u_{\alpha/2}=u_{0.05}=1.65$,于是可求得置信半径

$$d=1.65\times\frac{0.01}{\sqrt{16}}=0.004,$$

置信度为90%的μ的置信区间,为

$$(2.125-0.004,2.125+0.004)=(2.121,2.129).$$

(2) 方差未知,期望的置信区间为

$$(\overline{X}-d,\overline{X}+d),d=t_{\alpha/2}(n-1)\frac{S}{\sqrt{n}},$$

经计算,得$\overline{x}=2.125$,

$$s^2=\frac{1}{n-1}\left(\sum_{i=1}^{n}x_i^2-n\overline{x}^2\right)=\frac{1}{15}(2.14^2+2.10^2+\cdots+2.11^2-16\times2.125^2)$$
$$=0.000\,29.$$

对置信度$1-\alpha=0.90$,即$\alpha/2=0.05$,查t分布表,得上侧分位点$t_{\alpha/2}(n-1)=t_{0.05}(15)=1.753$,于是可算得置信半径

$$d=1.753\times\sqrt{\frac{0.000\,29}{16}}=0.007\,5,$$

于是置信度为90%的μ的置信区间.为

$$(2.125-0.007\,5,2.125+0.007\,5)=(2.117\,5,2.132\,5).$$

例 10 测得自动车床加工中10个零件的尺寸与规定尺寸的偏差(单位:μm)如下:

+2 +1 −2 +3 +2 +4 −2 +5 +3 +4

设零件尺寸偏差服从正态分布$N(\mu,\sigma^2)$,求零件尺寸偏差的方差和标准差的置信区间(置信度为0.95).

解:期望未知,方差的置信区间为

$$\left(\frac{\sum_{i=1}^{n}(X_i-\overline{X})^2}{\chi^2_{\alpha/2}(n-1)},\frac{\sum_{i=1}^{n}(X_i-\overline{X})^2}{\chi^2_{1-\alpha/2}(n-1)}\right),$$

经计算得

$$\overline{x}=\frac{1}{10}\sum_{i=1}^{10}x_i=2,\sum_{i=1}^{10}(x_i-\overline{x})^2=\sum_{i=1}^{10}x_i^2-10\,\overline{x}^2=52,$$

已知 $1-\alpha=0.95$,故 $\alpha/2=0.025$,$1-\alpha/2=0.975$,查χ^2分布表,得上侧分位点

$$\chi^2_{0.025}(9)=19.0,\chi^2_{0.975}(9)=2.70,$$

于是 σ^2 的置信上、下限分别为

$$\frac{\sum_{i=1}^{10}(x_i-\overline{x})^2}{\chi^2_{0.975}(9)}=\frac{52}{2.70}=19.26,\quad \frac{\sum_{i=1}^{10}(x_i-\overline{x})^2}{\chi^2_{0.025}(9)}=\frac{52}{19.0}=2.74,$$

所以置信度为 0.95 方差 σ^2 的置信区间为 (2.74, 19.26).

置信度为 0.95 标准差 σ 的置信区间为

$$(\sqrt{2.74},\sqrt{19.26})=(1.66,4.39).$$

例 11 随机地从 A 批导线中抽出 4 根,从 B 批导线中抽取 5 根,测其电阻(单位:Ω),得数据如下:

A 批导线:0.143　0.142　0.143　0.137;

B 批导线:0.140　0.142　0.136　0.138　0.140.

设 A,B 两批导线电阻分别服从正态分布 $N(\mu_1,\sigma^2)$和 $N(\mu_2,\sigma^2)$且相互独立,求置信度为95%的 $\mu_1-\mu_2$ 的置信区间.

解:两个正态总体,方差未知但相等,期望差的置信区间为

$$(\overline{X}-\overline{Y}-d,\overline{X}-\overline{Y}+d),d=t_{\alpha/2}(n_1+n_2-2)S_\omega\sqrt{\frac{1}{n_1}+\frac{1}{n_2}},$$

其中

$$S_\omega^2=\frac{(n_1-1)S_1^2+(n_2-1)S_2^2}{n_1+n_2-2}.$$

为了计算简便,将数据进行变换,令

$$u_i=1\,000(x_i-0.14),i=1,2,3,4;v_i=1\,000(y_i-0.14),i=1,2,3,4,5.$$

变换前后数据由表 9.2 和表 9.3 给出:

表 9.2

x	0.143	0.142	0.143	0.137	
u	3	2	3	-3	$\sum u=5$
u^2	9	4	9	9	$\sum u^2=31$

表 9.3

y	0.140	0.142	0.136	0.138	0.140	
v	0	2	-4	-2	0	$\sum v=-4$
v^2	0	4	16	4	0	$\sum v^2=24$

记$\overline{x},\overline{y},s_x^2,s_y^2$分别表示变换前两组数据的样本均值和样本方差；$\overline{u},\overline{v},s_u^2,s_v^2$分别表示变换后两组数据的样本均值和样本方差.它们之间有如下关系(见教材习题 8.1 第 2 题)：

$$\overline{x}=\frac{1}{1\,000}\overline{u}+0.14,\ \overline{y}=\frac{1}{1\,000}\overline{v}+0.14,$$

$$s_x^2=\frac{1}{1\,000^2}s_u^2,\quad s_y^2=\frac{1}{1\,000^2}s_v^2.$$

经计算得

$$\overline{u}=\frac{1}{4}\sum_{i=1}^{4}u_i=\frac{5}{4}=1.25,\ \overline{v}=\frac{1}{5}\sum_{i=1}^{5}v_i=-\frac{4}{5}=-0.8,$$

$$s_u^2=\frac{1}{3}\left(\sum_{i=1}^{4}u_i^2-4\,\overline{u}^2\right)=\frac{1}{3}(31-4\times1.25^2)=8.25,$$

$$s_v^2=\frac{1}{4}\left(\sum_{i=1}^{5}v_i^2-5\,\overline{v}^2\right)=\frac{1}{4}[24-5\times(-0.8)^2]=5.2,$$

于是

$$\overline{x}=\frac{1}{1\,000}\times(1.25)+0.14=0.141\,25,\quad \overline{y}=\frac{1}{1\,000}\times(-0.8)+0.14=0.139\,2,$$

$$s_x^2=\frac{1}{1\,000^2}\times8.25=8.25\times10^{-6},\qquad s_x^2=\frac{1}{1\,000^2}\times5.2=5.2\times10^{-6}.$$

进而算得

$$s_\omega^2=\frac{3\times8.25\times10^{-6}+4\times5.2\times10^{-6}}{4+5-2}=6.45\times10^{-6},s_\omega=\sqrt{6.45}=2.54\times10^{-3},$$

并查 t 分布表得上侧分位点 $t_{0.025}(7)=2.365$,于是置信半径

$$d=2.365\times2.54\times10^{-3}\times\sqrt{\frac{1}{4}+\frac{1}{5}}=0.004.$$

因此置信度为 95%的 $\mu_1-\mu_2$ 的置信区间为

$$(0.141\,25-0.139\,2-0.004,0.141\,25-0.139\,2+0.004)$$
$$=(-0.002,0.006).$$

例 12 从两个相互独立的正态总体 $N(\mu_1,3^2)$和 $N(\mu_2,4^2)$中分别抽取容量为 25 和 30 的样本值,并算得样本均值分别为$\overline{x}=95,\overline{y}=90$,求期望差 $\mu_1-\mu_2$ 的置信度为 0.90 的置信区间.

解:两个正态总体,当方差 σ_1^2,σ_2^2 已知时,期望差 $\mu_1-\mu_2$ 的置信度为 $1-\alpha$ 的置信区间为

$$(\overline{X}-\overline{Y}-d,\overline{X}-\overline{Y}+d),\ d=u_{\alpha/2}\sqrt{\frac{\sigma_1^2}{n_1}+\frac{\sigma_2^2}{n_2}}.$$

因为置信度为 $1-\alpha=0.90$,故 $\alpha/2=0.05$,查标准正态分布表得上侧分位点 $u_{\alpha/2}=u_{0.05}=1.65$.经计算得置信半径

$$d=u_{\alpha/2}\sqrt{\frac{\sigma_1^2}{n_1}+\frac{\sigma_2^2}{n_2}}=1.65\sqrt{\frac{9}{25}+\frac{16}{30}}=1.56,$$

于是得期望差 $\mu_1-\mu_2$ 的置信度为 0.90 的置信区间.

$$(\overline{X}-\overline{Y}-d,\overline{X}-\overline{Y}+d)=(95-90-1.56,95-90+1.56)=(3.44,6.56).$$

例 13 一商店销售分别来自甲、乙两个厂家的同一种产品,为比较其性能的差异,分别从两厂家的产品中各抽取了 8 件和 9 件,测量某种性能指标,并算得其样本标准差分别为 $s_1=0.078$ 和 $s_2=0.087$.假定两厂家产品的该项性能相互独立且分别服从正态分布 $N(\mu_1,\sigma_1^2)$ 和 $N(\mu_2,\sigma_2^2)$,试求方差比 σ_1^2/σ_2^2 的置信区间(置信度为 0.95).

解:两个相互独立的正态总体方差之比 σ_1^2/σ_2^2 的置信度为 $1-\alpha$ 的置信区间为

$$\left(\frac{s_1^2/s_2^2}{F_{\alpha/2}(n_1-1,n_2-1)},\frac{s_1^2/s_2^2}{F_{1-\alpha/2}(n_1-1,n_2-1)}\right),$$

经计算得

$$s_1^2/s_2^2=0.078^2/0.087^2=0.8038.$$

查 F 分布表得上侧分位点

$$F_{\alpha/2}(n_1-1,n_2-1)=F_{0.025}(7,8)=4.53.$$

$$F_{1-\alpha/2}(n_1-1,n_2-1)=F_{0.975}(7,8)=\frac{1}{F_{0.025}(8,7)}=\frac{1}{4.90}=0.204.$$

于是得置信下、上限分别为

$$\frac{s_1^2/s_2^2}{F_{0.025}(7,8)}=\frac{0.8038}{4.53}=0.18,\ \frac{s_1^2/s_2^2}{F_{0.975}(7,8)}=\frac{0.8038}{0.204}=3.94,$$

即得两厂家产品的该项性能方差之比 σ_1^2/σ_2^2 的置信度为 0.95 的置信区间为(0.18, 3.94).

9.3.2 习题

单项选择题

(1) 设总体的数学期望为 μ,方差为 σ^2,μ,σ^2 均未知,$(X_1,X_2,\cdots,X_n)$ 为来自该总体的样本,$\overline{X}$为样本均值,则 σ^2 的矩估计为(　　).

A. $\frac{1}{n}\sum_{i=1}^{n}(X_i-\mu)^2$　　B. $\frac{1}{n-1}\sum_{i=1}^{n}(X_i-\mu)^2$

C. $\frac{1}{n}\sum_{i=1}^{n}(X_i-\overline{X})^2$　　D. $\frac{1}{n-1}\sum_{i=1}^{n}(X_i-\overline{X})^2$

(2) 设总体的数学期望为 0，方差为 σ^2，$(X_1,X_2,\cdots,X_n)$为来自该总体的样本，则 $\frac{1}{n}\sum_{i=1}^{n}X_i^2$ 是 σ^2 的(　　).

A. 矩估计且是无偏估计　　B. 矩估计但不是无偏估计

C. 最大似然估计且是无偏估计　　D. 最大似然估计但不是无偏估计

(3) 若 $\hat{\theta}$ 是 θ 的最大似然估计，则(　　).

A. $\hat{\theta}$ 必是似然方程的解　　B. $\hat{\theta}$ 不一定是似然方程的解

C. $\hat{\theta}$ 必是 θ 的矩估计　　D. $\hat{\theta}$ 不是 θ 的矩估计

(4) 设总体的数学期望与方差存在，(X_1,X_2,X_3)为来自该总体的样本，则下面总体数学期望估计中，最有效的是(　　).

A. $\frac{1}{3}X_1+\frac{1}{6}X_2+\frac{1}{2}X_3$　　B. $\frac{1}{5}X_1+\frac{2}{5}X_2+\frac{2}{5}X_3$

C. $\frac{1}{7}X_1+\frac{1}{7}X_2+\frac{2}{7}X_3$　　D. $\frac{1}{2}X_1+\frac{1}{2}X_3$

(5) 设$(X_1,X_2,\cdots,X_n)$为来自正态总体 $N(\mu,\sigma^2)$的样本，其中 σ^2 已知，L 表示置信度为 $1-\alpha$ 置信区间的长度，则(　　).

A. α 越大，L 就越小　　B. α 越大，L 就越大

C. α 越小，L 就越小　　D. α 与 L 设有关系

计算题与证明题

(6) 设总体 X 的概率密度为

$$f(x;\alpha)=\begin{cases}\alpha x^{\alpha-1}, & 0<x<1,\\ 0, & \text{其他},\end{cases}$$

其中 $\alpha>0$ 为未知参数，$(X_1,X_2,\cdots,X_n)$为来自该总体的样本，求 α 的矩估计与最大似然估计.

(7) 设总体 X 的概率密度为

$$f(x;\lambda)=\begin{cases}\lambda e^{-\lambda x}, & x>0,\\ 0, & x\leqslant 0,\end{cases}$$

其中 $\lambda>0$ 为未知参数，$(X_1,X_2,\cdots,X_n)$为来自该总体的样本，求 λ 的矩估计与最大似然估计.

(8) 设总体 X 的分布律为

X	1	2	3
P	θ^2	$2\theta(1-\theta)$	$(1-\theta)^2$

① 求 θ 的矩估计；② 当样本值为(1，1，2，1，3，2)时，求 θ 的矩估计值.

(9) 设总体 X 的概率密度为

$$f(x;\alpha)=\begin{cases}\alpha c^{\alpha}x^{-\alpha-1}, & x>c,\\ 0, & \text{其他},\end{cases}$$

其中 $\alpha>1$ 为未知参数，$c>0$ 为已知常数，$(X_1,X_2,\cdots,X_n)$ 为来自该总体的样本，求 α 的矩估计与最大似然估计.

(10) 设总体 X 的分布函数为

$$F(x;\alpha)=\begin{cases}1-\dfrac{1}{x^{\alpha}}, & x>1,\\ 0, & x\leqslant 1,\end{cases}$$

其中 $\alpha>1$ 为未知参数，$(X_1,X_2,\cdots,X_n)$ 为来自该总体的样本，求 α 的矩估计与最大似然估计.

(11) 设总体 X 的概率密度为

$$f(x;\theta)=\begin{cases}\dfrac{2x}{\theta^2}\mathrm{e}^{-x^2/\theta^2}, & x>0,\\ 0, & x\leqslant 0,\end{cases}$$

其中 $\theta>0$ 为未知参数，$(X_1,X_2,\cdots,X_n)$ 为来自该总体的样本，求 θ 与 θ^2 的最大似然估计.

(12) 设某电子元件的寿命 X 服从指数分布，其概率密度为

$$f(x;\lambda)=\begin{cases}\lambda\mathrm{e}^{-\lambda x}, & x>0,\\ 0, & x\leqslant 0,\end{cases}$$

其中 $\lambda>0$ 为未知参数，$(X_1,X_2,\cdots,X_n)$ 为来自该总体的样本，求元件在 T_0 时刻仍能正常工作概率的最大似然估计.

(13) 设总体 X 的概率密度为

$$f(x;\theta)=\begin{cases}\theta^2 x\mathrm{e}^{-\theta x}, & x>0,\\ 0, & x\leqslant 0,\end{cases}$$

其中 $\theta>0$ 为未知参数，$(X_1,X_2,\cdots,X_n)$ 为来自该总体的样本，

① 求 θ 与 $1/\theta$ 的最大似然估计 $\hat{\theta}_1,\hat{\theta}_2$；

② 证明 $\hat{\theta}_2$ 是 $1/\theta$ 的无偏估计.

(14) 设总体 X 的概率密度为

$$f(x;\theta)=\begin{cases}\dfrac{1}{\theta-1}, & 1<x<\theta,\\ 0, & \text{其他},\end{cases}$$

$(X_1,X_2,\cdots,X_n)$ 为来自该总体的样本，求 θ 的矩估计，并问它是否为 θ 的无偏估计？

(15) 某车间生产滚珠，从长期实践知道，滚珠直径服从正态分布 $N(\mu,\sigma^2)$，某日从产

品中随机地抽取 6 个，测得直径(单位:mm)为

14.6　15.1　14.9　14.8　15.2　15.1

若总体方差 $\sigma^2=0.06$，求置信度为 95%的总体期望 μ 的置信区间.

(16) 对飞机的飞行速度进行 15 次独立试验，测得飞机的最大飞行速度(单位:m/s)如下：

422.2　418.7　425.6　420.3　425.8　423.1　431.5　428.2　438.3　434.0　412.3
417.2　413.5　441.3　423.7

根据长期经验，可以认为最大飞行速度服从正态分布，试求最大飞行速度期望值的置信区间.(置信度为 95%)

(17) 测量铝的比重 16 次，得 $\overline{x}=2.705$，$s=0.029$，设测量结果服从以比重真值为数学期望的正态分布，求置信度为 0.95，铝的比重真值的置信区间.

(18) 某厂生产一批金属材料，其抗弯强度服从正态分布，现从这批金属材料中随机地抽取 11 个测其抗弯强度，得数据(单位:kg)如下：

42.5　42.7　43.0　42.3　43.4　44.5　44.0　43.8　44.1　43.9　43.7

求:① 平均抗弯强度的置信度为 0.95 的置信区间；

② 抗弯强度方差的置信度为 0.90 的置信区间.

(19) 设总体服从正态分布 $N(\mu,\sigma^2)$，$(x_1,x_2,\cdots,x_n)$为来自该总体的样本，对以下值，求方差 σ^2 的置信区间.

① $n=25,\sum\limits_{i=1}^{n}x_i=101.1,\sum\limits_{i=1}^{n}x_i^2=412.75,1-\alpha=0.90$；

② $n=25,s^2=1.243,1-\alpha=0.98$.

(20) 随机地取某种炮弹 9 发做试验，得炮口速度的样本标准差为 11(m/s).设炮口速度服从正态分布，求此种炮弹速度的方差与标准差的置信区间.(置信度为 90%)

(21) 设总体 $X\sim N(\mu,10^2)$，若要使 μ 的置信度为①0.95；②0.99 的置信区间的长度不超过 5，问样本容量 n 至少应为多少？

(22) 从某一学校中随机地抽查 30 名男学生和 15 名女学生的身高，以估计男、女学生平均身高之差.经测量，30 名男学生身高的平均值为 1.73 m，标准差为 0.035 m；15 名女学生身高的平均值为 1.66 m，标准差为 0.036 m.试求男、女学生身高期望之差的置信度为 95%的置信区间. 假定男、女学生身高服从方差相同的正态分布.

(23) 有两种灯泡，一种用甲型灯丝，一种用乙型灯丝.随机地抽取两种灯泡各 10 只进行寿命试验，得数据(单位:h)如下：

甲型灯丝:1 293　1 380　1 614　1 497　1 340　1 643　1 466　1 627　1 387　1 711

乙型灯丝:1 061　1 065　1 091　1 017　1 021　1 138　1 143　1 094　1 270　1 028

设两种灯泡寿命都服从正态分布且方差相等，并且相互独立，求两种灯泡平均寿命之差的

置信度为 90%的置信区间.

(24) 从两个相互独立的正态总体 $N(\mu_1,50)$、$N(\mu_2,60)$分别抽出容量 10、30 的样本值,并算得样本均值分别为$\bar{x}=80$,$\bar{y}=70$,求 $\mu_1-\mu_2$ 的置信度为 0.95 的置信区间.

(25) 甲、乙两位化验员独立地对某种聚合物的含氯量用相同的方法各做了 10 次测量,其测量值的样本方差分别为 0.541 9 和 0.606 5.设甲、乙所测量的数据都服从正态分布 $N(\mu_1,\sigma_1^2)$,$N(\mu_2,\sigma_2^2)$,求方差之比 σ_1^2/σ_2^2 的置信度为 95%的置信区间.

9.4 B 类例题与习题

9.4.1 例题

例 1 设总体 X 在区间$[a,b]$上服从均匀分布,$(X_1,X_2,\cdots,X_n)$为来自该总体的样本,求 a 和 b 的矩估计与最大似然估计.

分析:当总体分布中含有两个要估计的未知参数时,求其矩估计需要先求总体的一、二阶矩(如,数学期望和方差),然后用样本的一、二阶矩(如,样本均值与样本方差)代替它们,得到矩法方程组,解之便可得到它们的矩估计.

在求最大似然估计时,应当注意的是,当似然方程没有解时,应当用最大似然估计的定义求之.

解:(1) 由于

$$E(X)=\frac{a+b}{2},D(X)=\frac{(b-a)^2}{12},$$

按矩估计法,用$\overline{X}$替代 $E(X)$,用 S_n^2 替代 $D(X)$,得方程组

$$\begin{cases}\dfrac{a+b}{2}=\overline{X},\\[2mm]\dfrac{(b-a)^2}{12}=S_n^2,\end{cases}$$

解得 a 和 b 的矩估计分别是

$$\hat{a}=\overline{X}-\sqrt{3}S_n,\hat{b}=\overline{X}+\sqrt{3}S_n.$$

这里 $S_n=\sqrt{\dfrac{1}{n}\sum\limits_{i=1}^{n}(X_i-\overline{X})^2}$.

(2) 由于 X 的概率密度为

$$f(x;a,b)=\begin{cases}\dfrac{1}{b-a}, & a\leqslant x\leqslant b,\\0, & \text{其他},\end{cases}$$

所以似然函数为

$$L(a,b)=\prod_{i=1}^{n}f(x_i;a,b)=\begin{cases}\dfrac{1}{(b-a)^n}, & a\leqslant x_i\leqslant b, i=1,2,\cdots,n,\\ 0, & \text{其他},\end{cases}$$

$$=\begin{cases}\dfrac{1}{(b-a)^n}, & a\leqslant \min\limits_{1\leqslant i\leqslant n}\{x_i\}\leqslant \max\limits_{1\leqslant i\leqslant n}\{x_i\}\leqslant b,\\ 0, & \text{其他},\end{cases}$$

可见,$b-a$ 越小,即在 $a\leqslant \min\limits_{1\leqslant i\leqslant n}\{x_i\}\leqslant \max\limits_{1\leqslant i\leqslant n}\{x_i\}\leqslant b$ 范围内,a 越大而 b 越小,似然函数就越大.根据最大似然估计的定义,a 和 b 的最大似然估计应为

$$\hat{a}=\min_{1\leqslant i\leqslant n}\{X_i\},\hat{b}=\max_{1\leqslant i\leqslant n}\{X_i\}.$$

例 2 设总体 X 的概率密度为

$$f(x;\alpha,\beta)=\begin{cases}\dfrac{1}{\beta}e^{-\frac{x-\alpha}{\beta}}, & x\geqslant\alpha,\\ 0, & x<\alpha,\end{cases}$$

其中 $\alpha,\beta>0$ 为未知参数,$(X_1,X_2,\cdots,X_n)$ 为来自该总体的样本,求 α 和 β 的最大似然估计.

分析:此题的两个参数,一个可通过解似然方程得到其最大似然估计,而另一个则需用最大似然估计的定义来确定.

解:首先写出似然函数

$$L(\alpha,\beta)=\prod_{i=1}^{n}f(x_i;\alpha,\beta)=\begin{cases}\dfrac{1}{\beta^n}e^{-\frac{1}{\beta}\sum\limits_{i=1}^{n}(x_i-\alpha)}, & x_i\geqslant\alpha, i=1,2,\cdots n,\\ 0, & \text{其他},\end{cases}$$

$$=\begin{cases}\dfrac{1}{\beta^n}e^{-\frac{1}{\beta}\sum\limits_{i=1}^{n}x_i+\frac{n}{\beta}\alpha}, & \alpha\leqslant\min\limits_{1\leqslant i\leqslant n}\{x_i\},\\ 0, & \text{其他},\end{cases}$$

显然,α 越大,似然函数 $L(\alpha,\beta)$ 就越大,故 α 的最大似然估计为

$$\hat{\alpha}=\min_{1\leqslant i\leqslant n}\{X_i\}.$$

又因为

$$\ln L(\alpha,\beta)=-n\ln\beta-\frac{1}{\beta}\sum_{i=1}^{n}x_i+\frac{n}{\beta}\alpha,$$

$$\frac{\partial\ln L(\alpha,\beta)}{\partial\beta}=-\frac{n}{\beta}+\frac{1}{\beta^2}\sum_{i=1}^{n}X_i-\frac{n\alpha}{\beta^2}=-\frac{n}{\beta^2}(\beta-\overline{X}+\alpha),$$

令上式等于零,便解得 β 的最大似然估计为

$$\hat{\beta}=\overline{X}-\hat{\alpha}=\overline{X}-\min_{1\leqslant i\leqslant n}\{X_i\}.$$

例 3 设总体 X 的分布律为

X	a_1	a_2	a_3
P	θ^2	$2\theta(1-\theta)$	$(1-\theta)^2$

又设$(X_1,X_2,\cdots,X_n)$为来自该总体的样本，记$n_j(j=1,2,3)$表示$X_1,X_2,\cdots,X_n$中取值为$a_j(j=1,2,3)$的个数，求θ的最大似然估计.

分析:本题求解的关键是正确写出似然函数，即

$$L(\theta)=\prod_{i=1}^{n}P\{X_i=a_j\}=\prod_{i=1}^{n}P\{X=a_j\},j=1,2,3.$$

在上述连乘积中，是$P\{X=a_1\}$的有n_1个，是$P\{X=a_2\}$的有n_2个，是$P\{X=a_3\}$的有n_3个，并注意到$n_1+n_2+n_3=n$.

解:似然函数为

$$\begin{aligned}L(\theta)&=\prod_{i=1}^{n}P\{X_i=a_j\}\\&=[P\{X=a_1\}]^{n_1}[P\{X=a_2\}]^{n_2}[P\{X=a_3\}]^{n_3}\\&=\theta^{2n_1}[2\theta(1-\theta)]^{n_2}(1-\theta)^{2n_3}=2^{n_2}\theta^{2n_1+n_2}(1-\theta)^{n_2+2n_3},\end{aligned}$$

于是

$$\ln L(\theta)=n_2\ln 2+(2n_1+n_2)\ln\theta+(n_2+2n_3)\ln(1-\theta).$$

令

$$\frac{\mathrm{d}\ln L(\theta)}{\mathrm{d}\theta}=\frac{2n_1+n_2}{\theta}-\frac{n_2+2n_3}{1-\theta}=\frac{2n_1+n_2-2n\theta}{\theta(1-\theta)}=0,$$

解得θ的最大似然估计为

$$\hat{\theta}=\frac{2n_1+n_2}{2n}.$$

例 4 设总体X的分布律为

$$P\{X=k\}=-\frac{1}{\ln(1-p)}\frac{p^k}{k},k=1,2,\cdots.$$

其中$p(0<p<1)$为未知参数，又设$(X_1,X_2,\cdots,X_n)$为来自该总体的样本，求p的矩估计.

分析:虽然总体分布中仅含有一个未知参数，但若只用总体的一阶矩求其矩估计将得不出未知参数矩估计的显函数形式，此时可再求总体的二阶矩，然后用相应样本一、二阶矩替代，两者结合便可得到未知参数矩估计的显函数形式.

解:由于

$$a_1=E(X)=\sum_{k=1}^{\infty}k\left[-\frac{1}{\ln(1-p)}\frac{p^k}{k}\right]=-\frac{1}{\ln(1-p)}\sum_{k=1}^{\infty}p^k=-\frac{1}{\ln(1-p)}\frac{p}{1-p},$$

$$\begin{aligned}a_2=E(X^2)&=\sum_{k=1}^{\infty}k^2\left[-\frac{1}{\ln(1-p)}\frac{p^k}{k}\right]=-\frac{p}{\ln(1-p)}\sum_{k=1}^{\infty}kp^{k-1}\\&=-\frac{p}{\ln(1-p)}\left(\sum_{k=1}^{\infty}p^k\right)'_p=-\frac{p}{\ln(1-p)}\left(\frac{p}{1-p}\right)'_p=-\frac{p}{\ln(1-p)}\frac{1}{(1-p)^2},\end{aligned}$$

于是有

$$\frac{a_1}{a_2}=1-p,\text{ 即 } p=1-\frac{a_1}{a_2},$$

按矩估计法，用 $A_1=\frac{1}{n}\sum_{i=1}^{n}X_i$ 替代 a_1，用 $A_2=\frac{1}{n}\sum_{i=1}^{n}X_i^2$ 替代 a_2，便得 p 的矩估计

$$\hat{p}=1-\frac{\sum_{i=1}^{n}X_i}{\sum_{i=1}^{n}X_i^2}.$$

例 5 设总体 $X\sim U(0,\theta)$，$\theta>0$ 未知，(X_1,X_2,X_3,X_4) 为来自该总体的样本，

(1) 证明 $\hat{\theta}_1=\frac{1}{2}\sum_{i=1}^{4}X_i$，$\hat{\theta}_2=5\min\{X_1,X_2,X_3,X_4\}$，$\hat{\theta}_3=\frac{5}{4}\max\{X_1,X_2,X_3,X_4\}$ 均为 θ 的无偏估计；

(2) 判断上述 θ 的三个无偏估计中哪个最有效.

分析:在验证 $\hat{\theta}_2$, $\hat{\theta}_3$ 的无偏性及比较其有效性时，首先应根据连续型随机变量函数的分布的有关结果求出 $\min\{X_1,X_2,X_3,X_4\}$ 和 $\max\{X_1,X_2,X_3,X_4\}$ 的概率密度，再求其数学期望和方差.

解:(1) 由于 $X\sim U(0,\theta)$，即其分布函数和概率密度分别为

$$F(x;\theta)=\begin{cases}0, & x<0,\\ \frac{x}{\theta}, & 0\leqslant x<\theta,\\ 1, & x\geqslant\theta,\end{cases}\qquad f(x;\theta)=\begin{cases}\frac{1}{\theta}, & 0<x<\theta,\\ 0, & \text{其他},\end{cases}$$

于是 $\min\{X_1,X_2,X_3,X_4\}$ 和 $\max\{X_1,X_2,X_3,X_4\}$ 的分布函数分别为

$$F_m(x;\theta)=1-[1-F(x;\theta)]^4,\quad F_M(x;\theta)=[F(x;\theta)]^4$$

从而 $\min\{X_1,X_2,X_3,X_4\}$ 和 $\max\{X_1,X_2,X_3,X_4\}$ 的概率密度分别为

$$f_m(x;\theta)=4[1-F(x;\theta)]^3f(x;\theta)=\begin{cases}4\left(1-\frac{x}{\theta}\right)^3\frac{1}{\theta}, & 0<x<\theta,\\ 0, & \text{其他},\end{cases}$$

$$f_M(x;\theta)=4[F(x;\theta)]^3f(x;\theta)=\begin{cases}\frac{4x^3}{\theta^4}, & 0<x<\theta,\\ 0, & \text{其他},\end{cases}$$

故有

$$E(\hat{\theta}_2)=5E(\min\{X_1,X_2,X_3,X_4\})=5\int_0^{\theta}x\times 4\,\frac{(\theta-x)^3}{\theta^4}\mathrm{d}x=\theta,$$

即 $\hat{\theta}_2$ 为 θ 的无偏估计.

同样

$$E(\hat{\theta}_3) = \frac{5}{4}E(\max\{X_1,X_2,X_3,X_4\}) = \frac{5}{4}\int_0^\theta x\,\frac{4x^3}{\theta^4}\mathrm{d}x = \theta,$$

即 $\hat{\theta}_3$ 也是 θ 的无偏估计.

另一方面,因为 $E(X)=\theta/2$,所以

$$E(\hat{\theta}_1) = E\left(\frac{1}{2}\sum_{i=1}^{4}X_i\right) = \frac{1}{2}\times 4E(X) = \theta,$$

即 $\hat{\theta}_1$ 也是 θ 的无偏估计.

(2) 同样可算得

$$E[(\min\{X_1,X_2,X_3,X_4\})^2] = \int_0^\theta x^2\times 4\,\frac{(\theta-x)^3}{\theta^4}\mathrm{d}x = \frac{\theta^2}{15},$$

$$D[(\min\{X_1,X_2,X_3,X_4\})^2] = \frac{\theta^2}{15} - \left(\frac{\theta}{5}\right)^2 = \frac{2}{75}\theta^2,$$

于是

$$D(\hat{\theta}_2) = D(5\min\{X_1,X_2,X_3,X_4\}) = 25\times\frac{2}{75}\theta^2 = \frac{2}{3}\theta^2.$$

同样有

$$E[(\max\{X_1,X_2,X_3,X_4\})^2] = \int_0^\theta x^2\,\frac{4x^3}{\theta^4}\mathrm{d}x = \frac{2}{3}\theta^2,$$

$$D[(\max\{X_1,X_2,X_3,X_4\})^2] = \frac{2\theta^2}{3} - \left(\frac{4\theta}{5}\right)^2 = \frac{2}{75}\theta^2,$$

于是

$$D(\hat{\theta}_3) = D\left(\frac{5}{4}\max\{X_1,X_2,X_3,X_4\}\right) = \frac{25}{16}\times\frac{2}{75}\theta^2 = \frac{1}{24}\theta^2.$$

另一方面,由于 $D(X)=\theta^2/12$,所以

$$D(\hat{\theta}_1) = D\left(\frac{1}{2}\sum_{i=1}^{4}X_i\right) = \frac{1}{4}\times 4D(X) = \frac{1}{12}\theta^2.$$

可见 $D(\hat{\theta}_3)<D(\hat{\theta}_1)<D(\hat{\theta}_2)$,即 $\hat{\theta}_3$ 最有效.

例 6 设$(X_1,X_2,\cdots,X_n)$为来自正态总体 $N(\mu,\sigma^2)$的样本,其中 μ,σ^2 未知,且 $0<a<b$,又设随机区间

$$\left(\frac{\sum_{i=1}^{n}(X_i-\overline{X})^2}{b},\frac{\sum_{i=1}^{n}(X_i-\overline{X})^2}{a}\right)$$

的长为 L,求 L 的数学期望和方差.

分析:在计算中要用到第 8 章 B 类例题中例 4 的结果.

解:因为

$$L = \frac{\sum_{i=1}^{n}(X_i - \overline{X})^2}{a} - \frac{\sum_{i=1}^{n}(X_i - \overline{X})^2}{b} = \left(\frac{1}{a} - \frac{1}{b}\right)\sum_{i=1}^{n}(X_i - \overline{X})^2,$$

所以

$$E(L) = \left(\frac{1}{a} - \frac{1}{b}\right)E\left[\sum_{i=1}^{n}(X_i - \overline{X})^2\right] = \left(\frac{1}{a} - \frac{1}{b}\right)\sigma^2 E\left[\frac{\sum_{i=1}^{n}(X_i - \overline{X})^2}{\sigma^2}\right],$$

其中 $\frac{\sum_{i=1}^{n}(X_i - \overline{X})^2}{\sigma^2} \sim \chi^2(n-1)$，故

$$E\left[\frac{\sum_{i=1}^{n}(X_i - \overline{X})^2}{\sigma^2}\right] = n-1,\quad D\left[\frac{\sum_{i=1}^{n}(X_i - \overline{X})^2}{\sigma^2}\right] = 2(n-1),$$

于是 $E(L)=(n-1)\left(\frac{1}{a}-\frac{1}{b}\right)\sigma^2$，同样可得

$$D(L) = D\left[\left(\frac{1}{a} - \frac{1}{b}\right)\sum_{i=1}^{n}(X_i - \overline{X})^2\right] = \left(\frac{1}{a} - \frac{1}{b}\right)^2\sigma^4 D\left[\frac{\sum_{i=1}^{n}(X_i - \overline{X})^2}{\sigma^2}\right]$$

$$= 2(n-1)\left(\frac{1}{a} - \frac{1}{b}\right)^2\sigma^4.$$

9.4.2 习 题

1. 设总体服从正态分布 $N(\mu,\mu^2)$，其中 $\mu>0$ 为未知参数，又设 $(X_1,X_2,\cdots,X_n)$ 为来自该总体的样本，求 μ 的最大似然估计.

2. 设总体 $X\sim U(2\theta,5\theta)$，$(X_1,X_2,\cdots,X_n)$ 为来自该总体的样本，求 θ 的矩估计和最大似然估计.

3. 设总体 X 的分布函数为

$$F(x;\theta_1,\theta_2)=\begin{cases}1-\left(\frac{\theta_1}{x}\right)^{\theta_2}, & x\geqslant\theta_1,\\ 0, & x<\theta_1,\end{cases}$$

其中 $\theta_1>1,\theta_2>2$ 为未知参数，$(X_1,X_2,\cdots,X_n)$ 为来自该总体的样本，求 θ_1,θ_2 的最大似然估计.

4. 设总体 X 的分布律为

$$P\{X=k\}=\begin{cases}\theta^{k-1}(1-\theta), & k=1,2,\cdots,r,\\ \theta^r, & k=r+1,\end{cases}$$

其中 $\theta(0<\theta<1)$ 为未知参数，$(X_1,X_2,\cdots,X_n)$ 为来自该总体的样本，$X_1,X_2,\cdots,X_n$ 中有

M 个取值为 $r+1$，求 θ 的最大似然估计.

5. 设总体的概率密度为

$$f(x;\theta)=\begin{cases}\theta, & 0<x<1,\\ 1-\theta, & 1\leqslant x<2,\\ 0, & 其他,\end{cases}$$

其中 $\theta(0<\theta<1)$ 为未知参数，又设 $(X_1,X_2,\cdots,X_n)$ 为来自该总体的样本，记 N 为样本值 $x_1,x_2,\cdots,x_n$ 中小于 1 的个数，求 θ 的矩估计和最大似然估计.

6. 设总体的概率密度为

$$f(x;\theta)=\begin{cases}\dfrac{1}{2\theta}, & 0<x<\theta,\\ \dfrac{1}{2(1-\theta)}, & \theta\leqslant x<1,\\ 0, & 其他,\end{cases}$$

其中 $\theta(0<\theta<1)$ 为未知参数，又设 $(X_1,X_2,\cdots,X_n)$ 为来自该总体的样本，$\overline{X}$ 为样本均值，

(1) 求 θ 的矩估计；(2) 试判断 $4\overline{X}^2$ 是否为 θ^2 的无偏估计.

7. 设总体服从正态分布 $N(\mu,\sigma^2)$，μ 为已知数，$(X_1,X_2,\cdots,X_n)$ 为来自该总体的样本，证明 $\hat{\sigma}=\dfrac{1}{n}\sqrt{\dfrac{\pi}{2}}\sum\limits_{i=1}^{n}|X_i-\mu|$ 是 σ 的无偏估计.

8. 设总体 $X\sim U\left(\theta-\dfrac{1}{2},\theta+\dfrac{1}{2}\right)$，$\theta$ 未知，$(X_1,X_2,\cdots,X_n)$ 为来自该总体的样本，证明 $\hat{\theta}_1=\overline{X}$，$\hat{\theta}_2=\dfrac{1}{2}(\min\limits_{1\leqslant i\leqslant n}\{X_i\}+\max\limits_{1\leqslant i\leqslant n}\{X_i\})$ 均为 θ 的无偏估计.

9. 设 $(X_1,X_2,\cdots,X_n)$ 为来自正态总体 $N(0,\sigma^2)$ 的样本，$\overline{X}$ 为其样本均值，记

$$Y_i=X_i-\overline{X},i=1,2,\cdots,n.$$

(1) 求 Y_i 的方差 $D(Y_i)$，$i=1,2,\cdots,n$；

(2) 求 Y_1 与 Y_n 的协方差 $\mathrm{Cov}(Y_1,Y_n)$；

(3) 若 $c(Y_1+Y_n)^2$ 是 σ^2 的无偏估计，求常数 c.

10. 设总体 $X\sim U(\theta,\theta+1)$，θ 未知，$(X_1,X_2,\cdots,X_n)$ 为来自该总体的样本，

(1) 证明 $\hat{\theta}_1=\overline{X}-\dfrac{1}{2}$，$\hat{\theta}_2=\min\limits_{1\leqslant i\leqslant n}\{X_i\}-\dfrac{1}{n+1}$ 均为 θ 的无偏估计；

(2) 判断上述 θ 的两个无偏估计中哪个最有效？

11. 设有两个正态总体 $X\sim N(\mu_1,\sigma^2)$ 和 $Y\sim N(\mu_2,\sigma^2)$，$(X_1,X_2,\cdots,X_{n_1})$ 和 $(Y_1,Y_2,\cdots,Y_{n_2})$ 是分别来自总体 X 和 Y 的两个相互独立的样本，$\overline{X}$，$\overline{Y}$ 分别是它们的样本均值，S_1^2，S_2^2 分别是它们的样本方差，令

$$S_w^2=\frac{(n_1-1)S_1^2+(n_2-1)S_2^2}{n_1+n_2-2},$$

证明:S_1^2,S_2^2 及 S_ω^2 都是σ^2的无偏估计,且 S_ω^2 比 S_1^2,S_2^2 都有效.

12. 设$(X_1,X_2,\cdots,X_n)$为来自正态总体 $N(0,\sigma^2)$的样本,证明 $\hat{\sigma}^2=\frac{1}{n}\sum_{i=1}^{n}X_i^2$ 是σ^2 的无偏估计,并比较它与样本方差 $S^2=\frac{1}{n-1}\sum_{i=1}^{n}(X_i-\overline{X})^2$ 哪个更有效?

13. 设$(X_1,X_2,\cdots,X_n)$为来自正态总体 $N(\mu,\sigma^2)$的样本,其中 μ,σ^2 未知.令 L 表示期望μ 的置信度为 $1-\alpha$ 的置信区间的长度,求 $E(L^2)$.

9.5 习题答案与提示

9.5.1 A类习题答案

(1) C. (2) A. (3) B. (4) B. (5) A.

(6) $\hat{\alpha}_{矩}=\dfrac{\overline{X}}{1-\overline{X}}$; $\hat{\alpha}_L=-\dfrac{n}{\sum\limits_{i=1}^{n}\ln X_i}$. (7) $\hat{\lambda}_{矩}=\hat{\lambda}_L=\dfrac{1}{\overline{X}}$.

(8) $\dfrac{3-\overline{X}}{2}$; $\dfrac{2}{3}$. (9) $\hat{\alpha}_{矩}=\dfrac{\overline{X}}{\overline{X}-c}$, $\hat{\alpha}_L=\dfrac{n}{\sum\limits_{i=1}^{n}\ln X_i-n\ln c}$.

(10) $\hat{\alpha}_{矩}=\dfrac{\overline{X}}{\overline{X}-1}$, $\hat{\alpha}_L=\dfrac{n}{\sum\limits_{i=1}^{n}\ln X_i}$.

(11) $\hat{\theta}=\sqrt{\dfrac{1}{n}\sum\limits_{i=1}^{n}X_i^2}$, $\hat{\theta}^2=\dfrac{1}{n}\sum\limits_{i=1}^{n}X_i^2$.

(12) $\hat{p}=e^{-T_0/\overline{X}}$.

(13) ①$\hat{\theta}_1=\dfrac{2}{\overline{X}}$, $\hat{\theta}_2=\dfrac{\overline{X}}{2}$; ② 提示:$E(\overline{X})=E(X)=\int_{-\infty}^{+\infty}xf(x;\theta)\mathrm{d}x=\dfrac{2}{\theta}$.

(14) $\hat{\theta}=2\overline{X}-1$; $\hat{\theta}$ 是θ 的无偏估计. (15) (14.75, 15.15).

(16) (420.35, 429.74). (17) (2.690, 2.720).

(18) ① (42.96, 43.93),② (0.28, 1.32). (19) ① (0.11, 0.28),② (0.69, 2.75).

(20) 方差的置信区间为 (62.42, 354.19),标准差的置信区间为 (7.90, 18.82).

(21) ① $n\geqslant 61$; ② $n\geqslant 106$. (22) (0.047 5, 0.092 5).

(23) (313, 493). (24) (4.81, 15.19). (25) (0.222, 3.601).

9.5.2 B类习题答案

1. $\hat{\mu}=\dfrac{1}{2}\left(\sqrt{A_1^2+4A_2}-A_1\right)$. 2. $\hat{\theta}_{矩}=\dfrac{2}{7}\overline{X}$, $\hat{\theta}_L=\dfrac{1}{5}\max\limits_{1\leqslant i\leqslant n}\{X_i\}$.

3. $\hat{\theta}_1 = \min\limits_{1 \leqslant i \leqslant n}\{X_i\}, \hat{\theta}_2 = \dfrac{n}{\ln\left(\prod\limits_{i=1}^{n} X_i \Big/ \left(\min\limits_{1 \leqslant i \leqslant n}\{X_i\}\right)^n\right)}$.

4. $\hat{\theta} = \dfrac{\sum\limits_{i=1}^{n} X_i - n}{\sum\limits_{i=1}^{n} X_i - M}$.　　5. $\hat{\theta}_{矩} = \overline{X}, \hat{\theta}_L = N/n$.

6. (1) $\hat{\theta} = 2\overline{X} - \dfrac{1}{2}$；(2)不是无偏估计.　　7. 证明略.

8. 提示：先求出$\min\limits_{1 \leqslant i \leqslant n}\{X_i\}$和$\max\limits_{1 \leqslant i \leqslant n}\{X_i\}$的概率密度，再通过计算它们的数学期望，便可证明$\hat{\theta}_2$无偏性.

9. (1) $D(Y_i) = \dfrac{n-1}{n}\sigma^2, i = 1, 2, \cdots n$. (2) $\mathrm{Cov}(Y_1, Y_n) = -\dfrac{1}{n}\sigma^2$；(3) $c = \dfrac{n}{2(n-2)}$；

10. 提示：先求出$\min\limits_{1 \leqslant i \leqslant n}\{X_i\}$的概率密度，再通过计算$\hat{\theta}_2$的数学期望和方差，便可证明其无偏性并比较其有效性. $\hat{\theta}_2$较$\hat{\theta}_1$有效.

11. 提示：在比较有效性时，利用第 8 章 B 类例题中例 4 的结果.

12. $\hat{\sigma}^2$较S^2有效.　　13. $E(L^2) = \dfrac{4\sigma^2}{n} t_{\alpha/2}^2 (n-1)$.

第 10 章　假设检验

10.1　内 容 提 要

1. 基本概念与思想方法

(1) 假设检验的基本概念

原假设与备选假设　将要考察的命题化为两者必居其一的两个假设进行统计检验，其中一个假设称为原假设，另一个称为备选假设，分别记为 H_0 和 H_1. 通常是将重要的且便于进行统计分析的假设定为原假设.

拒绝域与接受域　统计检验法是依据样本值来推断是拒绝原假设还是接受原假设. 将拒绝原假设的样本值的全体称为拒绝域，而其余样本值的全体称为接受域.

检验统计量　在建立检验法时，其拒绝域通常是通过某个统计量来构造的，称此统计量为检验统计量.

显著性水平　显著性水平 α 是一个很小的正数，使得当原假设为真时，检验法做出拒绝原假设的错误概率不超过 α.

(2) 假设检验的基本思想

假设检验的基本思想就是依据实际推断原理，即“小概率事件在一次实验中实际上是不应该发生的”，如果在一次实验中小概率事件竟然发生了，我们便可认为形成此小概率事件的假设不正确，从而拒绝此假设，否则便不能拒绝此假设.

(3) 假设检验的一般步骤

① 根据实际问题，提出要检验的原假设 H_0 和备选假设 H_1.

② 构造一个适当的检验统计量，此统计量在 H_0 成立时和在 H_0 不成立时，其取值有明显的不同倾向.

③ 对给定的显著性水平 α 和与检验统计量相关的分布构造一个小概率事件，即使得 $P\{(X_1,X_2,\cdots X_n)\in W \mid H_0 \text{ 成立}\}=\alpha$，从而求出拒绝域 W.

④ 由样本值求出检验统计量的值，并判断样本值是否落入拒绝域内，进而相应作出是拒绝 H_0 还是接受 H_0 的推断.

(4) 两类错误

当原假设 H_0 为真，而样本值却落入拒绝域内，从而依检验法就会作出拒绝 H_0 的错误推断，我们称此检验法犯了第一类错误. 第一类错误又称为弃真错误. 犯第一类错误的概率就是显著性水平 α.

当原假设 H_0 不真，而样本值却落入接受域内，从而依检验法就会作出接受 H_0 的错误推断，我们称此检验法犯了第二类错误，第二类错误又称为取伪错误. 犯第二类错误的概率要依具体条件而定.

当样本容量一定时，一般情况下，犯第一类错误概率越小，犯第二类错误概率就越大；反之，犯第二类错误概率越小，犯第一类错误概率就越大. 增加样本容量通常可使犯两类错误的概率都减少.

2. 正态总体期望与方差的假设检验

表 10.1 给出了正态总体期望与方差几个常用假设检验的结果.

表 10.1

单个正态总体 $N(\mu,\sigma^2)$	原假设 H_0	备选假设 H_1	检验统计量	分布	拒绝域 （显著性水平为 α）
方差 σ^2 已知期望 μ 的检验 U 检验	$\mu=\mu_0$ $\mu\leqslant\mu_0$ $\mu\geqslant\mu_0$	$\mu\neq\mu_0$ $\mu>\mu_0$ $\mu<\mu_0$	$U=\dfrac{\bar{X}-\mu_0}{\sigma/\sqrt{n}}$	$N(0,1)$	$\lvert u\rvert\geqslant u_{\alpha/2}$ $u\geqslant u_\alpha$ $u\leqslant -u_\alpha$
方差 σ^2 未知期望 μ 的检验 T 检验	$\mu=\mu_0$ $\mu\leqslant\mu_0$ $\mu\geqslant\mu_0$	$\mu\neq\mu_0$ $\mu>\mu_0$ $\mu<\mu_0$	$T=\dfrac{\bar{X}-\mu_0}{S/\sqrt{n}}$	$t(n-1)$	$\lvert t\rvert\geqslant t_{\alpha/2}(n-1)$ $t\geqslant t_\alpha(n-1)$ $t\leqslant -t_\alpha(n-1)$
期望 μ 未知方差 σ^2 的检验 χ^2 检验	$\sigma^2=\sigma_0^2$ $\sigma^2\leqslant\sigma_0^2$ $\sigma^2\geqslant\sigma_0^2$	$\sigma^2\neq\sigma_0^2$ $\sigma^2>\sigma_0^2$ $\sigma^2<\sigma_0^2$	$\chi^2=\dfrac{(n-1)S^2}{\sigma_0^2}$	$\chi^2(n-1)$	$\chi^2\leqslant\chi^2_{1-\alpha/2}(n-1)$ 或 $\chi^2\geqslant\chi^2_{\alpha/2}(n-1)$ $\chi^2\geqslant\chi^2_\alpha(n-1)$ $\chi^2\leqslant\chi^2_{1-\alpha}(n-1)$
两个正态总体 $N(\mu_1,\sigma_1^2),N(\mu_2,\sigma_2^2)$	原假设 H_0	备选假设 H_1	检验统计量	分布	拒绝域 （显著性水平为 α）
方差 σ_1^2,σ_2^2 已知，期望 μ_1,μ_2 的检验 U 检验	$\mu_1=\mu_2$ $\mu_1\leqslant\mu_2$ $\mu_1\geqslant\mu_2$	$\mu_1\neq\mu_2$ $\mu_1>\mu_2$ $\mu_1<\mu_2$	$U=\dfrac{\bar{X}-\bar{Y}}{\sqrt{\dfrac{\sigma_1^2}{n_1}+\dfrac{\sigma_2^2}{n_2}}}$	$N(0,1)$	$\lvert u\rvert\geqslant u_{\alpha/2}$ $u\geqslant u_\alpha$ $u\leqslant -u_\alpha$
方差 $\sigma_1^2=\sigma_2^2$ 未知，期望 μ_1,μ_2 的检验 T 检验	$\mu_1=\mu_2$ $\mu_1\leqslant\mu_2$ $\mu_1\geqslant\mu_2$	$\mu_1\neq\mu_2$ $\mu_1>\mu_2$ $\mu_1<\mu_2$	$T=\dfrac{\bar{X}-\bar{Y}}{S_\omega\sqrt{\dfrac{1}{n_1}+\dfrac{1}{n_2}}}$ 其中 $S_\omega=\sqrt{\dfrac{(n_1-1)S_1^2+(n_1-1)S_2^2}{n_1+n_2-2}}$	$t(n_1+n_2-2)$	$\lvert t\rvert\geqslant t_{\frac{\alpha}{2}}(n_1+n_1-2)$ $t\geqslant t_\alpha(n_1+n_2-2)$ $t\leqslant -t_\alpha(n_1+n_2-2)$
期望 μ_1,μ_2 未知，方差 σ_1^2,σ_2^2 的检验 F 检验	$\sigma_1^2=\sigma_2^2$ $\sigma_1^2\leqslant\sigma_2^2$ $\sigma_1^2\geqslant\sigma_2^2$	$\sigma_1^2\neq\sigma_2^2$ $\sigma_1^2>\sigma_2^2$ $\sigma_1^2<\sigma_2^2$	$F=\dfrac{S_1^2}{S_2^2}$	$F(n_1-1,n_2-1)$	$F\leqslant F_{1-\alpha/2}(n_1-1,n_2-1)$ 或 $F\geqslant F_{\alpha/2}(n_1-1,n_2-1)$ $F\geqslant F_\alpha(n_1-1,n_2-1)$ $F\leqslant F_{1-\alpha}(n_1-1,n_2-1)$

3. 总体分布的拟合优度检验

(1) 离散型总体

设总体分布律为 $P\{X=a_i\}=p_i, i=1,2,\cdots,r$,而 $p_{0i}, i=1,\cdots,r$ 为已知分布律(若含有未知参数,应将未知参数用其最大似然估计替代,而 p_{0i}应为其相应的估计值),要检验的假设为

$$H_0: p_i=p_{0i}, i=1,2,\cdots,r \leftrightarrow H_1: \text{至少存在一个 } i, \text{使得 } p_i \neq p_{0i},$$

检验统计量为

$$\chi^2=\sum_{i=1}^{r}\frac{(n_i-np_{0i})^2}{np_{0i}},$$

其中 n_i 表示样本 $X_1,X_2,\cdots,X_n$ 中取值为 a_i 的个数. 在 H_0 成立条件下,当样本容量 $n\to\infty$ 时,χ^2 渐近服从$\chi^2(r-k-1)$分布.

对显著性水平 α,其拒绝域为$\chi^2\geqslant\chi^2_\alpha(r-k-1)$. 这里 k 为要估计的未知参数的个数.

(2) 连续型总体

需先将总体分布离散化,再按上述办法进行检验即可.

10.2 基本要求

1. 理解显著性检验的基本思想,掌握假设检验的基本步骤.
2. 理解假设检验可能产生的两类错误,对于较简单的情形,会计算两类错误的概率.
3. 掌握单个及两个正态总体的均值与方差的假设检验.

10.3 A类例题与习题

10.3.1 例题

例 1 设总体 $X\sim N(0,\sigma^2)$,$(X_1,X_2,\cdots,X_n)$为来自该总体的样本,试对假设

$$H_0: \sigma^2=\sigma_0^2 \leftrightarrow H_1: \sigma^2\neq\sigma_0^2 \ (\sigma_0^2 \text{ 为已知正数})$$

建立显著性水平为 α 的检验法.

解:取检验统计量为

$$\chi^2=\frac{\sum_{i=1}^{n}X_i^2}{\sigma_0^2},$$

显然,当 H_0 成立时,

$$\chi^2=\frac{\sum_{i=1}^{n}X_i^2}{\sigma_0^2}=\sum_{i=1}^{n}\left(\frac{X_i}{\sigma_0}\right)^2\sim\chi^2(n).$$

对显著性水平 α，查χ^2分布表得上侧分位点 $\chi^2_{1-\alpha/2}(n)$和 $\chi^2_{\alpha/2}(n)$，可使得

$$P\{\chi^2\leqslant\chi^2_{1-\alpha/2}(n)\text{或}\ \chi^2\geqslant\chi^2_{\alpha/2}(n)\}=\alpha,$$

可见，$\{\chi^2\leqslant\chi^2_{1-\alpha/2}(n)\text{或}\ \chi^2\geqslant\chi^2_{\alpha/2}(n)\}$为一小概率事件，因此若由样本值$(x_1,x_2,\cdots,x_n)$算出的$\chi^2$值满足

$$\chi^2\leqslant\chi^2_{1-\alpha/2}(n)\text{或}\ \chi^2\geqslant\chi^2_{\alpha/2}(n)\quad\text{（拒绝域）},$$

则拒绝 H_0，否则不能拒绝 H_0.

例 2　由经验知道某零件重量 $X\sim N(\mu,\sigma^2)$，其中 $\mu=15,\sigma^2=0.05$，技术革新后，抽查 6 个样品，测得重量(单位:g)为

14.7　15.1　14.8　15.0　15.2　14.6

已知方差不变，问零件的平均重量是否仍为 15.(显著性水平为 $\alpha=0.05$)

解:按题意，要检验的假设为

$$H_0:\mu=15\leftrightarrow H_1:\mu\neq15,$$

根据例题给出条件及要检验的假设，应取 U 检验法，其拒绝域为$|u|\geqslant u_{\alpha/2}$.

经计算得 $\bar{x}=14.9$. 进而

$$u=\frac{\bar{x}-\mu_0}{\sigma/\sqrt{n}}=\frac{14.9-15}{\sqrt{0.05}\sqrt{6}}=-1.09,$$

另一方面，对显著性水平 $\alpha=0.05$，查标准正态分布表得 $u_{\alpha/2}=u_{0.025}=1.96$，可见

$$|u|=1.09<1.96=u_{\alpha/2},$$

故不能拒绝 H_0，即可认为零件的平均重量仍为 15 g.

例 3　机器包装食盐，设每袋盐的净重服从正态分布. 规定每袋标准重量为 500 g，标准差不能超过 10 g. 某日开工后，为检查机器工作是否正常，从包装好的食盐中随机地抽取 9 袋，测其净重为

497　507　510　475　484　488　524　491　515

问这天包装机工作是否正常?($\alpha=0.05$)

解:设包装机包装食盐的净重为 X，按题意 $X\sim N(\mu,\sigma^2)$

包装机工作是否正常主要是考查两个方面:一是包装机包装食盐的净重是否有系统偏差，即检验假设 $H_0:\mu=500\leftrightarrow H:\mu\neq500$;二是包装机包装食盐的净重，其波动程度是否不超过规定的标准，即检验假设 $H_0:\sigma^2\leqslant10^2\leftrightarrow H_1:\sigma^2>10^2$.

① 检验假设 $H_0:\mu=500\leftrightarrow H_1:\mu\neq500$.

此假设检验属于单个正态总体方差未知，期望是否等于某已知常数的检验，应使用 t 检验法，其拒绝域为

$$|t|\geqslant t_{\alpha/2}(n-1)\text{，其中 } t=\frac{\bar{x}-\mu_0}{s/\sqrt{n}}=\frac{\bar{x}-500}{s/\sqrt{9}},$$

经计算得 $\bar{x}=499,s=16.03$ 进而算得

$$t=\frac{499-500}{16.03/\sqrt{9}}=-0.187,$$

对显著性水平 $\alpha=0.05$,查 t 分布表得 $t_{\alpha/2}(n-1)=t_{0.025}(8)=2.306$,可见

$$|t|=0.187<2.306=t_{\alpha/2}(n-1),$$

故不能拒绝 H_0,即可认为平均每袋食盐的净重为 500 g,说明包装机无系统偏差.

② 检验假设 $H_0:\sigma^2\leqslant 10^2 \leftrightarrow H_1:\sigma^2>10^2$.

此假设检验属于正态总体期望未知,方差是否不超过某已知常数的检验,应使用χ^2检验法,其拒绝域为

$$\chi^2\geqslant\chi_{\alpha}^2(n-1),\text{其中 }\chi^2=\frac{(n-1)s^2}{\sigma_0^2}=\frac{8s^2}{10^2},$$

经计算得

$$\chi^2=\frac{8\times 16.03^2}{10^2}=20.56,$$

对显著性水平 $\alpha=0.05$,查χ^2分布表得 $\chi_{\alpha}^2(n-1)=\chi_{0.05}^2(8)=15.5$,可见

$$\chi^2=20.56>15.5=\chi_{\alpha}^2(n-1),$$

故应拒绝 H_0,即可认为包装机包装的食盐的净重的标准差超过了 10 g,说明包装机不够稳定.总之,该天包装机工作不够正常.

例 4 设甲、乙两煤矿的含碳率分别服从正态分布 $N(\mu_1,\sigma_1^2)$和 $N(\mu_2,\sigma_2^2)$已知 $\sigma_1^2=7.5$, $\sigma_2^2=2.6$,现从两煤矿中分别抽取 5 个和 4 个样本测其含碳率,并算其样本均值分别为 $\bar{x}=21.5$ 和 $\bar{y}=18$,问甲、乙两煤矿的平均含碳率是否相同?($\alpha=0.05$)

解:按题意,要检验的假设为

$$H_0:\mu_1=\mu_2\leftrightarrow H_1:\mu_1\neq\mu_2,$$

此问题属于两个正态总体方差已知,期望是否相等的检验问题,应使用 U 检验法,其拒绝域为

$$|u|\geqslant u_{\alpha/2},\text{其中 }u=\frac{\bar{x}-\bar{y}}{\sqrt{\frac{\sigma_1^2}{n_1}+\frac{\sigma_2^2}{n_2}}},$$

经计算得

$$u=\frac{\bar{x}-\bar{y}}{\sqrt{\frac{\sigma_1^2}{n_1}+\frac{\sigma_2^2}{n_2}}}=\frac{21.5-18}{\sqrt{\frac{7.5}{5}+\frac{2.6}{4}}}=2.39,$$

对显著性水平 $\alpha=0.05$,查标准正态分布表得 $u_{\alpha/2}=u_{0.025}=1.96$.可见

$$|u|=2.39>1.96=u_{\alpha/2},$$

故应拒绝 H_0,即应认为甲、乙两煤矿的含碳率是不同的.

例 5 测得两批电子器材的样本电阻值(单位:Ω)为

A 批:0.140 0.138 0.143 0.142 0.144 0.137

B批：0.135　0.140　0.142　0.136　0.138　0.140

假定两批电子器材的电阻值都服从正态分布，试在显著性水平为 0.05 下，检验两批电子器材的平均电阻值是否有差异？

解：设A批电子器材的电阻值为 X，$X \sim N(\mu_1, \sigma_1^2)$，B批电子器材的电阻值为 Y，$Y \sim N(\mu_2, \sigma_2^2)$ 按题意，要检验的假设为 $H_0: \mu_1=\mu_2 \leftrightarrow H_1: \mu_1 \neq \mu_2$.

为了正确运用 t 检验法，首先需检验两批器材电阻值的方差是否相等. 为了减少原本方差不相等而错误地认为方差相等的概率，即减少犯第二错误的概率，在检验方差是否相等时，应取显著性水平大一些，如取 $\alpha=0.1$.

设甲批与乙批电子器材的电阻值分别服从正态分布 $N(\mu_1, \sigma_1^2)$ 和 $N(\mu_2, \sigma_2^2)$.

(1) 在显著性水平 $\alpha=0.1$ 下，检验假设

$$H_0: \sigma_1^2=\sigma_2^2 \leftrightarrow H_1: \sigma_1^2 \neq \sigma_2^2.$$

经计算得 $\bar{x}=0.1407$，$\bar{y}=0.1385$，$s_1^2=7.867\times10^{-6}$，$s_2^2=7.1\times10^{-6}$，于是

$$f=\frac{s_1^2}{s_2^2}=\frac{7.867\times10^{-6}}{7.1\times10^{-6}}=1.108,$$

对 $\alpha=0.1$，查 F 分布表得 $F_{\alpha/2}(n_1-1, n_2-1)=F_{0.05}(5,5)=5.05$，

$F_{1-\alpha/2}(n_1-1, n_2-1)=F_{0.95}(5,5)=\dfrac{1}{F_{0.05}(5,5)}=1/5.05=0.198$，可见

$$F_{0.95}(5,5)=0.198<f=1.108<5.05=F_{0.05}(5,5),$$

故应接受 H_0，即可认为 $\sigma_1^2=\sigma_2^2$.

(2) 检验假设

$$H_0: \mu_1=\mu_2 \leftrightarrow H_1: \mu_1 \neq \mu_2,$$

应使用 t 检验法，拒绝域为

$$|t| \geqslant t_{\alpha/2}(n_1+n_2-2)，其中\ t=\frac{\bar{x}-\bar{y}}{S_\omega\sqrt{\frac{1}{n_1}+\frac{1}{n_2}}},\ S_\omega^2=\frac{(n_1-1)s_1^2+(n_2-1)s_2^2}{n_1+n_2-2},$$

经计算得

$$t=\frac{0.1407-0.1385}{\sqrt{\frac{5\times7.867\times10^{-6}+5\times7.1\times10^{-6}}{6+6-2}}\sqrt{\frac{1}{6}+\frac{1}{6}}}=1.37,$$

对 $\alpha=0.05$，查 t 分布表得 $t_{\alpha/2}(n_1+n_2-2)=t_{0.025}(10)=2.228$，可见

$$|t|=1.37<2.228=t_{\alpha/2}(n_1+n_2-2),$$

故不能拒绝 H_0，即可认为两批电子器材的平均电阻值没有差异.

10.3.2 习题

单项选择题

(1) 测定某种液体中的水份，设测定值服从正态分布 $N(\mu, \sigma^2)$，若要判断液体中水份的标准差是否少于 0.04%，则应取要检验的假设为（　　）.

A. $H_0: \sigma < 0.04\% \leftrightarrow H_1: \sigma \geqslant 0.04\%$　　B. $H_0: \sigma \geqslant 0.04\% \leftrightarrow H_1: \sigma < 0.04\%$

C. $H_0: \sigma \leqslant 0.04\% \leftrightarrow H_1: \sigma > 0.04\%$　　D. $H_0: \sigma > 0.04\% \leftrightarrow H_1: \sigma \leqslant 0.04\%$

(2) 在上面第1题中,若要考察液体中水份的标准差是否不大于0.04%,则应取要检验的假设为(　　).

A. $H_0: \sigma < 0.04\% \leftrightarrow H_1: \sigma \geqslant 0.04\%$　　B. $H_0: \sigma \geqslant 0.04\% \leftrightarrow H_1: \sigma < 0.04\%$

C. $H_0: \sigma \leqslant 0.04\% \leftrightarrow H_1: \sigma > 0.04\%$　　D. $H_0: \sigma > 0.04\% \leftrightarrow H_1: \sigma \leqslant 0.04\%$

(3) 设总体 $X \sim N(\mu, \sigma^2)$,其中 μ, σ^2 均未知,要检验的假设为

$$H_0: \sigma^2 = \sigma_0^2 \leftrightarrow H_1: \sigma^2 \neq \sigma_0^2 (\sigma_0^2 \text{ 为已知正数}),$$

给定显著性水平为 α,则所建立的检验法(　　).

A. 犯第一类错误的概率为 α　　B. 犯第二类错误的概率为 α

C. 犯第一类错误的概率为 $1-\alpha$　　D. 犯第二类错误的概率为 $1-\alpha$

(4) 设总体 $X \sim N(\mu, \sigma^2)$,其中 μ, σ^2 均未知,$(X_1, X_2, \cdots, X_n)$ 为来自该总体的样本,令

$$\bar{X} = \frac{1}{n}\sum_{i=1}^{n} X_i, S^2 = \frac{1}{n-1}\sum_{i=1}^{n}(X_i - \bar{X})^2, S_n^2 = \frac{1}{n}\sum_{i=1}^{n}(X_i - \bar{X})^2,$$

对假设 $H_0: \mu = \mu_0 \leftrightarrow H_1: \mu \neq \mu_0$,则检验统计量应为(　　).

A. $T = \dfrac{\bar{X} - \mu_0}{S}\sqrt{n-1}$　　B. $T = \dfrac{\bar{X} - \mu}{S}\sqrt{n-1}$

C. $T = \dfrac{\bar{X} - \mu_0}{S_n}\sqrt{n-1}$　　D. $T = \dfrac{\bar{X} - \mu}{S_n}\sqrt{n-1}$

(5) 设总体 $X \sim N(\mu, \sigma^2)$,其中 μ 未知而 σ^2 已知,$(X_1, X_2, \cdots, X_n)$ 为来自该总体的样本,令

$$\bar{X} = \frac{1}{n}\sum_{i=1}^{n} X_i, S^2 = \frac{1}{n-1}\sum_{i=1}^{n}(X_i - \bar{X})^2, S_n^2 = \frac{1}{n}\sum_{i=1}^{n}(X_i - \bar{X})^2.$$

假设 $H_0: \mu = \mu_0 \leftrightarrow H_1: \mu \neq \mu_0$,则检验统计量应为(　　).

A. $T = \dfrac{\bar{X} - \mu_0}{S}\sqrt{n-1}$　　B. $T = \dfrac{\bar{X} - \mu_0}{\sigma}\sqrt{n-1}$

C. $T = \dfrac{\bar{X} - \mu_0}{S_n}\sqrt{n}$　　D. $T = \dfrac{\bar{X} - \mu_0}{\sigma}\sqrt{n}$

计算与证明题

(6) 给下列问题提出要检验的假设,并指出用什么检验法.

① 林场造林若干亩,五年后抽测50株,得树高的平均值为9.2 m.设树高服从正态分布 $N(\mu, \sigma^2)$,且已知树高的标准差 σ 为1.6 m,问该林场的平均树高是否为10 m?

② 对一批新的液体存贮罐进行耐裂试验.根据经验爆破压力服从正态分布 $N(\mu, \sigma^2)$,过去这种存储罐的平均爆破压力为549 kg/m².问这批新罐的平均爆破压力与过去罐的平均爆破压力有无差异?

③ 测定某种液体中的水分.假定水分的测定值服从正态分布 $N(\mu,\sigma^2)$，试问测定值的标准差是否超过了 0.04?

④ 某种物品在处理前后，分别取样分析其含脂率.假定处理前后其含脂率分别服从正态分布 $N(\mu,\sigma^2)$，$N(\mu_2,\sigma^2)$，试问处理前后其平均含脂率是否相同?

⑤ 某日分别从甲、乙两砖窑中各取 7 块和 9 块红砖测其抗断强度.假定两个砖窑的红砖抗断强度分别服从正态分布 $N(\mu_1,\sigma_1^2)$，$N(\mu_2,\sigma_2^2)$，问甲、乙两个砖窑的红砖抗断强度的方差是否相同?

(7) 设总体 $X\sim N(\mu,\sigma^2)$，其中 μ 未知，σ^2 已知，$(X_1,X_2,\cdots,X_n)$ 为来自该总体的样本，对假设 $H_0:\mu=\mu_0\leftrightarrow H_1:\mu\neq\mu_0$，$\bar{X}$ 为样本均值，如果 $|\bar{x}-\mu_0|\geqslant k\sigma$，便拒绝 H_0.当 k 分别为 1、$\frac{1}{2}$、$\frac{1}{3}$时，要使显著性水平为 0.05，样本容量 n 分别至少应为多少?

(8) 设某零件的重量 $X\sim N(\mu,\sigma^2)$，其中 $\mu=15$，$\sigma^2=0.05$，技术革新后，抽查 6 个产品，测其重量(单位:克)为:14.7 15.1 14.8 15.0 15.2 14.6.已知方差不变，问所生产零件的平均重量是否仍为 15(克)?(取显著性水平为 0.05)

(9) 正常人的脉搏平均为 72 次/分钟，现测得 10 名慢性四乙基铅中毒患者的脉搏:

54 67 68 78 70 66 67 70 65 69

已知脉搏服从正态分布，问在显著性水平 $\alpha=0.05$ 下，四乙基铅中毒者和正常人的脉搏有无显著性差异?

(10) 某电子元件的寿命(单位:h)服从正态分布，测得 16 只元件的寿命如下:

159 280 101 212 224 379 179 264

222 362 168 250 149 260 485 170

问是否可以认为元件的平均寿命大于 225 h?($\alpha=0.05$)

(11) 已知纤维尼纶纤度在正常条件下服从正态分布 $N(\mu,\sigma^2)$，且 $\sigma^2=0.048^2$.某日抽取 5 根纤维，测其纤度为 1.32、1.55、1.36、1.40、1.44.问这一天纤度的标准差相对于正常条件下纤度的标准差是否有显著性差异?($\alpha=0.05$)

(12) 某冶金工作者对锰的溶化点作了 4 次试验，结果分别为(单位:℃)1 269、1 271、1 263、1 265，假定数据服从正态分布，在 $\alpha=0.05$ 条件下，试检验:

① 该工作者对锰溶化点的测量的平均结果是否符合于公布的数字 1 260℃;

② 侧量结果的标准差是否大于 2℃.

(13) 设自动包装机包装的每袋盐的净重服从正态分布，按规定每袋的标准重量为 1 kg，标准差不能超过 0.02 kg.某天开工后，从装好的食盐中随机地抽取 9 袋，测其净重为(单位:kg):

0.994 1.014 1.02 0.95 1.03 0.968 0.976 1.048 0.982

问这天包装机工作是否正常?($\alpha=0.05$)

(14) 甲、乙二人分别从某种试验物中抽取 24 个和 20 个样品测其发热量，并算得其样本均值分别为 11 958 和 12 100. 设二人发热量的测量值均服从正态分布，且标准差为 323. 试问在 $\alpha=0.1$ 及 $\alpha=0.2$ 下，二人发热量测量值的期望值是否一样？

(15) 某纺纱厂为比较甲、乙两个品种棉花的质量，分别从用两种棉花纺出的纱中抽取了若干样品，测其抗拉强度，得数据如下：

甲品种：1.58　1.49　1.43　1.60　1.53　1.47　1.56

乙品种：1.42　1.46　1.34　1.38　1.54　1.38　1.51　1.40

假定两种纱的抗拉强度服从等方差的正态分布，试问在显著性水平 0.05 和 0.01 下，两种棉纱的平均抗拉强度是否相同？

(16) 对(15)题中'等方差'的假定作检验($\alpha=0.05$).

(17) 从两个相互独立的正态总体中，分别抽出容量为 9 和 11 的样本，并算得

$$\sum_{i=1}^{9} x_i = 18, \sum_{i=1}^{9} x_i^2 = 60, \sum_{i=1}^{11} y_i = 11, \sum_{i=1}^{11} y_i^2 = 34,$$

试在显著性水平 $\alpha=0.02$ 下，检验两个总体的方差是否相等？

(18) 为比较不同季节出生女婴体重的方差，从某年 12 月和 6 月出生的女婴中分别抽取 6 名及 10 名，测其体重如下(单位：g)：

12 月：3 520　2 960　2 560　2 960　3 260　3 960

6 月　：3 220　3 220　3 760　3 000　2 920　3 740　3 060　3 080　2 940　3 060

假定新生女婴体重服从正态分布，问新生女婴体重的方差是否冬季比夏季小？($\alpha=0.05$)

10.4　B 类例题与习题

10.4.1　例题

例 1　由中心极限定理可以得出如下结论：不论期望为 μ 的总体服从什么分布，只要方差存在，当样本容量 n 充分大时，$\dfrac{\bar{X}-\mu}{S/\sqrt{n}}$ 便近似服从 $N(0,1)$ 分布. 根据这一结果试对下面问题作出推断：

一位中学校长在报纸上看到这样的报导："这一城市的初中学生平均每周看 8 小时的电视". 她认为她所领导的学校学生看电视的时间明显小于该数字，为此她向她的学校的 100 个初中学生作了调查，得知被调查学生平均每周看电视的时间为 6.5 小时，样本标准差为 2 小时，问是否可以认为这位校长的看法是对的？取显著性水平为 0.05.

分析：由于当总体的期望为 μ 时，$\dfrac{\bar{X}-\mu}{S/\sqrt{n}}$ 便近似服从 $N(0,1)$ 分布，于是对假设

$$H_0: \mu \geqslant \mu_0 \leftrightarrow H_1: \mu < \mu_0,$$

可取检验统计量为 $U=\dfrac{\bar{X}-\mu_0}{S/\sqrt{n}}$，当 H_0 成立且样本容量 n 充分大时，近似地有 $U\sim N(0,1)$.
从而对显著性水平 α，便可查标准正态分布表得上侧分位点 u_α，由单个正态总体方差已知，期望的检验，即 U 检验. 可得上述假设的拒绝域：

$$u\leqslant -u_\alpha.$$

解：设该校学生每周看电视的时间为 X，并令 $E(X)=\mu$. 根据题意，要检验的假设为

$$H_0:\mu\geqslant 8\leftrightarrow H_1:\mu<8,$$

且 $\bar{x}=6.5,s=2$，于是算得检验统计量的值

$$u=\frac{\bar{x}-\mu_0}{s/\sqrt{n}}=\frac{6.5-8}{2/\sqrt{100}}=-7.5,$$

对显著性水平 $\alpha=0.05$，查得 $u_\alpha=u_{0.05}=1.65$. 可见

$$u=-7.5<-1.65=-u_\alpha,$$

故应拒绝 H_0，即应认为该学校学生每周看电视的平均时间明显小于 8 小时.

例 2 10 个失眠者，服用甲、乙两种安眠药，延长睡眠时间如下(单位：h)：

甲	1.9	0.8	1.1	0.1	−0.1	4.4	5.5	1.6	4.6	3.4
乙	0.7	−1.6	−0.2	−1.2	−0.1	3.4	3.7	0.8	0	2.0

假定服用甲、乙两种安眠药，延长睡眠的时间相互独立且服从正态分布. 问两种药的疗效是否有明显差异？($\alpha=0.05$)

分析：可以用配对法进行假设检验.

解：设服用甲安眠药后延长睡眠时间为 X，服用乙安眠药后延长睡眠时间为 Y. 并令 $Z=X-Y,\mu=E(Z)=E(X-Y)=E(X)-E(Y),\sigma^2=D(Z)=D(X-Y)=D(X)+D(Y)$，于是

$$Z=X-Y\sim N(\mu,\sigma^2),$$

按照题意，要检验的假设为

$$H_0:\mu=0\leftrightarrow H_1:\mu\neq 0,$$

用 t 检验法. 由所给的数据算得 $\bar{z}=15.8,s^2=1.23^2$，从而得

$$t=\frac{\bar{z}-\mu_0}{s}\sqrt{n}=\frac{1.58-0}{1.23}\sqrt{10}=4.06,$$

对 $\alpha=0.05$，查 t 分布表得上侧分位点 $t_{\alpha/2}(n-1)=t_{0.025}(9)=2.262$. 可见

$$|t|=4.06>2.262=t_{\alpha/2}(n-1),$$

故应拒绝 H_0，即应认为甲、乙两种药的疗效有显著性差异.

例 3 设总体 $X\sim N(\mu,4)$，$(X_1,X_2,\cdots,X_{16})$ 为来自该总体的样本，要检验的假设为

$$H_0:\mu=0\leftrightarrow H_1:\mu\neq 0,$$

求拒绝域为

(1) $2\bar{x}\leqslant -1.645$； (2) $1.50\leqslant 2\bar{x}\leqslant 2.125$ 的检验法犯第一类错误的概率.

分析:由犯第一类错误的概念可知,犯第一类错误的概率为 $P\{拒绝\ H_0 | H_0\ 为真\}$,并注意到$\dfrac{\bar{X}-\mu}{\sigma/\sqrt{n}}\sim N(0,1)$.于是,在 $H_0:\mu=0$ 成立时,$2\bar{X}\sim N(0,1)$.

解:由于 $X\sim N(\mu,4)$,所以当 H_0 成立时,$2\bar{X}\sim N(0,1)$.

(1) 检验法犯第一类错误的概率为

$$\begin{aligned}\alpha &= P\{拒绝\ H_0 | H_0\ 为真\}=P\{2\bar{X}\leqslant -1.645 | \mu=0\}\\ &=\Phi(-1.645)=1-\Phi(1.645)=1-0.95=0.05.\end{aligned}$$

(2) 检验法犯第一类错误的概率为

$$\begin{aligned}\alpha &= P\{拒绝\ H_0 | H_0\ 为真\}=P\{1.50\leqslant 2\bar{X}\leqslant 2.125 | \mu=0\}\\ &=\Phi(2.125)-\Phi(1.50)=0.983-0.933=0.05.\end{aligned}$$

例 4 从正态总体 $N(\mu,1)$中抽取 100 个样本值,并算得样本均值 $\bar{x}=5.32$.

(1) 检验假设 $H_0:\mu=5\leftrightarrow H_1:\mu\neq 5.(\alpha=0.05)$;

(2) 当 $\mu=4.8$ 时,计算上述检验法犯第二类错误的概率.

分析:(1)属于正态总体,方差已知,期望的检验.应选择 U 检验法进行检验.(2)注意犯第二类错误的概率应为 $P\{接受\ H_0 | H_0\ 不真\}$.

解:(1) 拒绝域为

$$|u|\geqslant u_{\alpha/2},其中\ u=\frac{\bar{x}-\mu_0}{\sigma/\sqrt{n}},$$

经计算得

$$u=\frac{\bar{x}-\mu_0}{\sigma/\sqrt{n}}=\frac{5.32-5}{1/\sqrt{100}}=3.2,$$

对显著性水平 $\alpha=0.05$,查标准正态分布表得 $u_{\alpha/2}=u_{0.025}=1.96$,可见

$$|u|=3.2>1.96=u_{\alpha/2},$$

故应拒绝 H_0,即可认为总体的期望值不等于 5.

(2) 由于当 $\mu=4.8$ 时,统计量

$$\frac{\bar{X}-4.8}{1/\sqrt{100}}=10(\bar{X}-4.8)\sim N(0,1),$$

所以犯第二类错误的概率为

$$\begin{aligned}\beta &= P\{接受\ H_0 | \mu=4.8\}=P\{|U|<u_{0.025} | u=4.8\}\\ &=P\left\{-u_{0.025}<\frac{\bar{X}-5}{1/\sqrt{100}}<u_{0.025} | \mu=4.8\right\}\\ &=P\{-1.96<10(\bar{X}-5)<1.96 | \mu=4.8\}\\ &=P\{0.04<10(\bar{X}-4.8)<3.96 | \mu=4.8\}\end{aligned}$$

$$=\Phi(3.96)-\Phi(0.04)=1-0.516=0.484.$$

例 5 设总体 $X\sim N(\mu,\sigma^2)$，其中 μ 未知，σ^2 已知，$(X_1,X_2,\cdots,X_n)$ 为来自该总体的样本，对假设 $H_0:\mu=\mu_0\leftrightarrow H_1:\mu=\mu_1(\mu_1>\mu_0)$，及显著性水平 α，取检验法的拒绝域为 $\dfrac{\bar{X}-\mu_0}{\sigma/\sqrt{n}}>u_\alpha$，令 β 为该检验法犯第二类错误的概率，证明

(1) $\beta=\Phi\left(u_\alpha-\dfrac{\mu_1-\mu_0}{\sigma/\sqrt{n}}\right)$；

(2) 样本容量 $n=(u_\alpha+u_\beta)^2\dfrac{\sigma^2}{(\mu_1-\mu_0)^2}$.

分析：由犯第二类错误的概念可知，

$$\beta=P\{\text{接受 } H_0\mid H_0 \text{ 不真}\}=P\left\{\frac{\bar{X}-\mu_0}{\sigma/\sqrt{n}}\leqslant u_\alpha\mid\mu=\mu_1\right\},$$

由于在总体期望 $\mu=\mu_1(\mu_1>\mu_0)$ 时，$\dfrac{\bar{X}-\mu_0}{\sigma/\sqrt{n}}$ 并不服从标准正态分布，而此时 $\dfrac{\bar{X}-\mu_1}{\sigma/\sqrt{n}}$ 才服从标准正态分布，于是需要将上述概率中的 $\dfrac{\bar{X}-\mu_0}{\sigma/\sqrt{n}}$ 转化为 $\dfrac{\bar{X}-\mu_1}{\sigma/\sqrt{n}}$，方可利用标准正态分布的性质及上侧分位点的概念进行运算与讨论.

证明：(1) 由于当 $H_1:\mu=\mu_1$ 成立时，$\dfrac{\bar{X}-\mu_1}{\sigma/\sqrt{n}}\sim N(0,1)$，所以犯第二类错误的概率为

$$\begin{aligned}\beta&=P\left\{\frac{\bar{X}-\mu_0}{\sigma/\sqrt{n}}\leqslant u_\alpha\mid\mu=\mu_1\right\}=P\left\{\frac{\bar{X}-\mu_1+\mu_1-\mu_0}{\sigma/\sqrt{n}}\leqslant u_\alpha\mid\mu=\mu_1\right\}\\&=P\left\{\frac{\bar{X}-\mu_1}{\sigma/\sqrt{n}}\leqslant u_\alpha-\frac{\mu_1-\mu_0}{\sigma/\sqrt{n}}\mid\mu=\mu_1\right\}=\Phi\left(u_\alpha-\frac{\mu_1-\mu_0}{\sigma/\sqrt{n}}\right).\end{aligned}$$

(2) 根据上侧分位点的定义及(1)的结果可知，

$$\begin{aligned}\beta&=P\left\{\frac{\bar{X}-\mu_1}{\sigma/\sqrt{n}}>u_\beta\right\}=1-P\left\{\frac{\bar{X}-\mu_1}{\sigma/\sqrt{n}}\leqslant u_\beta\right\}=1-\Phi(u_\beta)\\&=\Phi\left(u_\alpha-\frac{\mu_1-\mu_0}{\sigma/\sqrt{n}}\right).\end{aligned}$$

而 $1-\Phi(u_\beta)=\Phi(-u_\beta)$，所以

$$\Phi(-u_\beta)=\Phi\left(u_\alpha-\frac{\mu-\mu_0}{\sigma/\sqrt{n}}\right),$$

于是

$$-u_\beta=u_\alpha-\frac{\mu_1-\mu_0}{\sigma/\sqrt{n}}，\text{即 } u_\alpha+u_\beta=\frac{\mu_1-\mu_0}{\sigma}\sqrt{n},$$

从而得到

$$n=(u_\alpha+u_\beta)^2\frac{\sigma^2}{(\mu_1-\mu_0)^2}.$$

例 6 需要对某一正态总体 $N(\mu,2.5)$ 的均值 μ 进行假设检验

$$H_0:\mu\geqslant 15\leftrightarrow H_1:\mu<15,$$

显著性水平 $\alpha=0.05$. 若要求 H_1 中的 $\mu\leqslant 13$ 且犯第二类错误的概率 $\beta\leqslant 0.05$,求所需的样本容量.

分析:与例 5 的分析相同.

解:犯第二类错误的概率为

$$\beta=P\left\{\frac{\bar{X}-15}{\sqrt{2.5}/\sqrt{n}}>-u_\alpha\,|\,\mu\leqslant 13\right\}=P\left\{\frac{\bar{X}-\mu+\mu-15}{\sqrt{2.5}/\sqrt{n}}>-u_\alpha\,|\,\mu\leqslant 13\right\}$$

$$=P\left\{\frac{\bar{X}-\mu}{\sqrt{2.5}/\sqrt{n}}>-u_\alpha+\frac{15-\mu}{\sqrt{2.5}/\sqrt{n}}\,|\,\mu\leqslant 13\right\}=1-\Phi\left(-u_\alpha+\frac{15-\mu}{\sqrt{2.5}/\sqrt{n}}\right),$$

对 $\alpha=0.05$,查标准正态分布表得上侧分位点 $u_{0.05}=1.65$,于是有

$$\beta=1-\Phi\left(\frac{15-\mu}{\sqrt{2.5}}\sqrt{n}-1.65\right)\leqslant 0.05,\text{即 }\Phi\left(\frac{15-\mu}{\sqrt{2.5}}\sqrt{n}-1.65\right)\geqslant 0.95.$$

得

$$\frac{15-\mu}{\sqrt{2.5}}\sqrt{n}-1.65\geqslant 1.65,$$

注意到 $\mu\leqslant 13$,解得

$$n\geqslant\frac{3.3^2\times 2.5}{(15-\mu)^2}\geqslant\frac{27.225}{4}\geqslant 6.8,$$

故样本容量至少应为 7.

例 7 某种闪光灯,每盏灯含 4 个电池,随机地取 150 盏灯,经检测得到以下数据.

一盏灯损坏的电池数	0	1	2	3	4
灯的盏数	26	51	47	16	10

试取 $\alpha=0.05$,检验一盏灯损坏的电池数 X 是否服从二项分布 $b(4,p)$,其中 p 未知.

分析:此题属于总体分布的拟合检验问题,可用总体分布的拟合优度检验中的 χ^2 检验法进行检验.

解:设 X 表示一盏灯损坏的电池数. 要检验的假设为

$$H_0:P\{X=k\}C_4^k p^k(1-p)^{4-k},k=0,1,2,3,4,$$

$$\leftrightarrow H_1:\text{至少有一个 }k,\text{使得 }P\{X=k\}\neq C_4^k p^k(1-p)^{4-k}.$$

由给出的数据可算得样本均值

$$\bar{x}=\frac{1}{150}\times(0\times 26+1\times 51+2\times 47+3\times 16+4\times 10)=1.55,$$

p 的最大似然估计为

$$\hat{p}=\frac{\bar{x}}{4}=\frac{1.55}{4}=0.388,$$

于是得分布律的估计

$$\hat{P}\{X=0\}=(1-\hat{p})^4=0.612^4=0.14,$$

$$\hat{P}\{X=1\}=C_4^1\hat{p}(1-\hat{p})^3=4\times0.388\times0.612^3=0.356,$$

$$\hat{P}\{X=2\}=C_4^2\hat{p}^2(1-\hat{p})^2=6\times0.388^2\times0.612^2=0.338,$$

$$\hat{P}\{X=3\}=C_4^3\hat{p}^3(1-\hat{p})^1=4\times0.388^3\times0.612=0.143,$$

$$\hat{P}\{X=4\}=\hat{p}^4=0.388^4=0.023.$$

下面列表计算检验统计量 $\chi^2=\sum_{k=1}^{m}(n_k-n\hat{p}_k)^2/N\hat{p}_k$ 的值

k	n_k	$\hat{p}_k$	$n\hat{p}_k$	$n_k-n\hat{p}_k$	$(n_k-n\hat{p}_k)^2$	$(n_k-n\hat{p}_k)^2/n\hat{p}_k$
0	26	0.14	21.001 3	4.998 8	24.987 5	1.189 8
1	51	0.356	53.325 4	−2.325 4	5.407 46	0.101 405
2	47	0.338	50.775 5	−3.775 5	14.254 4	0.280 7
3	16	0.143	24.487 8			
4	10	0.023	3.410 05			
	26	0.166	24.897 85	1.102 15	1.214 73	0.048 8
$\sum$	150	1	150.000 05	0.000 05	45.864 09	1.620 705

由上表可得$\chi^2=1.620\,74$. 对显著性水平 $\alpha=0.05$,查分布表得上侧分位点

$$\chi_\alpha^2(4-1-1)=\chi_{0.05}^2(2)=5.991,$$

可见,$\chi^2=1.620\,74<5.991=\chi_{0.05}^2(2)$,故不能拒绝 H_0,即可认为一盏灯损坏的电池数服从二项分布 $b(4,0.388)$.

10.4.2 习题

1. 设总体 $X\sim N(\mu,1)$,又设$(X_1,X_2,\cdots,X_9)$为来自该总体的样本,$\bar{X}$ 为样本均值. 对假设 $H_0:\mu=0\leftrightarrow H_1:\mu=1$,取两个检验法的拒绝域分别为 $3\bar{x}\geqslant u_{0.05}$ 和 $3|\bar{x}|\leqslant u_{0.475}$,其中 $u_{0.05},u_{0.475}$为标准正态分布的上侧分位点. 分别求两个检验法犯两类错误的概率.

2. 设总体服从正态分布 $N(\mu,1)$,$(X_1,X_2,\cdots,X_{16})$为来自该总体的样本,对假设

$$H_0:\mu=1\leftrightarrow H_1:\mu=2,$$

取拒绝域为 $\bar{x}\geqslant1.411\,2$ 的检验法,求该检验法犯第一、二类错误的概率.

3. 设总体服从参数为 p 的(0~1)分布,(X_1,X_2,X_3)为来自该总体的样本,对假设

$$H_0:p=\frac{1}{2}\leftrightarrow H_1:p=\frac{3}{4},$$

取拒绝域为 $\sum_{i=1}^{3} x_i \geqslant 2$ 的检验法，求该检验法犯第一、二类错误的概率.

4. 一内科医生声称，如果病人每天傍晚聆听一种特殊的轻音乐会降低血压（舒张压）. 今选取了 10 个病人在试验之前和试验之后分别测量了血压，得到以下数据.

病人	1	2	3	4	5	6	7	8	9	10
试验之前（x_i）	86	92	95	84	80	78	98	95	94	96
试验之后（y_i）	84	83	81	78	82	74	86	85	80	82

设试验前病人的血压为 X，试验后病人的血压为 Y，并假定 X,Y 相互独立且都服从正态分布. 试检验是否可以认为该医生的意见是正确的.（取 $\alpha=0.05$）

5*. 在圆周率 π 的前 800 位的小数中，数字 0,1,2,3,4,5,6,7,8,9 出现的频数分别为 74、92、83、79、80、73、77、75、76、91. 在 $\alpha=0.05$ 下，能否认为 0,1,2,3,4,5,6,7,8,9 在 π 的小数中的出现是等可能的？

6*. 对某台细纱机进行断头测定，试验锭子总数为 400，测得断头总次数为 280，分布情况如下表所示. 在 $\alpha=0.05$ 下，判断这台细纱机断头数的分布是否为泊松分布？

每锭断头数 i	0	1	2	3	4	5	6	7	≥8	$\sum$
频数 n_i	236	101	34	18	4	3	3	0	1	400

7*. 在自动精密旋床上加工轴的过程中，随机地抽取 205 个加工后的轴，测其直径与规定尺寸的偏差（单位：微米）统计如下表. 问加工的轴的直径偏差是否服从正态分布？（$\alpha=0.05$）

偏差（微米）	≤−15	−15～−10	−10～−5	−5～0	0～5	5～10	10～15	15～20	20～25	≥30	总计
频数	7	11	15	24	49	41	26	17	7	8	205

10.5 习题答案

10.5.1 A类习题答案

(1) B. (2) C. (3) A. (4) C. (5) D.

(6) ① $H_0: \mu=10 \leftrightarrow H_1: \mu\neq 10$，$U$ 检验法；

② $H_0: \mu=549 \leftrightarrow H_1: \mu\neq 549$，t 检验法；

③ $H_0: \sigma\leqslant 0.04^2 \leftrightarrow H_1: \sigma^2>0.04^2$，$\chi^2$ 检验法；

④ $H_0: \mu_1=\mu_2 \leftrightarrow H_1: \mu_1 \neq \mu_2$，t 检验法；

⑤ $H_0: \sigma_1^2=\sigma_2^2 \leftrightarrow H_1: \sigma_1^2 \neq \sigma_2^2$，F 检验法.

(7) 当 $k=1$ 时，$n\geqslant 4$；当 $k=\frac{1}{2}$ 时，$n\geqslant 16$；当 $k=\frac{1}{3}$ 时，$n\geqslant 35$.

(8) 所生产零件的平均重量是仍为 15 g.

(9) 有显著性差异.

(10) 元件的平均寿命不大于 225 h.

(11) 这一天纤度的标准差有显著性差异

(12) ①不能认为该工作者对锰溶化点的测量的平均结果符合公布的数字 1 260℃；

②可以认为侧量结果的标准差大于 2℃.

(13) 这天包装机工作不正常.

(14) $\alpha=0.1$，期望值一样；$\alpha=0.2$，期望值不一样.

(15) 在显著性水平 0.05 下，应认为两种棉纱的平均抗拉强度是不同的；在显著性水平 0.01 下，可以认为两种棉纱的平均抗拉强度是相同的.

(16) 经检验，可认为'等方差'的假定是合理的.

(17) 两个总体的方差相等.

(18) 新生女婴体重的方差冬季比夏季小.

10.5.2 B类习题答案

1. (1) 犯第一类错误的概率为 0.05；犯第二类错误的概率为 0.088 5.

(2) 犯第一类错误的概率为 0.05；犯第二类错误的概率为 0.999 5.

2. 犯第一类错误的概率为 0.05；犯第二类错误的概率为 0.009 4. 提示：$\sqrt{n}(\bar{X}-\mu)\sim N(0,1)$.

3. 犯第一类错误的概率为 $\frac{1}{2}$；犯第二类错误的概率为 $\frac{5}{32}$. 提示：$\sum_{i=1}^{3} X_i \sim b(3,p)$.

4. 该医生的意见是正确的. 提示：参照例 2，用配对的方法进行检验.

5*. 可以认为是等可能的. 提示：用分布拟合优度的 χ^2 检验法.

6*. 不能认为这台细纱机断头数服从参数为 $\lambda=0.7$ 的泊松分布.

7*. 可以认为加工的轴的直径偏差服从正态分布 $N(4.3, 9.71)$.